国家自然科学基金项目（No.41172119）资助

四川盆地致密碎屑岩天然气成藏地球化学特征与富集规律

刘四兵　沈忠民　吕正祥
王　鹏　叶素娟　文华国　　著

科学出版社

北　京

内 容 简 介

本书以天然气地球化学和天然气地质学理论为指导，在大量勘探和生产数据的支撑下，对四川盆地陆相烃源岩地球化学特征进行评价与对比，并对四川盆地陆相碎屑岩地层有利烃源岩的分布规律进行预测；在四川盆地陆相致密碎屑岩天然气地球化学特征、天然气成因类型、天然气来源等研究基础上，明确四川盆地各富集带陆相致密碎屑岩天然气地球化学特征差异；分析四川盆地不同地区上三叠统油气成藏年代及差异，总结四川盆地上三叠统气藏成藏年代特征。剖析四川盆地陆相致密碎屑岩油气成藏主控因素，建立四川盆地陆相致密碎屑岩油气成藏模式，探讨四川盆地陆相致密碎屑岩油气成藏机理差异及天然气富集规律。

本书可供国内外油气勘探公司科研工作者、高等院校从事油气地球化学及油气勘探的师生参考。

图书在版编目（CIP）数据

四川盆地致密碎屑岩天然气成藏地球化学特征与富集规律/刘四兵等著. —北京：科学出版社，2015.9

ISBN 978-7-03-045640-3

Ⅰ. ①四… Ⅱ. ①刘… Ⅲ. ①四川盆地–碎屑岩–天然气–油气藏形成–地球化学标志–研究 ②川盆地–碎屑岩–天然气–油气聚集–成矿规律–研究 Ⅳ. ①P618.130.2

中国版本图书馆 CIP 数据核字（2015）第 210459 号

责任编辑：郑述方 / 责任校对：鲁 素
责任印制：余少力 / 封面设计：墨创文化

科学出版社出版
北京东黄城根北街 16 号
邮政编码：100717
http://www.sciencep.com
四川煤田地质制图印刷厂 印刷
科学出版社发行 各地新华书店经销

＊

2015 年 9 月第 一 版 开本：889×1194 1/16
2015 年 9 月第一次印刷 印张：15
字数：470 000

定价：180.00 元
（如有印装质量问题，我社负责调换）

前　言

致密碎屑岩气是目前非常规天然气的主要类型，也是国际上开发规模最大的天然气类型。目前，全球已有美国、加拿大、中国、澳大利亚、墨西哥、委内瑞拉、阿根廷、印度尼西亚、俄罗斯、埃及、沙特等十多个国家和地区进行了致密碎屑岩藏的勘探和开发。中国致密碎屑岩气 2013 年产量达到 $3.4 \times 10^{10} \mathrm{m}^3$，约占全国天然气总产量的 29%，已成为天然气增储上产的重要领域。致密碎屑岩气的储量也占有重要地位，据中国工程院评价，我国致密气技术可采资源量为 $9 \times 10^{12} \sim 13 \times 10^{12} \mathrm{m}^3$，中值为 $11 \times 10^{12} \mathrm{m}^3$，约占全国天然气可采资源量的 22%。截至 2013 年年底，致密碎屑岩气累计探明地质储量为 $3.3 \times 10^{12} \mathrm{m}^3$，占全国天然气总探明地质储量的 40%，探明可采储量为 $1.8 \times 10^{12} \mathrm{m}^3$，约占全国天然气探明可采储量的 32%，其中 90%分布在鄂尔多斯盆地和四川盆地。致密碎屑岩气探明未开发可采储量为 $0.9 \times 10^{12} \mathrm{m}^3$，约占全国天然气探明未开发可采储量的 38%。2030 年前我国致密碎屑岩气储量将保持稳定增长的态势，2030 年产量预计可达 $8 \times 10^{10} \sim 12 \times 10^{10} \mathrm{m}^3$。因此，致密碎屑岩气的勘探开发对中国天然气工业持续发展有很大的意义。

按照致密气的概念及评价标准，我国于 1971 年就在四川盆地川西地区发现了中坝致密气田，之后在其他含油气盆地中也发现了许多小型致密气田或含气显示。但由于工艺技术的局限性，整体开发规模较小。随着勘探技术和压裂工艺的突破，相继发现一批大中型致密碎屑岩气田，特别是以广安、合川、新场等为代表的致密碎屑岩气田先后投入规模开发，带动了四川盆地致密气领域的快速发展。从目前已发现的致密碎屑岩气田的分布特征来看，不仅探明了川中地区八角场、广安与合川等大气田，以及川西地区新场、中坝、平落坝等气田，而且在川北地区的龙岗、川西北地区的九龙山以及川西南地区的白马庙地区，也都获得了重要发现，四川盆地已成为我国目前发现的大气田数目最多、产气层系最多、年产气量第二的盆地。盆地的四个天然气聚集区——川西气区、川中气区、川南气区、川东气区均有致密碎屑岩气田的分布，具有满盆含气、全层系立体勘探的特点。但各大气区气田分布具有明显的不均一性，大多数大中型气田分布在川中地区，其次为川西地区，而川东地区和川南地区气田数量及规模均较小，这与四川盆地各地区陆相致密碎屑岩领域的成藏要素差异大、经历的构造运动期次多、具备多期成藏、储层演化复杂等特点有关。因此，以四川盆地四大天然气聚集区为研究对象，从不同聚集区成藏基本要素的系统对比入手，明确不同地区天然气的成藏期次、成藏主控因素、成藏模式等，对分析四川盆地陆相致密碎屑岩天然气成藏机理和富集规律具有重要的意义。

本书以四川盆地大量致密碎屑岩气勘探、开发和生产数据为支撑，集中了国家自然科学基金项目"川西坳陷上三叠统须家河组储层水岩相互作用机理研究"（No. 41172119）、国家自然科学基金项目"四川盆地上三叠统致密储层高演化沥青成因及天然气的多源性"（No. 40772084）以及科学技术部油气藏地质及开发工程国家重点实验室自主课题"四川盆地 T_3—K 碎屑岩油气成藏机理和分布规律研究"等的主要研究成果，对四川盆地不同天然气聚集区内陆相致密碎屑岩地层的构造演化特征、地层发育特征、烃源岩发育特征与地球化学特征、储层发育特征、天然气地球化学特征等基本成藏条件进行分析与对比，在此基础上对四川盆地致密碎屑岩气成藏期次、成藏主控因素、成藏模式进行系统分析，进一步总结四川盆地陆相致密碎屑岩油气成藏机理及不同油气聚集区油气成藏机理的差异。具体内容包括以下几个方面。

（1）系统介绍川西地区、川中地区、川南地区与川东地区陆相碎屑岩地层中的烃源岩发育特征和地化特征，预测四川盆地碎屑岩地层中有利烃源岩的分布。

（2）系统介绍四川盆地陆相天然气的地球化学特征，区分川西地区、川中地区、川南地区、川东地区陆相碎屑岩地层中天然气的成因类型和气源特征，并通过地质-地球化学方法追踪天然气来源。

（3）形成一套宏观与微观、定量与定性、动态与静态、地质分析与实验手段、直接与间接"五结合"的成藏定年研究方法，特别是烃类包裹体、同位素测年以及盆地模拟等先进分析技术，确定川西地区、川中地区以及川南地区须家河组气藏的成藏年代，揭示各地区上三叠统成藏时间的差异。

（4）探讨四川盆地不同地区陆相致密碎屑岩油气成藏条件、成藏主控因素，总结四川盆地陆相致密碎屑岩油气成藏模式，分析四川盆地陆相致密碎屑岩油气成藏机理差异。

全书共6章，前言部分由沈忠民、刘四兵执笔，第1章由吕正祥、王鹏执笔，第2章由刘四兵、王鹏执笔，第3章由刘四兵、沈忠民、王鹏执笔，第4章由吕正祥、叶素娟、文华国执笔，第5章由刘四兵、沈忠民、叶素娟执笔，第6章由沈忠民、刘四兵、吕正祥执笔。最后由刘四兵、沈忠民统稿。

成书过程中，刘宝珺院士、廖仕孟教授级高级工程师、王兰生教授级高级工程师等给予了建设性意见，成都理工大学和中国石化西南油气分公司勘探开发研究院的多位同仁也给予了大力支持，在此一并表示感谢。还要感谢幕后工作的王乐闻硕士、王君泽硕士、冯杰瑞硕士、陈婷硕士、罗睿硕士、朱童博士、周瑶硕士、李延飞硕士、罗乃菲硕士、谢丹硕士、张文凯硕士、邹黎明硕士等，他们在本书的图件绘制、数据统计以及文献校对等方面做了大量工作。最后感谢书中所有参考文献的作者，没有这些资料的支撑，本书难以完成。

由于本人水平有限，书中难免存在疏漏之处，恳请读者批评指正。

成都理工大学

2015 年 6 月

目　　录

1 地 质 背 景

四川盆地位于扬子地块西部，属于上扬子地块。上扬子地块是扬子板块的组成部分，具有较为一致的变质基底构造及中生代晚三叠世沉积基底，并在中新生代构造演化过程中保持相对独立和稳定的演化过程。本构造单元西以米仓—北川—映秀—木里—虎跳石逆冲断裂带为界，北为大巴山与南秦岭造山带分界的安康断层，东至雪峰构造带西侧(武陵山西)大庸断裂，南为黔中隆起北缘，因此本构造单元是一个四面为逆冲-走滑断层围限的挤压构造单元，并构成了四川盆地的主体。盆地北以勉略缝合带为界与秦岭造山带为邻，西以龙门山为界与松潘-甘孜高原相接。对于盆地东界则有不同的认识，从油气勘探开发的角度，一般以七曜山断裂为界，但从沉积地层与相变分布范围看，至少可以延伸到雪峰山以西，向南则无明确的界线，逐渐过渡到黔中隆起带。盆地面积约 $19.1 \times 10^4 km^2$，为一个轴向呈北东向延展的菱形构造-沉积盆地(图1-1)。

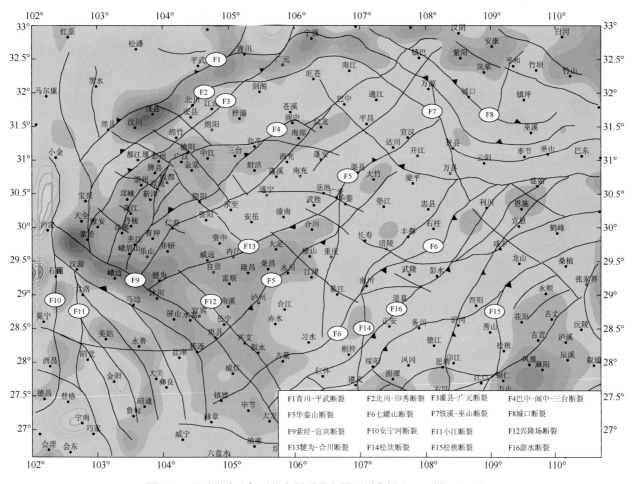

图 1-1 四川盆地及邻区基底断裂分布图（刘家铎和吕正祥，2010）

四川盆地作为世界上最早发现与开采天然气的盆地，经过最近数十年的攻关研究和勘探实践，目前四川盆地已成为中国最大的含气盆地，据"三次资评"结果，四川盆地天然气总资源量为 $53477.4 \times 10^8 m^3$。同时，四川盆地还是我国目前发现的大气田数目最多、产气层系最多、年产气量第二的盆地(戴金星等，2015）。近年来，在四川盆地新老区、新老层系均取得了新的突破，显示四川盆地良好的油气勘探前景。

1.1 构 造 背 景

四川盆地大地构造位置属于扬子板块的一部分，是由盆地周边的褶皱和断裂围限起来的一个大型构造沉积盆地，现今盆地系指喜马拉雅期形成（或燕山期形成雏形、喜马拉雅期定型）的盆地，其北缘以秦岭—米仓山—大巴山推覆造山带为界与华北板块相接；东南面以武陵山—雪峰山推覆造山带为界与"江南古隆起区"为邻；西侧以龙门山—攀西推覆造山带为界紧邻青藏高原地块，为中新生代红层分布的盆地，它是在古生代海相沉积盆地的基础上发展起来的一个陆相盆地，严格来说它是在中三叠世前碳酸盐岩台地的基础上形成、发展而成的。

元古代至古生代以来，四川盆地及其周缘位于特提斯构造域与滨太平洋构造域之间，其形成与演化受这两大构造域的控制。因此，它的形成与演化曾经历了中—晚元古代扬子地台基底形成阶段、震旦纪—中三叠世被动大陆边缘阶段、晚三叠世盆山转换与前陆盆地形成演化阶段以及侏罗纪—第四纪的前陆盆地沉积构造演化阶段等几个大的构造单元阶段。

晋宁期地质事件后，由原川中地区古陆核与周边海槽褶皱上升拼接增生，形成统一的基底，即上扬子板块，它由太古界及元古界深变质和浅变质岩系组成。

震旦系至石炭系为台地早期沉积-构造期。震旦系以角度不整合沉积于前震旦纪褶皱变质的基底岩系之上。震旦系至志留系各层系之间均呈平行叠置，期间经历了多次海侵海退，存在多个平行的沉积间断面，未见区域性的角度不整合。以滨浅海相的碎屑岩和碳酸盐岩沉积为主，厚达 3000～5000m。早加里东运动发生在中、晚奥陶世之间，在四川盆地范围内表现不明显，但晚加里东运动是一次涉及范围广、影响大的地壳运动，它使江南古陆东南面的华南槽谷区下古生界褶皱变形并全面返回。在扬子区内则出现由隐伏的深断裂控制的大隆大坳及断块活动，如乐山-龙女寺隆起，从盆地西南向东北延伸，是横亘四川盆地内的一个大型隆起，它的形成可能与古隐伏深断裂控制的基底隆起有关。在龙门山区有明显表现，龙门山深断裂对台和谷区的地质演化有直接的控制作用，其东侧的彭灌深断裂，表现为强烈的上升运动，断裂上盘志留系、奥陶系甚至部分下寒武统地层均被剥蚀掉，形成天井山隆起带。在加里东期，四川地区除发育大型隆起和坳陷外，不同组系的深断裂活动导致基底有大幅度的块断活动，这不仅对下古生界分布有控制作用，而且对后期构造演化有重要的影响。

发生在泥盆纪末期的早海西运动，在四川地区表现为上升运动，包括石炭纪末期的短暂运动。盆地内除川东地区有薄的中石炭统保存外，广泛缺失泥盆系和石炭系。而发生于早、晚二叠世之间的东吴运动，其性质属于地壳张裂活动派生的升降运动，造成上下二叠统之间地层呈假整合接触。从下二叠统所受的剥蚀程度看，抬升幅度较大的地区是大巴山和龙门山一带。另一个重要的特征是上扬子地区的东吴运动在伴随张裂活动时有大量的玄武岩喷发，称为"峨眉山玄武岩"，其喷溢中心位于攀西裂谷系，盆地内川西地区、川西南地区和川东地区的较多探井在上二叠统底部相继发现玄武岩和辉绿岩。

印支旋回是四川盆地内重要的地质事件。在印支期，秦岭、松潘-甘孜洋盆于中三叠世晚期—侏罗纪初期封闭；班公湖-怒江洋开始扩张；上扬子板块和华北板块之间发生俯冲碰撞、拼接造山、形成雄伟山系。山前的川北地区发生沉降，形成巨厚的山前坳陷沉积，西侧的川西地区受古特提斯海关闭的影响，龙门山及康滇区褶皱造山形成山系，而其东侧下降形成山前坳陷和前陆盆地等，使扬子西缘迅速由海相碳酸盐岩沉积转化为前陆盆地陆相沉积。同时，在扬子地台被动大陆边缘隆起带形成早期的推覆构造作用，中三叠统雷口坡组顶部的古岩溶风化剥蚀面既是沉积层序的一个造山升隆不整合界面，又是盆山转换的构造面。该界面标志着扬子西缘开始进入前陆盆地沉积构造演化历史阶段。此时，太平洋古陆开始裂解，中国东南部印支褶皱形成，成为上扬子陆相含煤盆地的边缘，并为盆地提供大量陆源碎屑沉积。

燕山早-中期是华南褶皱带的造山时期，发育强烈的构造岩浆作用，并产生逆冲推覆和强烈的褶皱。同时冈瓦纳大陆全面裂解漂移，夹于其间的上扬子区向北运动，南秦岭向南逆冲、推覆，形成川北坳陷。早白垩世后的燕山晚期，川北地区、川东地区结束了陆相沉积，开始进入风化剥蚀时期，并形成走向北东的构造和四川盆地东南部的边缘雏形。

随着印度板块与欧亚板块的碰撞拼合，上扬子区西部产生广泛的盖层褶皱，形成走向南北的构造，并结束了大范围的陆相沉积，四川盆地基本形成。之后进入陆内盆地强烈挤压褶皱构造变形和风化剥蚀时期改造阶段。

1.2 地 层 特 征

四川盆地是扬子古板块上的一个多旋回沉积盆地，震旦纪—中三叠世处于被动大陆边缘阶段(毛琼等，2006)，主要为海相沉积；中三叠世末的印支早期构造运动使得上扬子海盆逐渐抬升成陆，特提斯海逐渐退出四川盆地，从而结束了四川盆地自震旦纪以来的海相沉积历史，川西地区及川东地区中三叠统地层受到不同程度的剥蚀。印支早期挤压构造运动使龙门山岛链开始缓慢上升，导致四川盆地由海盆逐渐转变为陆盆，四川盆地进入陆相沉积盆地发展演化阶段，除中三叠世、晚三叠世早期盆地西部马鞍塘组和小塘子组为海相或海陆过渡相沉积外，整个四川盆地堆积了晚三叠世须家河组至新近系巨厚的陆相地层，总厚逾万米，整体特征是西厚东薄，北厚南薄。并以上三叠统至白垩系为最重要的沉积地层。

1.2.1 上三叠统地层发育特征

上三叠统包括马鞍塘组(T_3m)、小塘子组(T_3t)和须家河组(T_3x)。其中马鞍塘组命名于江油马鞍塘火车站，为一套浅海陆棚相地层；小塘子组为广元剖面须家河组底部煤系地层单独划出建立的地层单元，即相当于原须家河组的须一段(T_3x^1)地层，命名地位于广元小塘子；须家河组命名于广元城北工农镇须家河村，主要指晚三叠世诺利克中晚期至瑞替克期的岩性为黄灰色含砾砂岩、砂岩、粉砂岩和泥岩夹煤层组合的一套地层，按岩性可划分为六段，沉积巨厚，可达数千米，是四川盆地陆相地层中主要的天然气产层。垂向剖面上，砂岩与泥岩常组成以砂岩为主的不等厚韵律层，上部夹块状砾岩，厚数百米至近千米，富含植物及双壳类化石，野外露头和钻井岩心识别标志清晰(王峻，2007)。

从目前的研究情况来看，由于上三叠统须家河组在整个四川盆地的岩性、岩相及古生物等方面都较为复杂，导致当前对四川盆地须家河组地层划分有不同的意见。川中地区上三叠统与川西地区、川西北地区上三叠统的对比，一直存在很大的分歧(邓康龄等，1982；罗启后，1987；何鲤，1989；张健等，2006；高红灿，2007；郑荣才等，2009)，未能形成统一的认识(表 1-1)。最新的地层对比研究将须家河组自下而上分为五个岩性段，其中须三段、须五段以泥页岩为主，须二段、须四段、须六段以砂岩为主。小塘子组与川中东部地区须一段或香一段为等时沉积，认为川西地区的须家河组须二段、须三段分别可与川中地区的香二段、香三段对比，须四段+须五段下亚段与香四段对比，香五段相当于须五段上亚段(表 1-2、图 1-2)。四川盆地上三叠统须家河组整体为一套西厚东薄，呈"箕状"分布的以砂岩、泥岩为主的陆源碎屑"煤系地层"。沉积厚度西部较大，北、东、南部地区厚度相对较薄。四川盆地上三叠统小塘子组及须家河组下部地层［小塘子组—须三段("须下盆")］自西向东，向南逐层超覆于下伏地层中三叠统地层之上，地层厚度自西向东减薄，沉积中心、沉降中心位于盆地西部。受须三期末以及印支运动晚期的影响，龙门山强烈抬升，须家河组上部地层［须四段—须六段("须上盆")］在盆地西北部自东南向西北方向剥蚀程度逐渐加深，沉积中心位于盆地西部地区，但沉降中心向盆地中部迁移(据 2010 年中国石化西南油气分公司内部报告)。

表 1-1 四川盆地上三叠统地层划分对比

高红灿(2007)	张健等(2006)	罗启后(1987)	邓康龄等(1982)		何鲤(1989)	
			川西地区	川中地区	川西地区	川中地区
下侏罗统	下侏罗统	中、下侏罗统	白田坝组	自流井群	白田坝组	自流井群
须家河组：须六段	须六段	香六段	须五段	香六段	须五段	香五段、香六段
须五段	须五段	香五段		香五段		
须四段	须四段	香四段	须四段	香四段	须四段	香四段、香三段
须三段	须家河组：须三段	香三段	须三段	香三段	须三上段	香二段
					须三下段	陆相香一段
须二段	须二段	香二段 / 香一段 / 须二段	须二段	香二段	须二段	无沉积
小塘子组	须一段	须一段	小塘子组 马鞍塘组	小塘子组 马鞍塘组	小塘子组 马鞍塘组	海相香一段
马鞍塘组						
雷口坡组	雷口坡组	雷口坡组	雷口坡组		雷口坡组	

表 1-2 四川盆地上三叠统至白垩系地层划分与对比表

系	统	四川盆地					
		川西地区	川西南地区	川中地区	川南地区	川东北地区	川东地区
上覆地层		新生界地层					
白垩系	上统	缺失	灌口组 / 夹关组	缺失	高坎坝组 / 三合组 / 打儿凼组 / 窝头山组	缺失	高坎坝组 / 三合组 / 打儿凼组 / 窝头山组
	下统	剑阁组 / 汉阳铺组 / 剑门关组	缺失 / 天马山组	古店组 / 七曲寺组 / 白龙组 / 仓溪组	缺失		缺失
侏罗系	上统	莲花口组 / 遂宁组	蓬莱镇组 / 遂宁组	蓬莱镇组 / 遂宁组	蓬莱镇组 / 遂宁组	蓬莱镇组 / 遂宁组	蓬莱镇组 / 遂宁组
	中统	沙溪庙组 / 千佛崖组	沙溪庙组	上沙溪庙组 / 下沙溪庙组 / 新田沟组	上沙溪庙组 / 下沙溪庙组 / 千佛崖组	上沙溪庙组 / 下沙溪庙组 / 千佛崖组	上沙溪庙组 / 下沙溪庙组 / 新田沟组
	下统	白田坝组	缺失 / 白田坝组	自流井组：大安寨段 / 马鞍山段 / 东岳庙段 / 珍珠冲段	自流井组：大安寨段 / 马鞍山段 / 东岳庙段 / 珍珠冲段	自流井组：大安寨段 / 马鞍山段 / 东岳庙段 / 珍珠冲段	自流井组：大安寨段 / 马鞍山段 / 东岳庙段 / 珍珠冲段
三叠系	上统	须家河组：缺失 / 须五上段 / 须五下段 / 须四段 / 须三段 / 须二段 / 小塘子组 / 马鞍塘组	香溪群：缺失 / 香六段 / 香五段 / 香四段 / 香三段 / 香二段 / 香一段 / 小塘子组 / 垮洪洞组	香溪群：香六段 / 香五段 / 香四段 / 香三段 / 香二段 / 香一段 / 须二段 / 须二段	须家河组：须六上段·须六段 / 须六中段·须五段 / 须六下段·须四段 / 须五段·须三段 / 须四段·须二段 / 须三段·须一段 / 须二段 / 须一段	须家河组：须六段 / 须五段 / 须四段 / 须三段 / 须二段 / 缺失	香溪群 / 缺失
下伏地层		中三叠统地层					

资料来源：刘家铎和吕正祥，2010

总体上，马鞍塘组、垮洪洞组和小塘子组以海相、海陆交互相泥岩沉积为主；须二段(T_3x^2)以陆相砂岩为主；须三段(T_3x^3)、须五段(T_3x^5)以页岩为主，夹砂岩及煤层；须四段(T_3x^4)以砂、砾岩夹薄层泥岩为主；须六段(T_3x^6)以砂岩为主，在盆地西北部缺失。

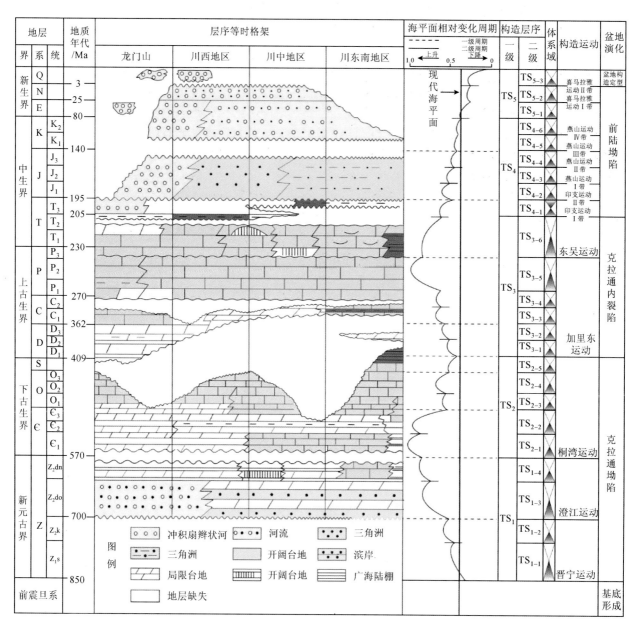

图 1-2   四川盆地层序格架与地层分布特征剖面图(刘家铎和吕正祥，2010)

1.2.2 侏罗系地层发育特征

侏罗系包括自流井组(J_1z)、千佛崖组(J_2q)、上沙溪庙组(J_2s)、下沙溪庙组(J_2x)、遂宁组(J_3sn)和蓬莱镇组(J_3p)。主体为湖泊、三角洲相碎屑岩地层。

自流井组命名于自贡市自流井，为一套以浅湖-半深湖相紫红色及黄绿色泥(页)岩夹薄层石英细砂岩、粉砂岩、生物碎屑灰岩或泥灰岩为主的地层。自下而上划分为珍珠冲段、东岳庙段、马鞍山段、大安寨段与凉高山段五个岩性段(翟光明，1989)。其总体分布特征具有西薄东厚的特点。白田坝组仅分布于龙门山中、北段前缘的江油、广元和米仓山-大巴山前缘的南江、旺苍、万源一带，底部为冲积扇相的紫红色、杂色粗-巨砾岩，夹砂岩透镜体，中下部为厚数十米至100余米的含煤泥页岩夹砂岩或砾岩层，中上部为黄绿色、紫红色砂泥岩层夹砾岩透镜体，局部夹介壳薄层，与自流井组属同时异相关系。

千佛崖组以命名地广元千佛崖剖面具代表性，为河流-滨浅湖相沉积，可划分为三段：上杂色段，中黑色段，下杂色段；主要分布于龙门山前缘的彭州、江油、广元一线及米仓山-大巴山前缘的万源一带。厚度变化较大，为30～350m，且东厚西薄，达川、万县一带最厚。新田沟组命名于重庆北碚区新田沟，该组在盆地内分布广泛，厚130～400m，为一套还原-次氧化环境下的湖相砂泥岩沉积，与千佛崖组属同时异相关系。

沙溪庙组命名于合川县南沙溪庙，以"叶肢介页岩"之顶(或"嘉祥寨砂岩"之底)为分界标志，将沙溪庙组一分为二，其下划分为下沙溪庙组，其上划分为上沙溪庙组(或称沙溪庙组上段、下段)。主要为湖泊-三角洲相灰色和灰紫色厚层至块状粗中粒至细粒长石石英砂岩、长石砂岩-紫红色粉砂岩、泥岩。

遂宁组在区域上分布广泛，以单一岩性和较为鲜艳的紫红色为特征，是侏罗系标志层；主要为一套滨浅湖相鲜紫红色泥岩、粉砂质泥岩与薄层状钙泥质粉砂岩韵律互层组合。龙门山前缘，该组岩石粒度变粗，夹灰质或石英质砾岩、含砾粗砂岩。

蓬莱镇组分布广泛，但因后期剥蚀多保存不全，仅在川西地区前陆盆地的中西部保存较好。与下伏遂宁组整合接触，与上覆下白垩统苍溪组(或剑门关组)呈平行不整合接触关系。主体属滨浅湖和三角洲沉积，局部为河流相或半深湖相沉积。莲花口组仅分布在龙门山前缘，为一系列冲积扇体组成的冲积扇群堆积，与蓬莱镇组的底界一致，二者为同时异相关系。

1.2.3 白垩系地层发育特征

白垩系划分为下白垩统和上白垩统，地层厚度约3500m，全为红色碎屑岩地层。沉积环境主要为河湖环境，局部为山麓冲积扇及风成沙漠环境，岩性变化大，除剑阁、灌县、芦山一线为砂砾粗碎屑岩外，其余地区皆为细碎屑岩、泥质岩及零星分布的钙芒硝和石膏等蒸发岩沉积。除雅安、成都一带地层发育较全外，剑阁、梓橦—巴中—南江只有下白垩统，上白垩统缺失；宜宾—泸州缺失下白垩统，只发育上白垩统。

下白垩统由于受龙门山逆冲推覆和川东南断褶带自南东向北西的强烈挤压双重作用，造成盆地东部大幅度隆升成陆并遭受剥蚀，迫使沉积盆地向北西方向退缩和南北两端收缩。造成沉积盆地面积迅速减少，呈北东向长条状展布，七曲寺组中部发育的厚层泥岩之上的收缩体系域仅分布在芦山—乐山间的狭小范围内，在川南地区宜宾柳嘉一带零星分布有残存地层，表现出较明显的山间坳陷盆地特征。

上白垩统在川北地区和川东北地区整体强烈隆升为陆的过程中，迫使沉积盆地从北东向南西大面积退缩至川西中段和川南地区，同时龙门山中南段逆冲推覆作用增强，作为沉积和沉降中心的前渊坳陷部位也随之迁移到龙门山中南段的都江堰、芦山和天全一带。

1.3 油气聚集区的划分及资源分布

四川盆地油气资源丰富，无论是盆地东部、西部、南部、北部，还是中部均有油气田发育。根据区域位置和油气田地质特征，可以把四川盆地划分为4个油气聚集区或4个构造区块(图1-3)：川西气区(川西地区)、川南气区(川南地区)、川中油气区(川中地区)、川东气区(川东地区)(戴金星等，2009)。四川盆地气田分布较分散，其中以川南地区气田最多，已发现气田达50多个；其次是川东地区，已发现气田40多个，而且多为大中型气田，四川盆地年产气量的65%以上来自该区，整个川东地区与川南地区气田、气藏数约占四川盆地的70%；川西地区仅发现7个气田；川中地区区域面积最广，仅发现4个气田，但是发现了14个油田(朱光有等，2006)，这使得川中地区成为四川盆地的唯一一油气聚集区。

虽然四川盆地川东地区与川南地区气田最多，但是四川盆地陆相致密碎屑岩气田却以川西地区与川中地区最多，其次为川南地区，川东地区最少(图1-3)，且川东地区气田(气藏)产层多为某一含气层段，储层厚度和气藏规模均较小。陆相致密碎屑岩油气纵向上分布差异较大：白垩系(K)天然气仅分布在川西局部地区；侏罗系(J)天然气主要分布在川西地区，川中地区与川东地区也有一定的分布；上三叠统(T$_3$)天然气在整个四川盆地均有分布，但是主要分布在川西地区、川中地区与川南地区。

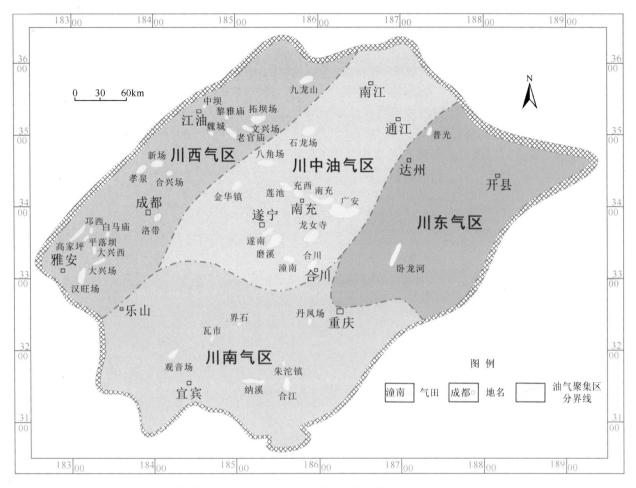

图 1-3 四川盆地油气区划分及上三叠统气田分布图(戴金星等，2009，修改)

2 四川盆地致密碎屑岩气藏烃源岩特征

烃源岩是沉积盆地形成油气聚集的必备条件，因此烃源岩层研究既对探讨油气成因具有理论意义，同时也是指导油气勘探实践的主要根据之一。对一个地区烃源岩评价的主要目的就是根据大量地质和地球化学分析结果，在一个沉积盆地(或凹陷)中，从剖面上确定烃源岩层，在空间上划分出有利的生烃区，作出生烃量的定量评价，分析盆地的含油气远景，为油气勘探提供科学依据(蒋有录和查明，2006)。

四川盆地烃源岩层发育特征可以总结为"四下二上"，即下寒武统海相暗色泥岩、下志留统海相深灰色泥岩和黑色页岩、下二叠统海相碳酸盐岩和泥岩、下侏罗统陆相灰黑色泥岩、上二叠统海相泥岩和碳酸盐岩及煤、上三叠统陆相泥岩及煤。在陆相致密碎屑岩地层中发育了上三叠统和下侏罗统"一上一下"两套陆相烃源岩。上三叠统烃源岩主要发育于须一段、须三段和须五段，同时须二段和须四段在川西地区也有烃源岩发育，其中须一段与须二段为海相-海陆过渡相沉积，须三段至须五段为陆相滨浅湖、沼泽相沉积。上三叠统发育的烃源岩使之成为四川盆地最为重要的烃源岩之一，为四川盆地陆相致密油气富集成藏提供了丰富的物质基础。下侏罗统烃源岩主要为一套深湖-半深湖相沉积，主要分布在下侏罗统的自流井组凉高山段、大安寨段、东岳庙段和珍珠冲段(翟光明，1989；杜敏等，2005；杨晓萍等，2005；蒋裕强等，2010)，是侏罗系较为有利的烃源岩，对侏罗系油气成藏有一定的贡献。

2.1 烃源岩发育特征

四川盆地陆相烃源岩主要发育在上三叠统徐家河组，其次分布在下侏罗统珍珠冲组和中侏罗统千佛崖组。上三叠统主要为一套陆相含煤建造，暗色泥质岩和所夹煤层是主要的烃源岩。纵向上烃源岩主要分布在须一段、须三段和须五段；须二段中部和须四段中部也发育一定厚度的烃源岩，但厚度相对较小。下侏罗统珍珠冲组和中侏罗统千佛崖组则以泥质烃源岩为主。

2.1.1 上三叠统

四川盆地上三叠统烃源岩厚度变化较大，总体变化趋势为(图 2-1)：由川西地区向川中地区、川南地区、川东地区逐渐减薄，在川西地区最厚可达 1500 多米(隆丰 1 井)(黄世伟，2005)，在川东涪陵地区厚度仅为 10m 左右。川西地区上三叠统烃源岩厚度最大，烃源岩厚度由川西中段的 1000m 向南减少至 300m 左右，向北减少至 150m 左右，烃源岩厚度以大于 400m 为主；川中地区烃源岩厚度自西向东、向北逐渐降低，烃源岩总体厚度分布范围为 150～400m；川南地区烃源岩厚度自西向东由 200m 左右逐渐减小到 50m。川东地区上三叠统烃源岩厚度最小，自西向东由 150m 降低至 50m 以下，烃源岩厚度主要在 100m 以下。总体上烃源岩厚度：川西地区＞川中地区＞川南地区和川东地区。四川盆地上三叠统各段烃源岩厚度特征如下。

(1)须一段：总体来看，须一段沉积时期，四川盆地川西地区和川中大部分地区接受沉积，川南地区仅有靠近川西地区和川中地区的很少一部分地区有沉积作用，更多的地区处于剥蚀区，没有烃源岩及有机质的沉积；川东地区在该时期处于剥蚀状态。须一段沉积期沉积中心位于川西坳陷中段地区，该地区烃源岩厚度最大，最厚可达 100m 以上，向北、向南、向东各个方向烃源岩厚度递减变薄，川南地区和川中地区烃源岩厚度仅 10～20m，最终向南尖灭于威远、荣昌一带，向东尖灭于合川、广安、大竹一带，向北尖灭于渠县—大竹附近(图 2-2)。

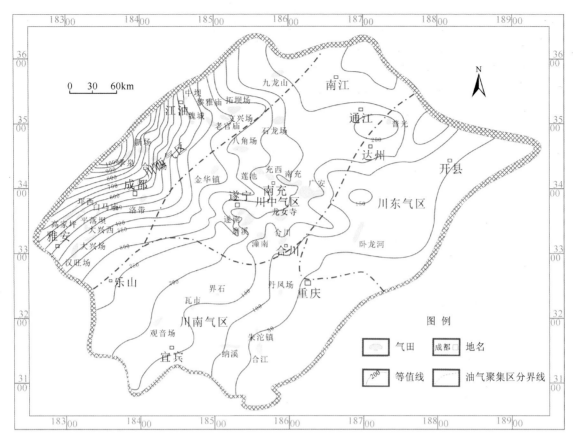

图 2-1 四川盆地上三叠统烃源岩厚度等值线图

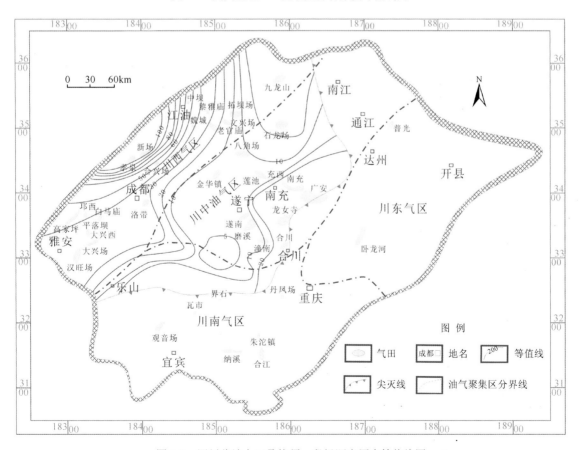

图 2-2 四川盆地上三叠统须一段烃源岩厚度等值线图

(2)须二段：沉积范围较须一段有所扩大，川东地区与川南地区大部分地区开始接受沉积并在部分地区开始有烃源岩发育。川西地区须二段烃源岩厚度最大，最高达130m，向西逐渐降低，烃源岩总体厚度大于30m；川中地区烃源岩厚度总体以20～30m为主，中部营山地区烃源岩厚度仅10m左右；川南地区烃源岩厚度变化较大，靠近川西地区烃源岩厚度可达110m，向东迅速变薄，该区烃源岩厚度主体为20～30m；川东合川、通江附近局部区域有烃源岩发育，烃源岩厚度小于40m(图2-3)。

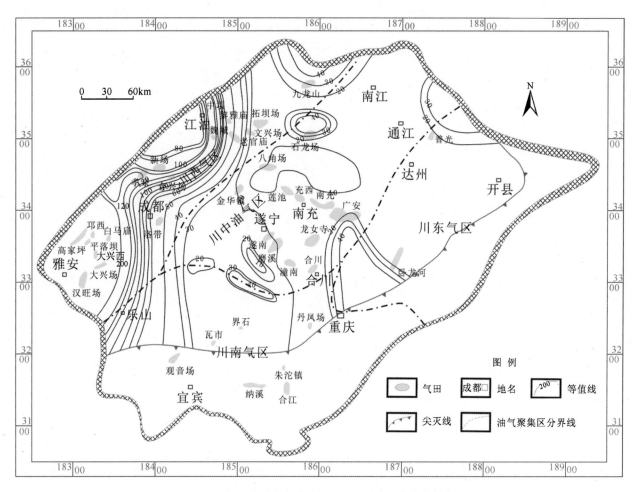

图2-3 四川盆地上三叠统须二段烃源岩厚度等值线图

(3)须三段：较须一段与须二段烃源岩，须三段烃源岩分布范围显著增大，几乎分布于整个四川盆地。四川盆地须三段烃源岩厚度大，在川西地区最大厚度可达600m；川中地区须三段烃源岩厚度较须一段、须二段也有所增加，烃源岩总体厚度为50～75m；川南地区和川东地区须三段烃源岩厚度小于50m(图2-4)。

(4)须四段：烃源岩厚度较须三段有所变小。川西地区须四段烃源岩厚度为50～400m，北部剥蚀区不发育烃源岩；川中地区烃源岩整体厚度为10～20m；川南地区烃源岩厚度从靠近川西地区的200m向东迅速降低，至自贡、泸州一带烃源岩厚度仅为20m左右；川东地区烃源岩厚度均在20m以下(图2-5)。

(5)须五段：须五段沉积时期，川西北部地区仍然处于剥蚀区，没有烃源岩发育，川西中部与南部烃源岩较为发育，烃源岩厚度为150～350m；川中地区须五段烃源岩厚度较须一段至须四段显著增加，靠近川西地区最大厚度可达200m，向东、向北递减，烃源岩总体厚度为50～125m；川南地区烃源岩厚度主要为50m左右，靠近川西的部分川南地区烃源岩厚度较大，最大可达120m以上；川东地区烃源岩厚度总体小于50m(图2-6)。

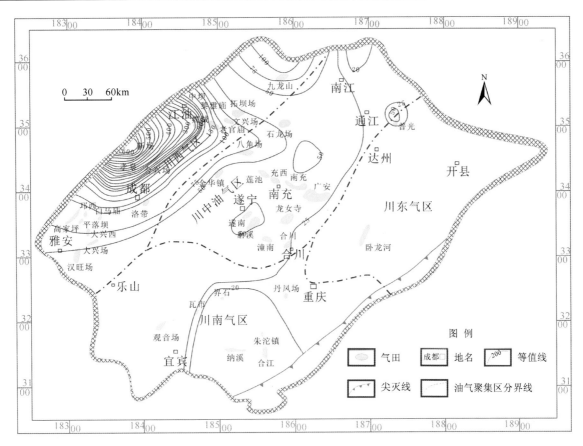

图 2-4　四川盆地上三叠统须三段烃源岩厚度等值线图

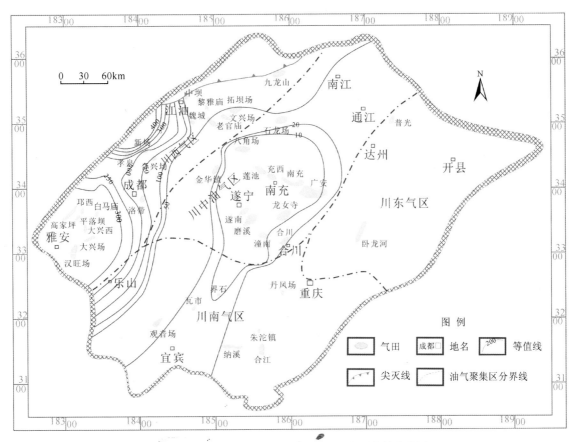

图 2-5　四川盆地上三叠统须四段烃源岩厚度等值线图

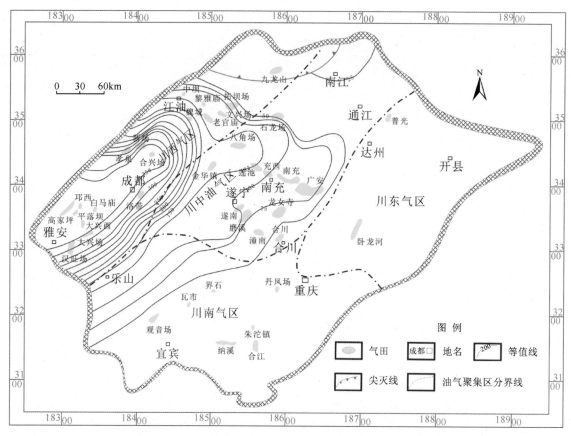

图 2-6　四川盆地上三叠统须五段烃源岩厚度等值线图

　　总体来说，四川盆地上三叠统及上三叠统各层系烃源岩中，川西地区烃源岩厚度最大，川中地区次之，川东地区与川南地区厚度最小，即由川西地区向南、向东、向北烃源岩厚度逐渐降低。四大油气聚集区中，各层系烃源岩以须三段和须五段厚度最大（图 2-7）。

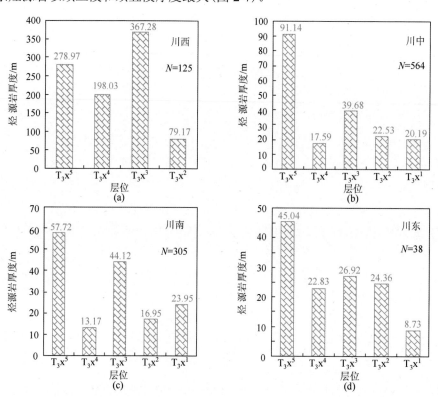

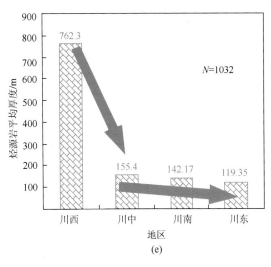

图2-7　四川盆地上三叠统烃源岩厚度直方图

2.1.2　下侏罗统

四川盆地侏罗系主要为一套内陆河沼湖泊相碎屑岩沉积(杜敏等，2005；刘文龙，2007)，因多是氧化环境下的红色建造，故常被称为侏罗系红层。因其多以氧化环境下的沉积特征为主，故其有机质的保存条件较差，烃源岩发育程度及品质均较上三叠统差。其中，上侏罗统蓬莱镇组以一套氧化三角洲、浅湖、滨湖泥页岩与粉砂岩相沉积为主，中间夹弱还原半深湖泥页岩及石英砂岩相沉积，岩性以砂岩为主；上侏罗统遂宁组以一套强氧化浅水湖相鲜红色泥岩夹薄层粉砂岩沉积为主，岩性为棕红色泥岩、砂质泥岩夹薄层泥质粉砂岩、石英砂岩和长石石英砂岩。沉积学与岩石学特征表明，上侏罗统不具备烃源岩形成条件。中侏罗统沙溪庙组以三角洲、滨浅湖、冲积平原沉积为主，岩性以砂岩夹少量浅灰色及暗紫红色泥岩为主。据前人统计，其灰色泥质岩有机碳含量较低，平均值仅为0.25%(杜敏等，2005)，低于陆相烃源岩标准下限，不具备生烃能力。

下侏罗统自流井组以一套深湖、半深湖相沉积为主，黑色页岩、介壳灰岩非常发育，且含有大量的瓣鳃、腹足和介形虫等湖相生物，有机质丰富，是四川盆地侏罗系重要烃源岩及四川盆地浅层油气藏的重要物质来源。

四川盆地下侏罗统烃源岩厚度自盆地东北部向盆地西南方向递减，烃源岩厚度以川东地区最大，其次为川中地区，川西地区除北部地区烃源岩有一定厚度，整个川西地区和川南地区烃源岩厚度以小于20m为主(图2-8)。杜敏等(2005)对四川盆地100余口井下侏罗统烃源岩厚度进行了统计分析，其结果表明：在南充、重庆一线的东北部，侏罗系烃源岩有效厚度多分布在50m以上，最大厚度可达379m。其中，川东地区烃源岩有效厚度为14.6～379m，平均厚度为142m，是四川盆地侏罗系烃源岩厚度最大的地区；川中地区烃源岩有效厚度为12～132m，平均厚度为45m；川西地区、川南地区烃源岩厚度较薄，其平均厚度小于12m，生油气条件差(图2-8、图2-9)。

侏罗系烃源岩厚度分析表明：下侏罗统烃源岩厚度自东北向西南逐渐降低，侏罗系烃源岩主要发育在川东地区和川中地区，其对该地区浅层油气资源可能有重要贡献，川西地区和川南地区侏罗系烃源岩总体厚度均较小，其对于浅层油气资源贡献相对较小。

四川盆地上三叠统与下侏罗统烃源岩厚度变化具如下规律：①整体上，上三叠统烃源岩厚度远大于侏罗系烃源岩厚度；②横向上，上三叠统烃源岩自西向东减薄，烃源岩厚度川西地区＞川中地区和川南地区＞川东地区，上侏罗统烃源岩自东北向西南减薄，烃源岩厚度川东地区＞川中地区＞川南地区和川西地区；③纵向上，川东地区下侏罗统烃源岩厚度略大于上三叠统，川西地区、川南地区、川中地区上三叠统烃源岩厚度远大于下侏罗统。

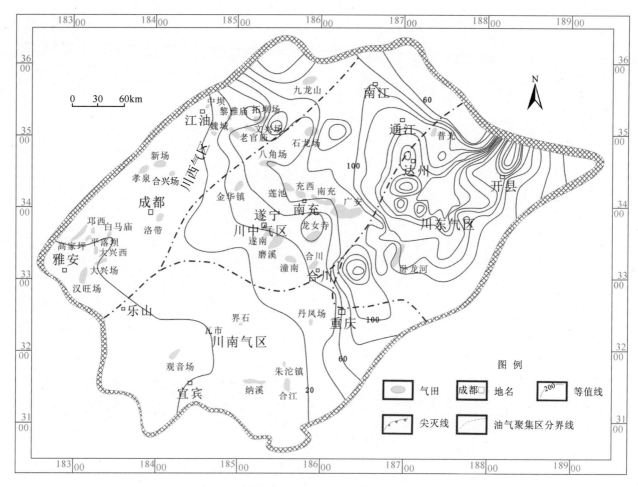

图 2-8　四川盆地下侏罗统烃源岩厚度等值线图

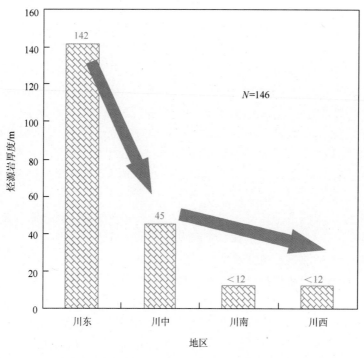

图 2-9　四川盆地侏罗系烃源岩厚度直方图

2.2　烃源岩有机质丰度

烃源岩有机质丰度决定了其生烃潜力，同时决定了一个地区是否可能有油气生成、可能的油气生成量及该区是否能够发育油气田，所以有机质丰度的研究是烃源岩研究的重要内容之一。常用于评价烃源岩有机质丰度的参数包括有机碳含量(TOC)、氯仿沥青"A"、总烃含量(HC)、生烃潜量(S_1+S_2)、有效碳(PC)等，部分参数评价标准见表2-1。

表2-1　陆相烃源岩有机质丰度评价指标

指标	非生油岩	生油岩类型			
		差	中等	好	最好
TOC/%	<0.4	0.4~0.6	0.6~1.0	1.0~2.0	>2.0
"A"/%	<0.015	0.015~0.050	0.050~0.100	0.100~0.200	>0.200
HC/10^{-6}	<100	100~200	200~500	500~1000	>1000
S_1+S_2/(mg/g)	—	<2	2~6	6~20	>20

资料来源：黄飞，1996

由于氯仿沥青"A"、总烃含量等指标对成熟度的反应较为敏感，针对四川盆地陆相烃源岩的生烃演化特征，在对比分析各段暗色泥岩的有机质丰度时，主要以有机碳含量对四川盆地不同地区烃源岩有机质丰度进行评价，同时在部分地区还结合其他参数来对有机质丰度进行评价。

2.2.1　有机碳含量

2.2.1.1　川西地区

川西坳陷 T_3x^1-J 有机碳含量分布具如下特征(表2-2、图2-10、图2-11)：T_3x^1 的212个样品中，有机碳含量主要分布在0.6%~2%，其中有机碳含量在1%以上的占50.47%以上；T_3x^2 的197个样品中，有机碳含量主要分布在1%~2%，1%以上的样品比例高达84.7%，表明须二段有机碳含量相对较高；T_3x^3 的684个样品中有机碳含量达到1%以上的样品占到了85.82%，绝大部分样品有机碳含量分布在1%~5%，最大值高达10%以上；T_3x^4 的297个样品中，有机碳含量大部分分布在1%~3%，这部分样品占须四段样品总数的60%左右；T_3x^5 的529个样品中，有机碳含量大于0.6%的样品占到了96.7%以上，其中1%以上的烃源岩样品占到了87.33%；J烃源岩相对于须家河组的烃源岩品质明显变差，从135个样品的有机碳含量统计结果(表2-2)来看，46.7%左右的样品有机碳含量小于0.4%，为非烃源岩；48.9%左右的样品有机碳含量大于0.6%，这些样品主要集中在下侏罗统(图2-11)。

表2-2　川西坳陷有机碳含量分层统计表

层位	有机碳含量/%			样品数
	最小	最大	平均	
J	0.019(64个样<0.4)	14.73(7个样>10)	2.35	135
T_3x^5	0.05(7个样<0.4)	14.74(9个样>10)	2.86	529
T_3x^4	0.043(6个样<0.4)	12.17(3个样>10)	2.39	297
T_3x^3	0.09(13个样<0.4)	14.80(12个样>10)	2.60	684
T_3x^2	0.10(1个样<0.4)	14.85(8个样>10)	3.44	197
T_3x^1	0.075(24个样<0.4)	9.07(0个样>10)	1.36	212

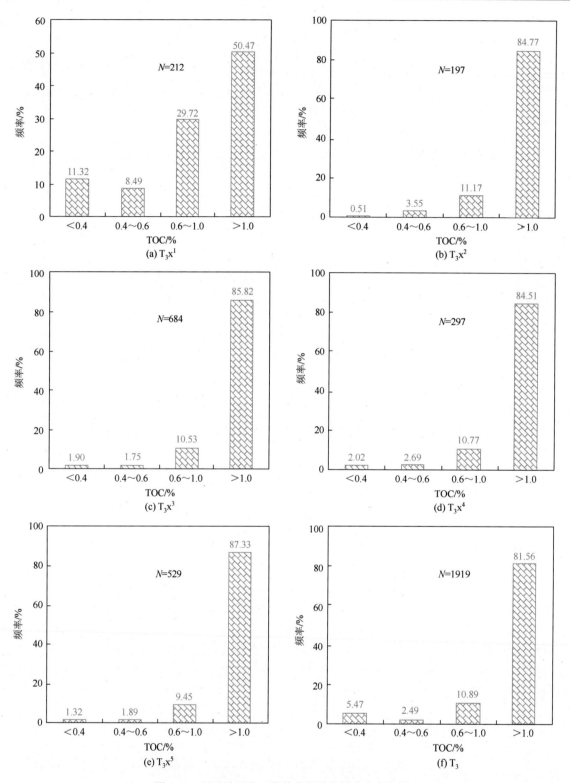

图 2-10　川西地区上三叠统有机碳含量分布直方图

　　总体来看，川西地区致密碎屑岩领域烃源岩有机质较为丰富，烃源岩品质较好、生烃潜力较大。对比上三叠统与下侏罗统烃源岩有机碳含量发现，除须一段有机碳含量大于 1% 的好烃源岩比例略小于下侏罗统外，上三叠统其他四个层段好烃源岩的比例明显高于下侏罗统。但是须一段中等—好烃源岩的比例明显高于下侏罗统，而且须一段非烃源岩比例明显低于下侏罗统，因此可以认为须一段烃源岩品质优于下侏罗统，其生烃能力大于下侏罗统。所以，单从有机碳含量角度来评价有机质丰度、烃源岩品质及生烃潜力，川西地区上三叠统烃源岩明显优于下侏罗统烃源岩，其中上三叠统须五段＞须三段和须四段及须二段＞须一段(图2-10)。同时，结合上三叠统须家河组烃源岩厚度与侏罗系烃源岩厚度关系来看，上三叠统烃源岩平均厚度最小的须二段烃源岩厚度约为 80m，须家河组其他层位烃源岩平均厚度为200～370m，而川西地区整个侏罗系烃源岩平均厚度仅仅只有 12m 左右。因此综合有机碳含量与烃源岩厚度特征，可以得出川西地区上三叠统烃源岩的生烃量远大于侏罗系烃源岩，上三叠统烃源岩是该区最主要的烃源岩；在侏罗系烃源岩中，仅下侏罗统烃源岩具备一定的生烃能力，但其厚度整体较薄，生烃量有限。

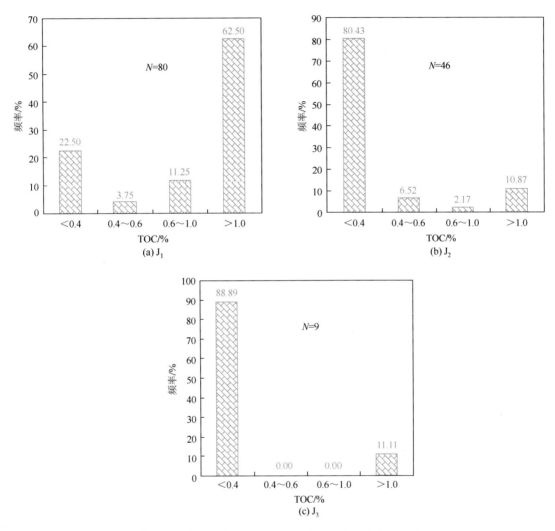

图 2-11　川西地区侏罗系烃源岩有机碳含量分布直方图

2.2.1.2　川中地区

川中地区除须四段外，其他各段烃源岩有机碳含量大于1%的比例均超过50%，其中须一段与须二段比例高达60%以上，在所有层段中最高，其次是须三段与须五段；须四段有机碳含量大于1%的烃源岩比例仅为 33%。所以上三叠统各段中好烃源岩分布关系为须一段和须二段＞须三段和须五段＞须四段。同时上三叠统有利于生烃的中等—好烃源岩比例也比须一段、须二段较高(大于 85%)，其次为须三段与须五段(70%左右)，须四段比例最低(60%左右)，因此须一段与须二段烃源岩生烃潜力最大，其次为须三段与须五段，须四段相对最低(图 2-12)。总体来看，上三叠统各层系以中等—好烃源岩为主，烃源岩生烃潜力大，对该区油气聚集成藏有重要贡献。

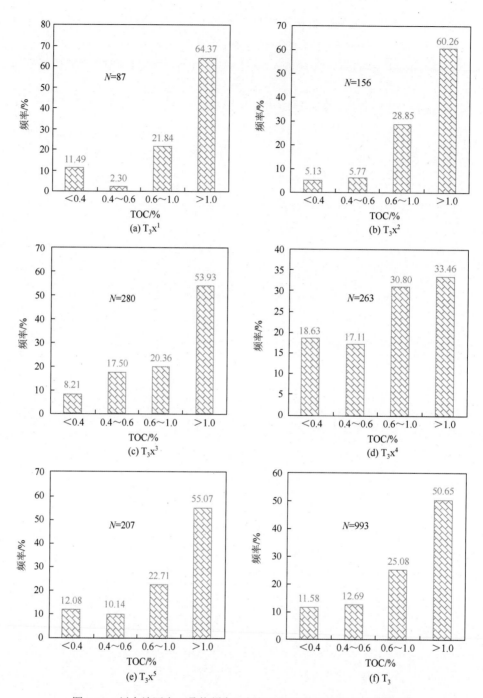

图 2-12　川中地区上三叠统须家河组烃源岩有机碳含量分布直方图

　　川中地区中、上侏罗统烃源岩有机碳含量均很低，以小于 0.4% 为主 (图 2-13)，达不到形成烃源岩的有机碳含量标准，基本不发育烃源岩。下侏罗统有机碳含量大于 1% 的好烃源岩比例达 42%，其次为有机碳含量小于 0.4% 的非烃源岩，较高的好烃源岩比例显示川中地区下侏罗统烃源岩具有一定的生烃能力，对该区侏罗系及白垩系油气藏可能有一定贡献。

　　综合来看，川中地区上三叠统烃源岩有机碳含量较高，以大于 1% 的好烃源岩为主，下侏罗统部分烃源岩有机碳含量较高，但同时发育较多的非烃源岩。对比上三叠统与下侏罗统有机碳含量特征，下侏罗统好烃源岩比例远小于须一段、须二段、须三段及须五段，而略高于须四段，但是下侏罗统中等—好烃源岩比例小于须四段。所以仅根据有机碳丰度来表征烃源岩品质或生烃潜力，川中地区烃源岩品质或生烃潜力特征为须一段和须二段＞须三段和须五段＞须四段＞下侏罗统。

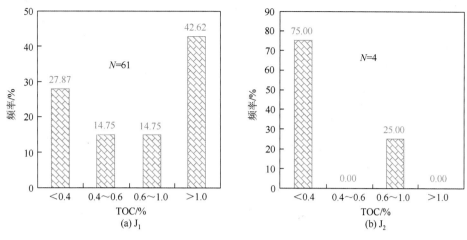

图 2-13 川中地区中侏罗统与上侏罗统烃源岩有机碳含量分布直方图

2.2.1.3 川南地区

川南地区侏罗系烃源岩厚度很薄，基本不发育侏罗系烃源岩。上三叠统烃源岩有机碳含量以大于 1% 为主，中等—好烃源岩比例高达 87% 以上（图 2-14），烃源岩品质较好，表明川南地区上三叠统烃源岩是该区陆相致密碎屑岩油气资源的重要物质来源。从分层来看，除须三段外，其他各段烃源岩有机碳含量大于 1% 的比例超过 50%，其中须一段与须二段和须四段比例高达 70% 以上，在所有层系中最高，其次是须三段与须五段。

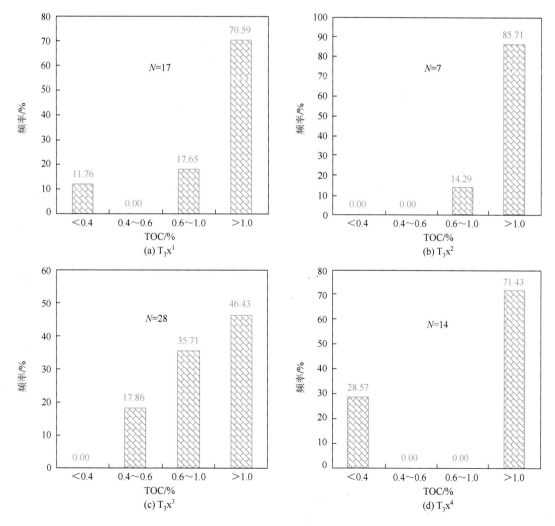

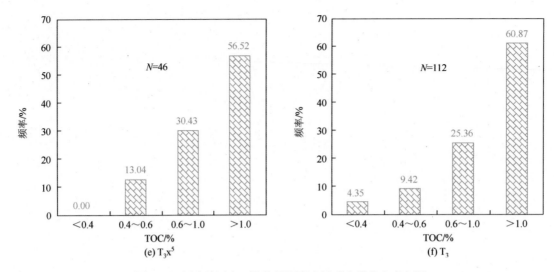

图 2-14　川南地区上三叠统烃源岩有机碳含量分布直方图

2.2.1.4　川东地区

川东地区上三叠统烃源岩主要发育在须一段、须三段和须五段地层中，以须一段深色泥岩及煤为主，有机碳含量为 1.6%～4.0%，烃源岩以好烃源岩为主(凌跃蓉和陈礼平，2005)，烃源岩生烃潜力大。但是，受川东地区须家河组烃源岩整体厚度较低的影响，研究区上三叠统烃源岩生烃量相对有限。

川东地区下侏罗统烃源岩有机碳含量为 0.8%～2.0%，基本大于 0.9%(陈宗清，1990；凌跃蓉和陈礼平，2005)，有机碳含量较高(表 2-3)，显示该区下侏罗统烃源岩有机碳含量较高，烃源岩品质较好、生烃潜力较大。

表 2-3　川东地区大安寨段和凉高山段有机碳及氯仿沥青"A"含量

项目	层位	川东—鄂西					
		川 17	拔向 2	殷家坝	建 1	建 7	打杆坳
有机碳含量/%	凉高山段	—	—	0.98	0.90	—	0.97
	大安寨段	1.22	0.62				
氯仿沥青"A"含量/%	凉高山段	—	—	0.194	—	0.268	0.103
	大安寨段	0.124	0.082				

资料来源：陈宗清，1990

2.2.1.5　平面分布特征

平面上，四川盆地各层段有机碳含量的分布特征如下。

(1)须一段：四川盆地须一段烃源岩有机碳含量均在 0.5%以上，在川西地区的邛西—新场附近达到了 2.5%以上；有机碳含量从川西地区向川中地区逐渐减小，而从川中地区向川东北地区有逐渐增大的趋势，部分样品有机碳含量达 2%(图 2-15)。

(2)须二段：须二段烃源岩的有机碳含量总体较高，在川西的局部地区有机碳含量超过 5%，整个川西地区的有机碳含量均在 2%以上(图 2-16)。

(3)须三段：与须二段有机碳含量平面分布特征对比，川中地区须三段有机碳含量较须二段明显增加，川东地区与川南地区须三段有机碳含量也有一定的增加，总体上有机碳含量在川西地区、川中地区较高，川东地区与川南地区相对较低(图 2-17)。

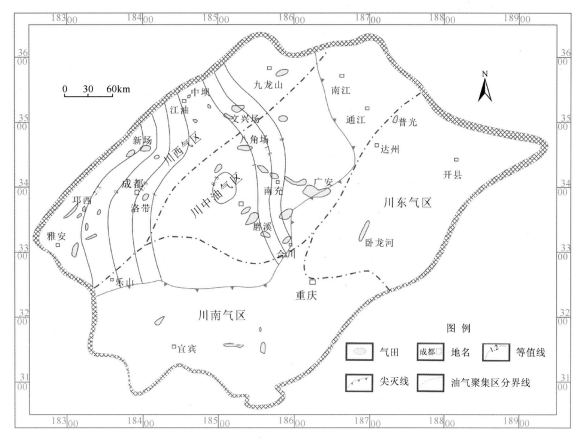

图 2-15 四川盆地上三叠统须一段烃源岩有机碳含量等值线图

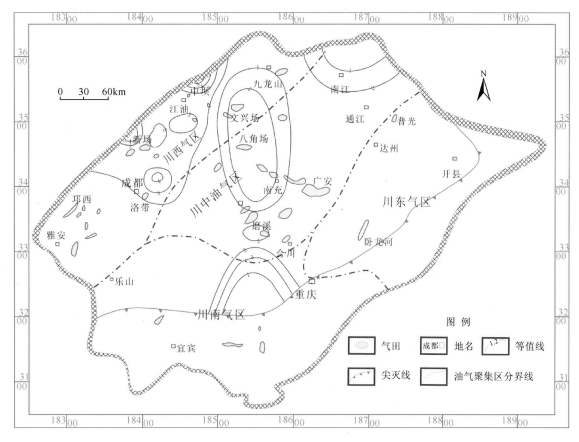

图 2-16 四川盆地上三叠统须二段有机碳含量等值线图

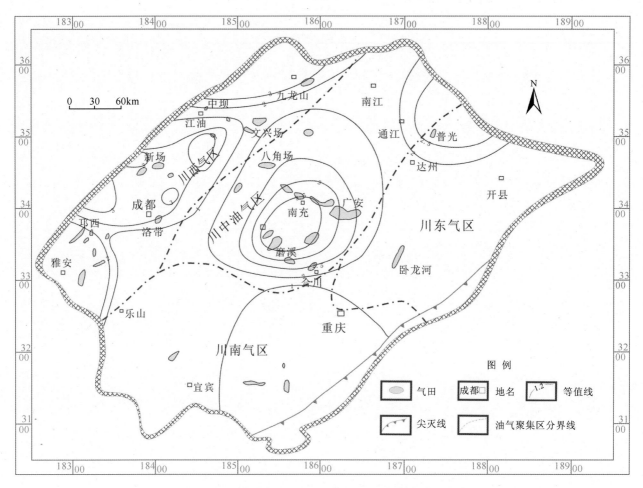

图 2-17　四川盆地上三叠统须三段有机碳含量等值线图

　　(4)须四段：四川盆地须四段烃源岩有机碳含量基本都在 1%以上(图 2-18)。川西地区有机碳含量主要为 2%～3%，局部地区达到了 5%，有机碳含量相对其他地区最高；其次为川中地区，有机碳含量为 2%～3%，有机质丰度相对较高；川东地区与川南地区有机碳含量为 1%～2%。总体而言，须四段烃源岩有机质丰度较高，烃源岩品质较好。

　　(5)须五段：须五段烃源岩有机碳含量主要为 1%～4%，大多在 3%以上，有机质丰度高，烃源岩品质好。相对而言，川西地区、川中地区有机碳含量更高，川南地区与川中地区有机碳含量相对略低(图 2-19)。

　　(6)下侏罗统：下侏罗统有机碳含量主要在 2%以下，相对于上三叠统各段烃源岩，下侏罗统有机碳含量明显降低。其中，川中地区与川东地区下侏罗统有机碳含量主要为 1%～2%，有机质丰度相对最高，川西地区下侏罗统有机碳含量主要为 0.2%～0.6%，有机质丰度相对较低，川南地区有机碳含量为 0.2%～0.4%，有机质丰度相对最低，达不到陆相烃源岩的丰度标准(图 2-20)。因此，四川盆地下侏罗统有机质丰度在川中地区与川东地区最高，川西地区次之，川南地区最低。

　　从四川盆地陆相烃源岩有机碳平面分布特征来看：四川盆地上三叠统烃源岩的有机碳含量较高，烃源岩的品质较好，生烃潜力较大，有机质丰度地区差异总体表现为川西地区最高，其次为川中地区，川南地区与川东地区有机质丰度相对最低；四川盆地下侏罗统有机碳含量相对于上三叠统明显有所降低，仅川中地区与川东地区下侏罗统烃源岩有机碳含量相对较高，烃源岩品质相对较好，川西地区与川南地区侏罗系烃源岩有机碳含量均相对较低，有机质丰度相对较低，烃源岩品质相对较差。

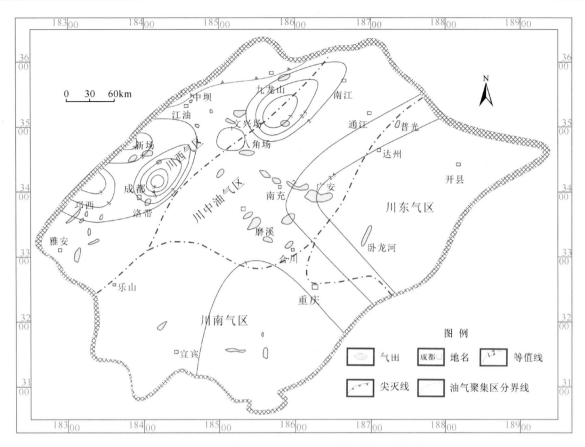

图 2-18　四川盆地上三叠统须四段有机碳含量等值线图

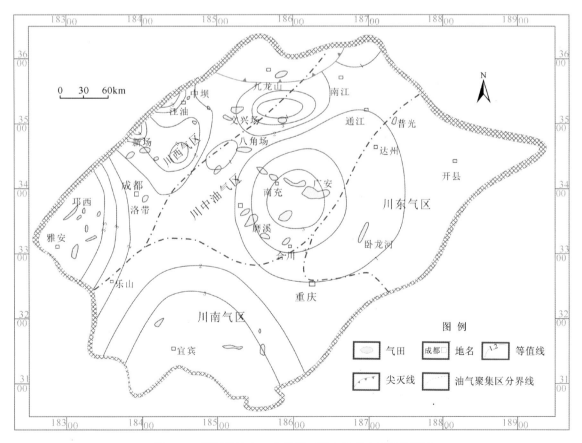

图 2-19　四川盆地上三叠统须五段有机碳含量等值线图

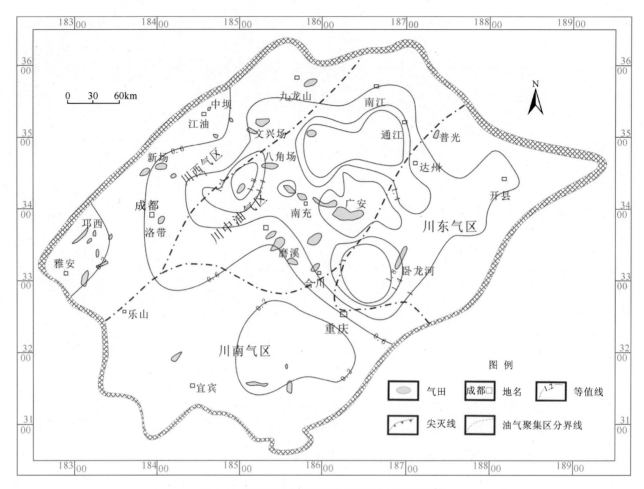

图 2-20　四川盆地下侏罗统有机碳含量等值线图

2.2.2　氯仿沥青"A"含量

2.2.2.1　川西地区

统计表明，川西地区须一段 50% 左右样品的氯仿沥青"A"含量小于 0.05%，这部分为非—差烃源岩，另外近 50% 样品的氯仿沥青"A"含量大于 0.05%，代表对油气生成具有重要贡献的中等—好烃源岩；须二段与须三段超过 60% 样品的氯仿沥青"A"含量小于 0.05%，氯仿沥青"A"含量大于 0.05% 的中等—好烃源岩比例不足 40%，不同之处在于须二段氯仿沥青"A"含量小于 0.015% 的非烃源岩在该段所占比例最高，而须三段氯仿沥青"A"含量为 0.015%~0.05% 的差烃源岩在该段所占比例最高；须四段与须五段样品氯仿沥青"A"含量特征较为相似，这两段地层样品氯仿沥青"A"含量小于 0.015% 的非烃源岩比例在上三叠统各层系中最低，而氯仿沥青"A"含量为 0.05%~0.1% 的中等烃源岩、氯仿沥青"A"含量大于 0.1% 的好烃源岩比例明显高于上三叠统其他层系，显然须四段与须五段有利于生烃的中等—好烃源岩的比例最高，显示它们是上三叠统地层中生烃能力最好的烃源岩(图 2-21)。在川西地区上三叠统地层中，由氯仿沥青"A"含量来评价烃源岩质量及生烃潜力可以得出：须五段和须四段>须一段>须二段和须三段。

侏罗系烃源岩氯仿沥青"A"含量明显较低，72% 的样品氯仿沥青"A"含量小于 0.05%(图 2-21)，说明侏罗系有较好生烃能力的中等—好烃源岩的比例较低，烃源岩生烃潜力较小。

从川西地区上三叠统与下侏罗统烃源岩有机碳含量和氯仿沥青"A"含量对比可以看出，川西地区上三叠统各层段烃源岩相对于下侏罗统烃源岩有机质丰度较高，生烃潜力较大。但有机碳与氯仿沥青

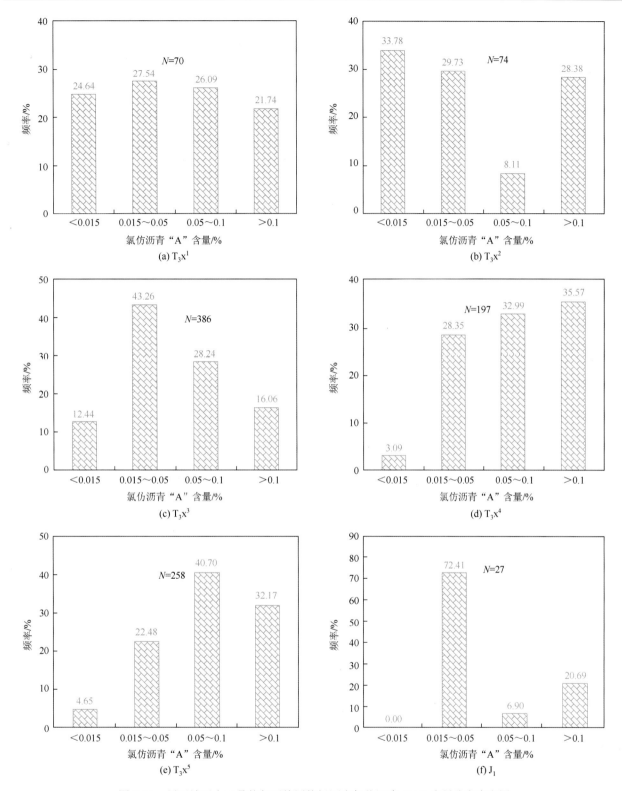

图 2-21 川西地区上三叠统与下侏罗统烃源岩氯仿沥青 "A" 含量分布直方图

"A"含量反映该区烃源岩有机质丰度与烃源岩品质仍存在一定差异：有机碳含量所反映的有机质丰度关系为须五段＞须四段和须三段及须二段＞须一段，氯仿沥青"A"含量反映的有机质丰度关系为须五段和须四段＞须一段＞须二段和须三段；有机碳含量表明下侏罗统有机质丰度较高，发育较多有利烃源岩，而氯仿沥青"A"含量表明下侏罗统烃源岩有机质丰度低，以差烃源岩为主；氯仿沥青

"A"含量评价川西地区上三叠统与下侏罗统烃源岩,好烃源岩的比例明显小于有机碳评价结果。造成上述差异的原因主要与氯仿沥青"A"含量受热成熟作用影响较大有关,研究区烃源岩热成熟度普遍较高,从而使得烃源岩中氯仿沥青"A"含量相对较低,因此使得评价结果表现为有机质丰度相对较低、烃源岩品质相对较差。

2.2.2.2　川中地区

川中地区须一段、须二段、须三段中氯仿沥青"A"含量主要为0.015%~0.05%,须四段氯仿沥青"A"含量大部分小于0.015%,须五段氯仿沥青"A"含量则大部分大于0.1%(图2-22)。根据氯仿沥青"A"含量评价有机质丰度标准(表 2-1),须一段有机质丰度较低,非—差烃源岩比例高,有利生烃的中等—好烃源岩比例不足 30%;须二段有机质丰度较须一段有所增加,中等—好烃源岩比例接近40%;须三段非—差与中等—好烃源岩比例大致各为 50%;须四段有机质丰度明显小于须一段和须二段及须三段,以非—差烃源岩为主,中等—好烃源岩比例仅 15%左右;须五段有机质丰度优于其他四个层段烃源岩,中等—好烃源岩比超过 70%。所以有机质丰度为须五段>须三段>须二段>须一段>须四段。

川中地区侏罗系烃源岩氯仿沥青"A"含量以 0.05%~0.1%为主(图2-22),氯仿沥青"A"含量大于0.05%的中等—好烃源岩比例高达 56%。侏罗系烃源岩氯仿沥青"A"含量高于须一段、须二段、须三段与须四段,低于须五段。

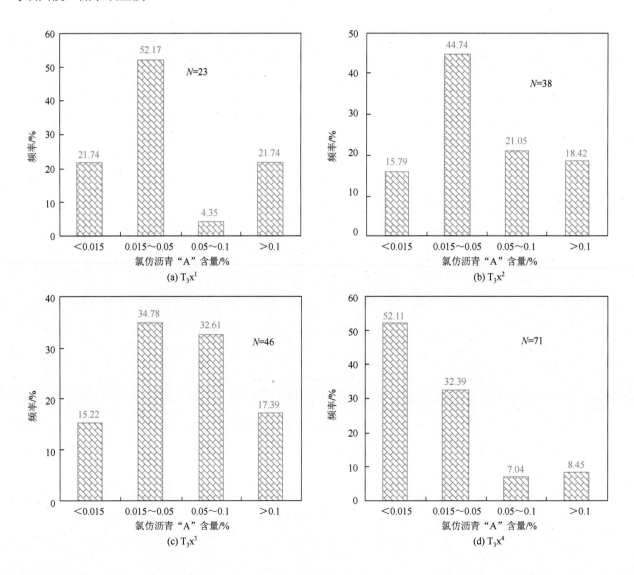

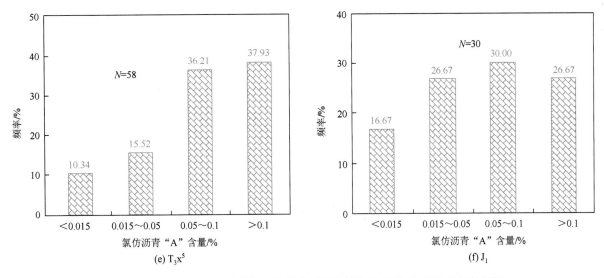

图 2-22　川中地区上三叠统与下侏罗统烃源岩氯仿沥青"A"含量分布直方图

上述川中地区氯仿沥青"A"评价烃源岩有机质丰度及烃源岩品质结果表明,川中地区上三叠统与下侏罗统烃源岩均具有一定的生烃能力,均可成为油气成藏的重要物质来源。对比有机碳与氯仿沥青"A"所反映的不同层段有机质丰度,可以发现不同分析结果之间存在一定差异,有机碳分析结果表明:须一段和须二段>须三段和须五段>须四段>下侏罗统;氯仿沥青"A"分析结果表明:须五段>下侏罗统>须三段>须二段>须一段>须四段。显然两类分析结果都表明须四段烃源岩有机质丰度较差,生烃潜力较小。氯仿沥青"A"分析结果中,须一段、须二段、须三段有机质丰度较低,这可能是由于成熟作用对氯仿沥青"A"含量的影响,因为这三套地层深度相对更深,所以经历的成熟作用程度更深,有机质热成熟作用可能使烃源岩中的氯仿沥青"A"更低。所以有机碳所反映的有机质丰度更能代表该区烃源岩有机质丰度及烃源岩品质。

2.2.2.3　川南地区

川南地区上三叠统氯仿沥青"A"含量较低,以小于 0.015%为主,非烃源岩与差烃源岩比较高,中等—好烃源岩比例仅不足 25%,有机质丰度相对较差(图 2-23),这与有机碳含量分析结果(川南地区上三叠统以好烃源岩为主)不一致。从实际情况来看,该区上三叠统油气资源丰富,气源分析表明这些油气主要来自上三叠统烃源岩,上三叠统烃源岩不可能以差烃源岩为主,因此该区氯仿沥青"A"含量所反映的烃源岩有机质丰度不能代表烃源岩的实际有机质丰度。因此该区烃源岩有机质丰度仍以有机碳分析结果为准,即须二段>须一段和须五段>须三段>须四段。

2.2.2.4　川东地区

由于川东地区数据收集有限,未能收集到川东地区上三叠统烃源岩氯仿沥青"A"的数据,仅收集到了少量下侏罗统烃源岩氯仿沥青"A"的数据。从仅有的下侏罗统氯仿沥青"A"含量分布直方图(图 2-24)来看,7 个样品中 1 个样品的氯仿沥青"A"含量小于 0.015%,表现为非烃源岩;2 个样品的氯仿沥青"A"含量为 0.015%~0.05%,代表差烃源岩;有 2 个样品的氯仿沥青"A"含量为 0.05%~0.1%,代表中等烃源岩;有 2 个样品的氯仿沥青"A"含量大于 0.1%,代表好烃源岩。因此,川东地区下侏罗统烃源岩,有机质丰度一般,非—差烃源岩与中等—好烃源岩数量相当。对比有机碳分析结果,氯仿沥青"A"含量所反映的烃源岩有机质丰度相对较低,中等—好烃源岩比例相对降低,同样体现了氯仿沥青"A"含量易受热成熟度影响。

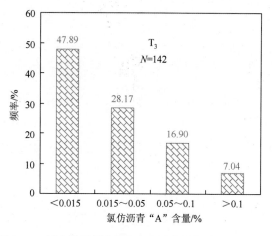
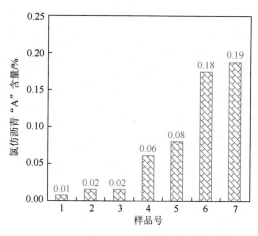

图 2-23　川南地区须家河组烃源岩氯仿沥青"A"含量　　　图 2-24　川东地区下侏罗统烃源岩氯仿沥青"A"含量
　　　　　　分布直方图　　　　　　　　　　　　　　　　　　　　　　　分布直方图

2.2.3　有机质丰度综合评价

　　从上述对四川盆地不同地区上三叠统与下侏罗统烃源岩有机质丰度评价结果来看,有机碳含量与氯仿沥青"A"含量分析结果存在一定的差异(表 2-4),造成二者分析结果差异的原因主要与氯仿沥青"A"含量易受热演化作用影响有关,因此本次对烃源岩有机质丰度的研究以有机碳含量分析结果为主,同时参考氯仿沥青"A"含量分析结果,对有机质丰度进行综合评价。纵向上,总体表现为上三叠统烃源岩有机质丰度较高,烃源岩品质较好,烃源岩以中等—好烃源岩为主,而下侏罗统有机质丰度低于上三叠统,烃源岩品质以中等—好烃源岩为主。不同地区上三叠统各段烃源岩有机质丰度存在一定差异,如川西地区有机质丰度关系为须五段>须四段和须三段及须二段>须一段;川中地区为须一段和须二段>须三段和须五段>须四段;川南地区为须二段>须一段和须五段>须三段>须四段。但总体上不同地区上三叠统各段烃源岩有机质丰度均高于下侏罗统。横向上,川西地区有机质丰度最高,其次为川中地区,川南地区与川东地区有机质丰度相对最低;侏罗系有机质丰度以川中地区与川东地区最高,其次为川西地区。

表 2-4　四川盆地陆相烃源岩有机质丰度综合评价

地层	川西地区			川中地区			川南地区			川东地区		
	TOC	氯仿沥青"A"	综合评价	TOC	氯仿沥青"A"	综合评价	TOC	氯仿沥青"A"	综合评价	TOC	氯仿沥青"A"	综合评价
J_1	好	差—中	好	中—好	中—好	中—好	—	—	—	好	—	好
T_3x^5	好	中	好	好	中—好	好	中—好	非—差	中—好	好	差—中	好
T_3x^4	好	中—好	好	中—好	非—差	中—好	好		好			
T_3x^3	好	中—好	好	好	差—中	好	中—好		中—好			
T_3x^2	好	差—中	好	好	差—中	好	好		好			
T_3x^1	好	差—中	好	好	差	好	好		好			
T_3	好	中—好	好	好	差—中	好	好	非—差	好	好	差—中	好

2.3　烃源岩有机质类型

　　有机质类型是确定烃源岩生烃特性的重要参数,一般来讲,水生生物发育的沉积盆地,有机质主要为腐泥型（Ⅰ型）或腐殖-腐泥型（Ⅱ$_1$型），这两类有机质主要为生油母质，在生油阶段生成的天然气相对较少；以陆源有机质为主的沉积盆地，有机质类型以腐泥-腐殖型（Ⅱ$_2$型）与腐殖型（Ⅲ型）为主，主要生成天然气与少量的凝析油。有机质类型是判别有机质产烃能力的参数之一，同时也决定了生烃产物的类型。研究表明，以藻类等低等生物为主要来源的有机质形成Ⅰ型干酪根，具有高的生烃潜力；以高等植物为主要来源的有机质常形成Ⅲ型干酪根；多种不同来源有机质的混合作用，则形成过渡型的Ⅱ型干酪根。根据干酪根元素组成、干酪根显微组分、干酪根碳同位素特征和烃源岩可溶有机质特征等，采用有机质类型三类四分方案(表2-5)，对四川盆地陆相烃源岩有机质类型进行研究。

表 2-5   有机质类型三类四分划分方案

类型	H/C	O/C	I_H/(mg/g)	I_O/(mg/g)	类型指数(TI)
Ⅰ型(腐泥型)	<1.5	<0.1	>600	<50	≥80
Ⅱ$_1$型(腐殖-腐泥型)	1.5~1.2	0.1~0.2	600~350	50~150	80~40
Ⅱ$_2$型(腐泥-腐殖型)	1.2~0.8	0.2~0.3	350~100	150~400	40~0
Ⅲ型(腐殖型)	<0.8	>0.3	<100	>400	<0

资料来源：程克明等，1987

2.3.1   干酪根元素组成

干酪根主要由碳、氢、氧、硫、氮五种元素组成，但所有类型的干酪根中均以碳、氢元素为主。对1000个碳原子来说，氢原子的变化为500~1800个，这取决于干酪根母质的来源和演化阶段；氧原子为25~300个；一般情况下，氮和硫原子丰度小，分别为5~30个和10~35个。大量实际分析资料表明，干酪根中各元素含量变化与干酪根类型密切相关。因此，利用 H/C 和 O/C 原子比来确定干酪根类型，已成为当前广泛使用的一种方法。

川西地区烃源岩干酪根 H/C 值与 O/C 值均较小，H/C 值普遍小于 0.7，O/C 值以小于 0.1 为主，仅部分样品 O/C 值较大，最高可达 0.3，各套烃源岩干酪根元素组成差异不明显，干酪根类型以Ⅲ型与靠近Ⅲ型的Ⅱ型为主(图 2-25)。从表 2-6 中列出的各烃源岩层系部分代表性干酪根 H/C 与 O/C 特征来看，下侏罗统、须五段、须四段、须三段烃源岩有机质类型为Ⅲ型，须二段烃源岩有机质类型为Ⅱ$_2$型。综合来看，研究区烃源岩有机质类型为腐殖型。

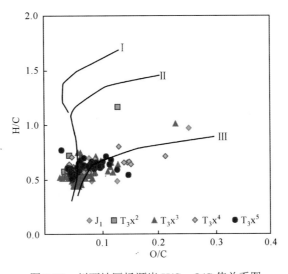

图 2-25   川西地区烃源岩 H/C、O/C 值关系图

表 2-6　川西地区干酪根元素组分

层位	井段/m	干酪根元素		有机质类型
		H/C	O/C	
J_1	2488~2488.5	0.49	0.04	III
J_1	2762	0.48	0.06	III
J_1	2908~2910	0.97	0.12	III
J_1	3018~3021	0.70	0.04	III
T_3x^5	1878~1886	0.54	0.07	III
T_3x^5	3097~3109	0.61	0.05	III
T_3x^5	3127~3142	0.60	0.03	III
T_3x^5	3168~3182	0.63	0.03	III
T_3x^3	3407	0.64	0.06	III
T_3x^3	3512	0.65	0.06	III
T_3x^3	3999	0.57	0.03	III
T_3x^3	4028	0.56	0.03	III
T_3x^2	3289.39	1.17	0.06	II_2
T_3x^2	4455.15	0.60	0.03	II_2
T_3x^2	4580.23	0.57	0.02	II_2
T_3x^2	4923.12	0.58	0.02	II_2

2.3.2　干酪根显微组分

　　由于干酪根的显微组分在镜下容易观察和分类，同时干酪根显微组分与母质类型密切相关，因此干酪根显微组分常成为确定源岩有机质类型直观、便捷的方法。根据干酪根显微镜下特征，国内将其显微组分分为类脂组、壳质组、镜质组和惰质组。目前主要采用两种方法对干酪根进行分类，一种是统计其主要成分的比例，另一种是采用类型指数(TI 值)来划分干酪根类型。具体方法是把鉴定的各组分百分含量代入下式：TI=(类脂组含量×100+壳质组×50–镜质组×75–惰质组含量×100)/100，根据 TI 值对干酪根进行分类，分类标准见表 2-7。

表 2-7　干酪根分类标准

类型	第一种方法		第二种方法
	类脂组/%	镜质组/%	TI 值
I 型	>90	<10	>80
II_1 型	65~90	10~35	40~80
II_2 型	25~65	35~75	0~40
III 型	<25	>75	<0

资料来源：曹庆英，1985

2.3.2.1　川西地区

　　川西地区 T_1、T_2 深层海相烃源岩干酪根类型指数 TI 值主要为 40~70，有机质类型以 II_1 型为主，具有较好的生油潜力，有机质类型与这些地层实际产出油气资源(油型气)类型相符。侏罗系与须家河组烃源岩干酪根类型指数 TI 值小于 50，以小于 40 为主，有机质类型为 II₂ 型与 III 型，但 III 型有机质占绝对优势(图 2-26)。整体而言，川西坳陷侏罗系和须家河组有机质类型以 III 型为主，其次为 II₂ 型，为典型的腐殖型有机质，成烃方向以煤型气为主。须一段较为特殊，相关研究表明(叶军，2003)，在川西坳陷绵竹、什邡、彭县、浦江、九龙山、倒流河、马鞍塘、中坝、文兴场等地区，须一段有机质类型丰富，Ⅰ型、Ⅱ型与 III 型有机质都存在，但以Ⅰ型与Ⅱ型为主，即以腐泥型有机质为主。

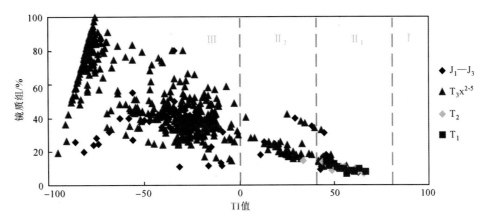

图 2-26　川西地区烃源岩有机显微组分特征

2.3.2.2　川中地区

川中地区烃源岩 TI 值较小，以小于 40 为主(图 2-27)，有机质类型为 II₂ 型与 III 型，主要成烃方向为煤型气；仅少量样品的 TI 值为 40~80，表现为 II₁ 型干酪根。须四段烃源岩以 II₂ 型有机质为主，须三段、须五段及侏罗系烃源岩 TI 值以小于 0 为主，有机质类型以 III 型为主。整体而言，该区上三叠统烃源岩有机质类型以 III 型与 II₂ 型为主，具有较强的生气能力。仅有的两个侏罗系样品有机质类型表现为 II₂ 型与 III 型(图 2-27)，即腐殖型，这与该区域有较好的油藏及油型气藏发育特征不符。显然仅有的这两个样品不能代表该区侏罗系有机质的实际类型。

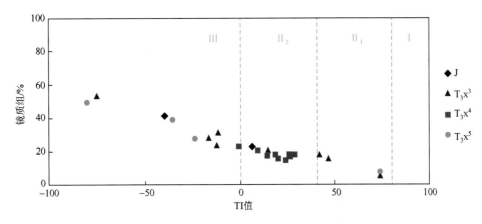

图 2-27　川中地区烃源岩有机显微组分特征

2.3.2.3　川南地区

川南地区上三叠统绝大部分烃源岩 TI 值小于 0(图 2-28)，仅有少量有机质类型表现为 II 型，说明该区上三叠统烃源岩有机质类型以 III 型为主，成烃方向仍然是以生气为主。

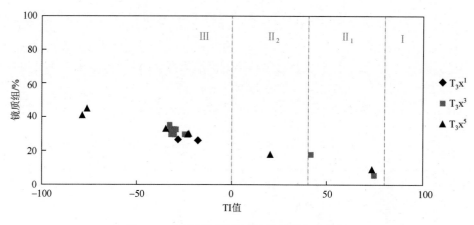

图 2-28　川南地区烃源岩有机显微组分特征

2.3.3　干酪根碳同位素

在划分有机质类型的众多地球化学参数中，干酪根碳同位素被认为是可信度较高的一项参数。自然界中，由于同位素的分馏效应，使得某些生物富集较轻的碳同位素($\delta^{12}C$)，而另一些生物富集较重的碳同位素($\delta^{13}C$)。研究表明，高等植物的木质素由于芳核及氢化芳核中重碳同位素比较富集，$\delta^{13}C$ 值相对较高，一般为$-25‰\sim-20‰$，而类脂化合物中的碳同位素则比较轻。

川西地区上三叠统与下侏罗统烃源岩干酪根碳同位素主要分布在$-28‰\sim-22.5‰$，主峰分布在$-25.5‰\sim-22.5‰$，其中须一段、须二段、须三段干酪根碳同位素值分布在$-25.5‰\sim-22.5‰$，干酪根类型为III_1型,有机质类型为腐殖型,须四段、须五段及下侏罗统烃源岩干酪根碳同位素主要分布在$-25.5‰\sim-22.5‰$，其次分布在$-28‰\sim-25.5‰$(图 2-29、表 2-8)，干酪根类型为 II 型与III_1型，有机质类型以腐殖型为主，同时存在一定的腐殖-腐泥型干酪根。从纵向上来看，下部地层烃源岩(须一段、须二段、须三段)干酪根碳同位素值大于上部烃源岩(须四段、须五段、下侏罗统)，显示埋深过程中热成熟作用对碳同位素的影响。

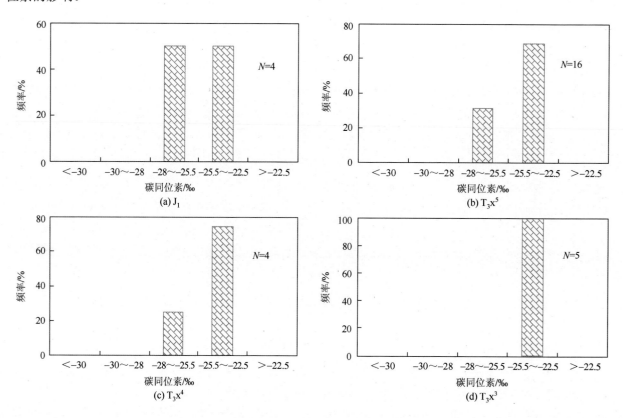

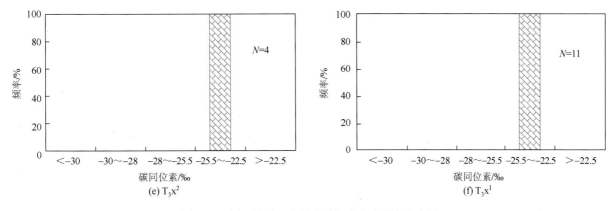

图 2-29　川西地区干酪根碳同位素分布频率直方图

表 2-8　有机质碳同位素（$\delta^{13}C$/‰）分布特征统计

层位	I_1	I_2	II	III_1	III_2
	<−30	−30～−28	−28～−25.5	−25.5～−22.5	>−22.5
J_1	0	0	0.50	0.50	0
T_3x^5	0	0	0.325	0.675	0
T_3x^4	0	0	0.25	0.75	0
T_3x^3	0	0	0	1	0
T_3x^2	0	0	0	1	0
T_3x^1	0	0	0	1	0

2.3.4　氯仿沥青"A"族组分

国内外大量研究结果显示,烃源岩氯仿沥青"A"族组成与有机质生源母质、成熟度、沉积环境等因素有关。一般腐泥型有机质的氯仿沥青"A"中相对富集饱和烃和芳烃,而腐殖型有机质相对富集非烃(胶质和沥青质);另外,水生生物富含饱和烃类,陆生高等植物(木本、草本植物)多富集芳烃。因此,利用饱/芳值与饱+芳百分含量相关性可以划分烃源岩有机质类型。根据相对含量和比值的高低可细分出四种有机质类型: I 型有机质的饱+芳含量>60%,饱/芳>3;III型有机质饱+芳百分含量<10%或者饱/芳<3;介于二者之间则属于 II 型有机质, II 型有机质又可进一步划分为 II_1 型和 II_2 型。

2.3.4.1　川西地区

川西地区上三叠统与下侏罗统大部分烃源岩样品集中分布在非烃+沥青端元,极少数样品靠近饱和烃端元(图 2-30)。有机质类型均以III型占绝对优势,其次为少量的 II_2 型干酪根, II_1 型与 I 型干酪根数量极少。

2.3.4.2　川中地区

川中地区上三叠统与下侏罗统大部分烃源岩样品集中分布在非烃+沥青端元(图 2-31),表现出与川西地区类似的特征,显示川中地区有机质类型仍以III型占绝对优势。但相对于川西地区,川中地区 II_1 型与 I 型有机质数量明显增加,这些样品主要为侏罗系样品,显示川中地区上三叠统有机质类型以腐殖型有机质为主,侏罗系有机质类型则以腐殖-腐泥型和腐泥型有机质为主。

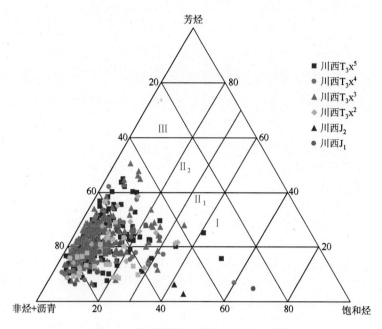

图 2-30　川西地区烃源岩族组分三角图

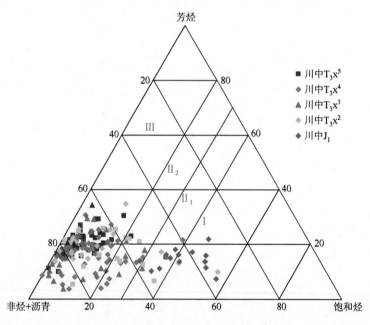

图 2-31　川中地区烃源岩族组分三角图

2.3.4.3　川南地区

在氯仿沥青 "A" 族组成三角图上，川南地区大多数烃源岩样品分布在非烃+沥青端元，反映有机质类型为III型，仅两个样品落在了II型有机质区域内(图 2-32)。说明川南地区上三叠统烃源岩有机质类型以III型为主，烃源岩主要为腐殖型。

2.3.4.4　川东地区

川东地区上三叠统与下侏罗统源岩氯仿沥青 "A" 族的组成数据很少，从仅有的几个数据来看，上三叠统与下侏罗统有机质类型主要为III型与II_2型，即腐殖型有机质(图 2-33)。凌跃蓉和陈礼平(2005)对川东地区上三叠统与侏罗系烃源岩有机质类型研究表明该区烃源岩有机质类型以III型为主，与该区深部海相地层烃源岩氯仿沥青 "A" 族的组成分布特征差异明显。

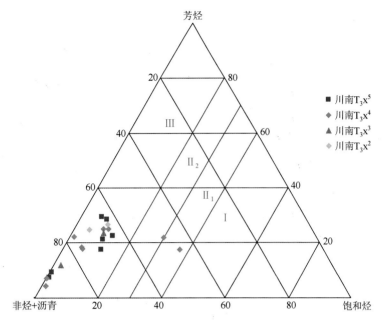

图 2-32　川南地区烃源岩族组分三角图

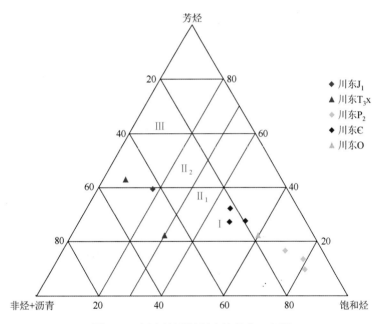

图 2-33　川东地区烃源岩族组分三角图

2.3.5　岩石热解参数

岩石热解快速定量评价(Reck-Eval)技术是 20 世纪 70 年代末发展起来的方法,我国于 1980 年开始引进该项技术,由于其快速、经济的特点在国内外得到普遍应用。岩石热解可以得到一系列评价有机质丰度、类型、成熟度的参数,其中氢指数(I_H)、氧指数(I_O)、最高热解温度(T_{max})是有机质类型评价的重要参数。

2.3.5.1　川西地区

从川西地区岩石热解分析结果(图 2-34)来看,川西地区上三叠统与侏罗系烃源岩氢指数小于 300,以小于 150 为主,岩石最高热解温度集中分布在 450~600℃,有机质类型以Ⅲ型与Ⅱ$_2$型为主,以Ⅲ型占绝对优势,仅有几个样品落在了Ⅱ$_1$型有机质区域内,但是相对于Ⅲ型与Ⅱ$_2$型样品的数量,Ⅱ$_1$型有机质数量可以忽略不计。因此,从岩石热解分析结果来看,川西地区上三叠统与侏罗系烃源岩有机质类型主要为Ⅲ型，有少量Ⅱ₂型有机质，即烃源岩有机质类型为腐殖型。

2.3.5.2 川中地区

川中地区上三叠统烃源岩氢指数小于150，最高热解温度小于500℃，有机质类型更为单一，为Ⅲ型（图 2-35）。与川西地区对比，川中地区烃源岩氢指数与最高热解温度明显较低，而且川中地区上三叠统不同层段烃源岩氢指数与最高热解温度分布较川西地区更为集中，这说明川中地区上三叠统烃源岩有机质类型更为单一，有机质类型的差异更小，有机质成熟度相对更低。

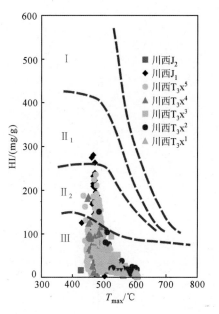
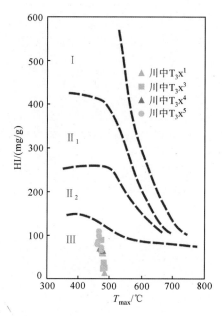

图 2-34 川西地区烃源岩氢指数与最高热解温度关系图　　图 2-35 川中地区烃源岩氢指数与最高热解温度关系图

2.3.6 有机质类型综合评价

四川盆地不同地区上三叠统与下侏罗统烃源岩干酪根元素组成、干酪根显微组分、干酪根碳同位素、氯仿沥青"A"族组分、岩石热解参数的分析结果表明，四川盆地陆相烃源岩有机质类型丰富，有机质类型横向与纵向均存在一定差异(表 2-9)。

表 2-9　四川盆地陆相烃源岩有机质类型综合评价

参数	川西地区		川中地区		川南地区	川东地区	
	T₃	J₁	T₃	J₁	T₃	T₃	J₁
干酪根元素组成	Ⅲ、Ⅱ₂	—	—	—	—	—	—
干酪根显微组分	Ⅲ、Ⅱ₂、Ⅱ₁、Ⅰ	Ⅲ、Ⅱ₂	Ⅲ、Ⅱ₂、Ⅱ₁	Ⅲ、Ⅱ₂	Ⅲ、Ⅱ₂、Ⅱ₁		
干酪根碳同位素	Ⅲ、Ⅱ₂	Ⅲ	—	—	—		
氯仿沥青"A"族组分	Ⅲ、Ⅱ、Ⅰ	Ⅲ、Ⅱ、Ⅰ	Ⅲ、Ⅱ₂	Ⅲ、Ⅱ、Ⅰ	Ⅲ	Ⅲ、Ⅱ₂	Ⅲ
岩石热解	Ⅲ、Ⅱ₂	Ⅲ、Ⅱ₂	Ⅲ				
综合评价	腐殖型，仅须一段为腐泥型		腐殖型		腐泥型	腐殖型	腐殖型

除须一段外，川西地区上三叠统与下侏罗统不同分析方法获得的有机质类型均为Ⅲ型与Ⅱ₂型，其中以Ⅲ型占绝对优势，有机质类型为腐殖型。川西地区上三叠统须一段干酪根以Ⅰ型与Ⅱ型为主，有机质类型主要为腐泥型。川中地区干酪根显微组分与氯仿沥青"A"族组分分析均表明该区上三叠统有机

质类型为Ⅲ型、Ⅱ$_2$型，岩石热解分析表明该区有机质类型为Ⅲ型。因此，综合不同方法分析结果可知，川中地区上三叠统烃源岩有机质类型以Ⅲ型为主，有一定的Ⅱ$_2$型有机质，有机质类型为腐殖型。川中地区下侏罗统烃源岩有机质类型主要为Ⅱ$_1$型与Ⅰ型，即腐泥型。川南地区上三叠统烃源岩干酪根显微组分与氯仿沥青"A"族组分分析结果较为一致，均反映该区烃源岩干酪根类型为Ⅲ型与Ⅱ型，以Ⅲ型占绝对优势，即研究区烃源岩有机质类型主要为腐殖型。相对于其他三个地区，川东地区烃源岩有机质类型相关数据最少，从仅有的氯仿沥青"A"族组分分析结果及前人的研究成果来看，该区上三叠统干酪根类型为Ⅲ型、Ⅱ$_2$型，侏罗系干酪根类型为Ⅲ型，因此该区上三叠统与中下侏罗统有机质类型均为腐殖型。

总之，除川西地区上三叠统须一段为腐泥型外，四川盆地其他地区上三叠统有机质类型均以腐殖型为主；川西地区与川东地区下侏罗统有机质类型主要为腐殖型，而川中地区下侏罗统有机质类型主要为腐泥型。简而言之，除川中地区下侏罗统与川西地区上三叠统须一段有机质类型以腐泥型为主外，四川盆地其他地区、其他层位陆相烃源岩有机质类型主要为腐殖型。

2.4　烃源岩有机质成熟度

有机质成熟度是指在有机质所经历的埋藏时间内，由于增温作用所引起的有机质的各种变化。当有机质达到或超过温度和时间相互作用的门限值时，干酪根才进入成熟并开始在热力作用下大量生成烃类。而未成熟的有机质主要生成生物成因气，有时可生成少量液态烃。因此，烃源岩有机质成熟度是衡量烃源岩实际生烃能力的重要指标之一，是评价一个地区或某一烃源岩系生烃类型、生烃量及资源前景的重要依据。勘探实践表明，在有机质成熟区找油成功率可达25%～50%，而未成熟区仅为2.5%～5%，所以，成熟度的研究对提高油气勘探成功率也有重要意义。表征烃源岩成熟度已有多种指标，如煤阶、镜质体反射率（R^o）、氢碳原子比（H/C）、孢粉颜色、生物标志化合物、最高热解温度（T_{max}）等。应用这些指标可以将有机质热演化过程分为未成熟、成熟、高成熟和过成熟四个阶段（表2-10）。

表2-10　有机质热演化阶段划分

项目	成岩阶段	深成阶段			准变质阶段
烃类产物	生物甲烷	重质油，干气	中质油，湿气	轻质油，湿气	高温甲烷
煤阶	泥炭，褐煤	高挥发分的烟煤	中挥发分的烟煤	低挥发分的烟煤	半无烟煤，无烟煤
固定碳/%	<55	55～75		75～85	>85
R^o/%	<0.5	0.5～1.3		1.3～2	>2
H/C	>0.84	0.84～0.69		0.69～0.62	<0.62
地温/℃	50	50～150		150～200	>200
深度/m	<1000	1000～40000		4000～6000	>6000
孢粉颜色	浅黄色，橙黄色	橙色—褐色		深褐色	黑色
主要反应	生物化学	热催化		热裂解	热裂解
有机质成熟度	未成熟	成熟		高成熟	过成熟

资料来源：潘钟祥，1986

2.4.1　镜质体反射率

镜质体反射率是评价烃源岩成熟度的最常用、最直观、最经典的参数。根据烃源岩 R^o 值差异可将烃源岩的成熟度分为以下四个阶段：未成熟阶段，R^o<0.5%；成熟阶段，0.5%<R^o<1.3%；高成熟阶段，1.3%<R^o<2%；过成熟阶段，R^o>2%。

2.4.1.1 川西地区

川西地区陆相地层烃源岩样品镜质体反射率分布范围广（0.33%～3.105%），从未成熟到过成熟的样品均存在，但绝大多数样品分布在 0.65%～1.78%，说明它们主要处于成熟至高成熟阶段（表 2-11）。

表 2-11　川西地区各层段 R^o 数据统计表

层位	R^o/%			样品数
	最小	最大	平均	
K_1	0.65	0.65	0.65	1
J_3	0.33	2.035	1.02	33
J_2	0.49	2.208	1.19	63
J_1	0.61	2.015	1.15	87
T_3x^5	0.71	2.1	1.24	228
T_3x^4	0.68	2.001	1.34	88
T_3x^3	0.729	2.76	1.52	357
T_3x^2	0.9	3.105	1.78	153
T_3x^1	0.75	2.511	1.73	51

从分层统计情况（表 2-11）来看，所有层段样品的 R^o 平均值均达到了成熟阶段，上部烃源岩组合（T_3x^5+J_1+J_2+J_3+K_1）的 R^o 值一般在 1.3% 以下，整体均处于成熟阶段。相对而言，K_1 段样品 R^o 值最低，处于低成熟阶段，其他上部烃源岩 R^o 值均大于 1%，处于成熟阶段；中深部烃源岩组合（T_3x^1+T_3x^2+T_3x^3+T_3x^4）的 R^o 值绝大部分分布在 1.3%～1.78%，整体处于高成熟阶段，其中，T_3x^3+T_3x^4 段烃源岩 R^o 值小于 1.5%，而 T_3x^1+T_3x^2 段烃源岩 R^o 值大于 1.5%。从川西坳陷烃源岩 R^o 平均值纵向变化特征来看（图 2-36），整体上 R^o 值随深度的变大而增大，体现了正常的热成熟演化特征。但出现了两个 R^o 值异常点，分别为 J_2 和 T_3x^1 的平均值。大量的研究证实（Hunt and Cook，1980；Price and Barker，1985；李胜利等，2005），腐泥型有机质丰富的烃源岩，测得的镜质体反射率 R^o 值可能出现异常偏低的现象，前面有机质类型的研究已证实须一段存在一定的腐泥型有机质，因此须一段 R^o 值偏小可能是受其特殊的有机质类型的影响，J_2 段 R^o 值偏高则可能与其有机质丰度异常低有关。

纵向上，随着深度的增加，川西地区烃源岩 R^o 值相应增大（图 2-37）。当埋深达到 2000m 左右时，岩样 R^o 值达到 0.5%，开始进入生烃期；当埋深达到 2500m 左右时，岩样 R^o 值达到 0.7%，开始进入大量生烃期；当埋深达到 3000m 左右时，岩样 R^o 值达到 1.0%，进入生烃高峰期；当埋深达到 4500m 左右时，岩样 R^o 值达到 2.0%，进入过成熟阶段，主要生成干气。

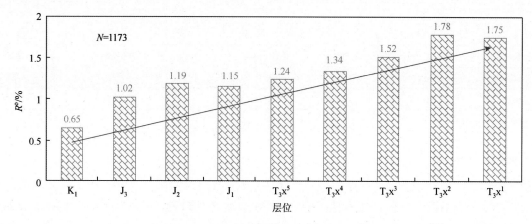

图 2-36　川西地区烃源岩 R^o 分层对比图

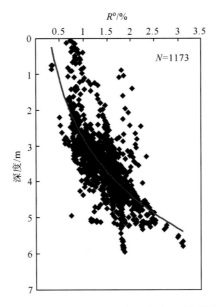

图 2-37 川西地区烃源岩 R^o 与埋深关系图

2.4.1.2 川中地区

川中地区陆相烃源岩样品镜质体反射率主要分布在 0.59%～1.8%，样品从低成熟阶段到高成熟阶段均有分布（表 2-12）。

表 2-12 川中地区各层段 R^o 数据统计表

层位	R^o/%			样品数
	最小	最人	平均	
J_2	0.59	1.80	1.06	23
J_1	0.61	1.69	1.1	46
T_3x^5	0.93	1.46	1.23	28
T_3x^4	1.01	1.55	1.24	11
T_3x^3	1.02	1.62	1.29	14
T_3x^2	1.07	1.65	1.33	10
T_3x^1	1.08	1.62	1.33	9

从分层统计情况（表 2-12、图 2-38）来看，T_3x^3 至 J_2 样品 R^o 平均值小于 1.3% 但大于 1.0%，表明这些样品主要处于成熟阶段。T_3x^1 与 T_3x^3 样品 R^o 平均值为 1.33%，表明这些样品主要处于高成熟阶段。研究区从最浅埋深的 J_2 样品到最大埋深的 T_3x^1 样品，整体上 R^o 值随层位埋深的增加而增大，体现了正常的热成熟度特征。但出现了 1 个异常点，为 T_3x^1 的平均值，可能的原因有两个：一是该层位含较多的腐泥型有机质；二是测试的样品数据少，可能造成均值上的偏差。川西地区也出现了 T_3x^1 层位的值异常，因此其原因更可能是受有机质类型的影响。

纵向上，川中地区 R^o 随深度变化呈明显的两段式关系（图 2-39），且两段斜率出现差异的部位刚好在 T_3x^3 和 T_3x^4 之间，说明须三段顶面和须四段底面存在古地温不连续现象，且 T_3x^4 斜率较为平缓，T_3x^3 则较陡，因此，造成这一现象的原因与须三段沉积时期可能存在一定程度的剥蚀有关。从川中地区岩样 R^o 与深度关系图来看，该区所有测试样品都已进入生烃阶段，且大部分样品处于生烃高峰阶段，总体进入大量生烃阶段的深度为 2000～3200m。

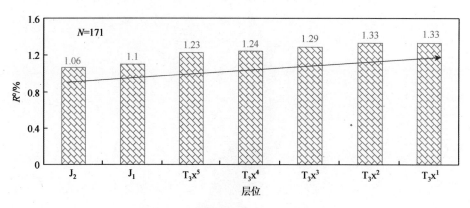

图 2-38　川中地区烃源岩 R^o 分层对比图

2.4.1.3　川南地区

川南地区陆相烃源岩镜质体反射率分布在 0.63%～2.37%（表 2-13），样品从低成熟到高成熟的都有分布，绝大多数样品分布在 1%以上，显示大多数烃源岩已进入成熟至高成熟阶段。

表 2-13　川南地区各层段 R^o 数据统计表

层位	R^o/%			样品数
	最小	最大	平均	
J_1	0.71	0.81	0.78	3
T_3x^5	0.72	1.76	1.00	26
T_3x^4	1.21	1.60	1.32	3
T_3x^3	0.63	2.37	1.25	10
T_3x^2	1.92	1.94	1.93	2
T_3x^1	0.97	1.21	1.10	3

纵向上，川南地区烃源岩镜质体反射率随着深度的增大逐渐变大，绝大多数样品已进入生烃阶段，进入大量生烃阶段的深度在 1000m 左右（图 2-40）。

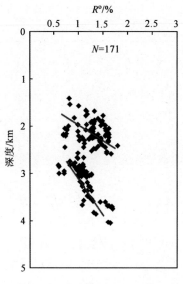

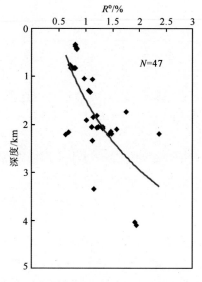

图 2-39　川中地区烃源岩 R^o 与埋深关系图　　　　图 2-40　川南地区烃源岩 R^o 与埋深关系图

2.4.1.4 川东地区

川东地区侏罗系烃源岩主要处于成熟阶段，而须家河组烃源岩处于成熟、高成熟、过成熟阶段，以高成熟为主(表2-14)。

表2-14 川东地区 R^o 数据统计表

烃源岩	R^o/%		演化阶段
	分布	平均	
千佛崖组	0.60～1.30	0.98(14)	成熟阶段
大安寨组	0.53～1.87	1.08(40)	成熟阶段
须家河组	1.17～2.27	1.57	高-过成熟阶段

资料来源：唐立章等，2002

2.4.1.5 成熟度平面分布特征

根据前面的研究及对各井各层段镜质体反射率的统计分析，绘制了上三叠统至下侏罗统地层的烃源岩镜质体反射率平面分布图。各层的分布特征如下。

(1)须一段：镜质体反射率均在1%以上，最大值为2.45%左右，相对高值区主要分布在川西坳陷中段地区(R^o 最大值为2.25%)和川北地区龙7井一带(R^o 最大值为2.25%)，川中地区的广安地区是成熟度值的另一相对较高值区(R^o 最大值为1.5%)。但就整个四川盆地而言，须一段 R^o 值主要分布在1.25%～2%，烃源岩主要处于高成熟阶段。须一段烃源岩成熟度平面分布差异表现为川西地区高于川中地区，即西高东低(图2-41)。

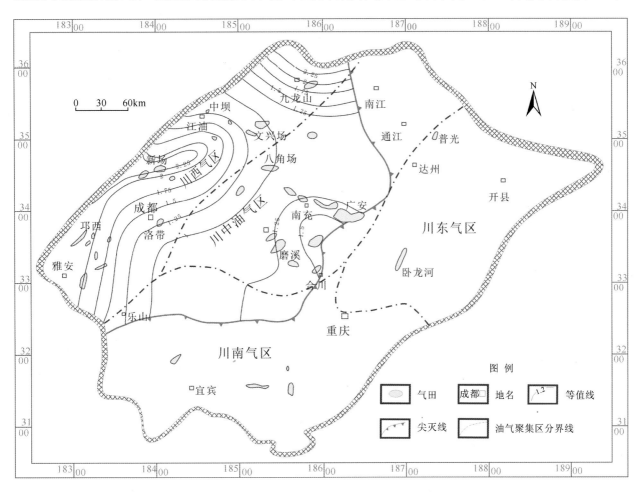

图2-41 四川盆地上三叠统须一段镜质体反射率等值线图

(2)须二段：镜质体反射率基本分布在1%～2%，仅个别样品镜质体反射率在1%以下，相对于须一段烃源岩，须二段烃源岩成熟度有所降低，但是烃源岩仍主要处于高成熟阶段。须二段烃源岩成熟度平面分布差异仍表现为川西地区高于川中地区(图2-42)。

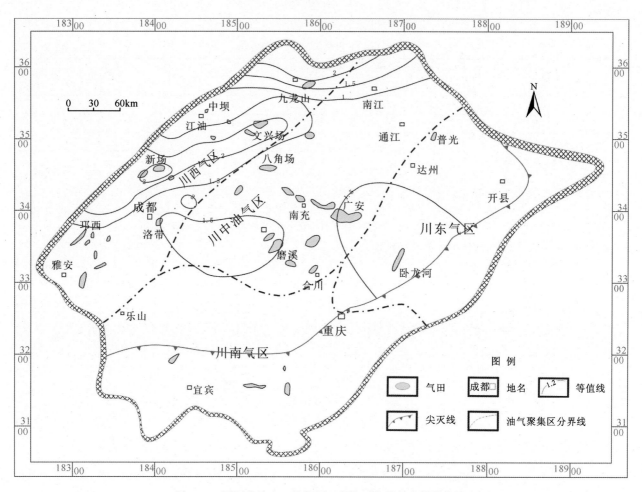

图2-42 四川盆地上三叠统须二段镜质体反射率等值线图

(3)须三段：镜质体反射率主要分布在1%～2%，烃源岩主要处于成熟至高成熟阶段。须三段镜质体反射率有四个高值区，分别是川西坳陷中段、川西南地区、川北地区和川东地区，这四个高值区镜质体反射率基本在1.5%以上，从这四个地区往盆地的中部和南部镜质体反射率逐渐变小(图2-43)。就四个油气聚集区差异而言，须三段烃源岩成熟度差异表现为川西地区与川东地区高于川中地区与川南地区。

(4)须四段：镜质体反射率基本分布在1%～1.7%，烃源岩主要处于成熟至高成熟阶段。川西地区相对最高，往东总体呈现变小的趋势，仅在局部地区出现相对较高值(图2-44)。

(5)须五段：镜质体反射率主要分布在1%～1.7%，烃源岩主要处于成熟至高成熟阶段。须五段烃源岩镜质体反射率平面分布特征与须三段镜质体反射率分布特征类似，从川西南地区、川西中段和川北地区向东逐渐变小，局部地区呈现较高值(图2-45)，总体而言西高东低。

(6)下侏罗统：四川盆地下侏罗统烃源岩已达到成熟至高成熟阶段，R^o为0.6%～1.6%，但整体以成熟阶段为主。其中以川中地区热演化程度最高，$R^o>1\%$，最高可达1.6%；其次为川东地区，$R^o>1\%$，最高可达1.5%；再次为川西地区，$R^o>0.6\%$，最高可达1.3%；川南地区热演化程度相对最低，$R^o<0.9\%$。整体而言，四川盆地下侏罗统烃源岩已达到大量生烃阶段，而且大部分已进入生烃高峰阶段。四川盆地下侏罗统热成熟度平面分布差异表现为川中地区与川东地区高于川南地区与川西地区，整体特征为东部高于西部，北部高于南部(图2-46)。

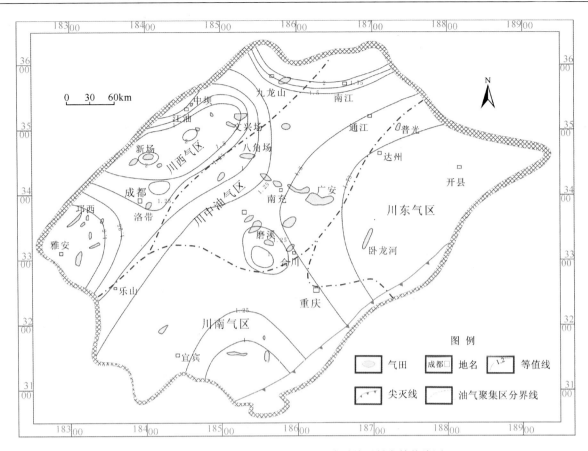

图 2-43 四川盆地上三叠统须三段镜质体反射率等值线图

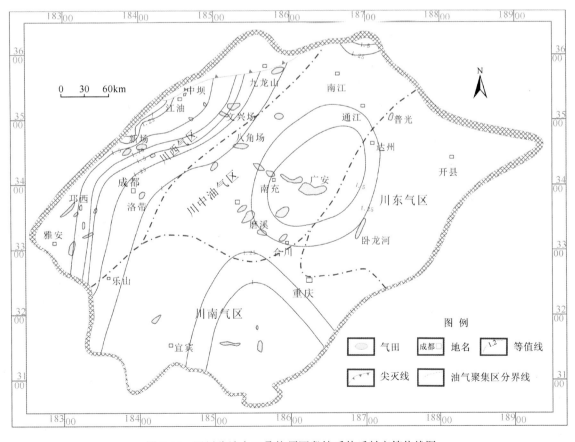

图 2-44 四川盆地上三叠统须四段镜质体反射率等值线图

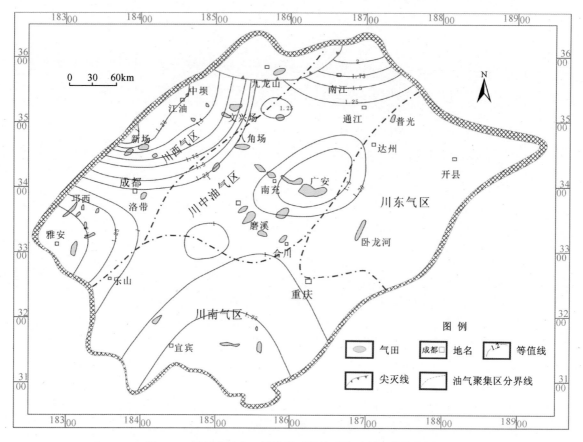

图 2-45　四川盆地上三叠统须五段镜质体反射率等值线图

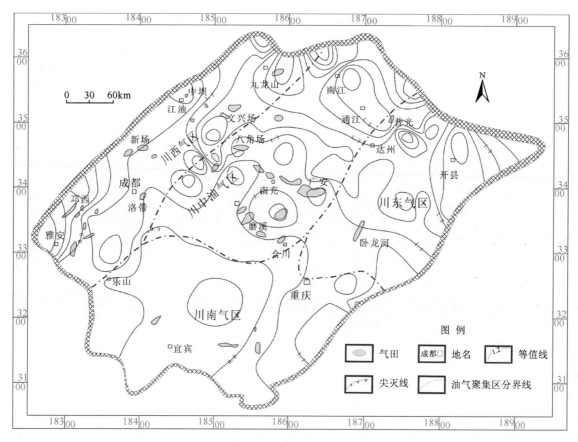

图 2-46　四川盆地下侏罗统烃源岩镜质体反射率等值线图(刘文龙，2007，修改)

2.4.2 岩石热解参数

岩石热解最高热解温度(T_{max})是衡量烃源岩热演化程度的一项简便、快速且较为有效的指标(邬立言和顾信章，1986)。在岩石埋藏过程中，随埋深的增加，烃源岩有机质发生降解，活化能较低或热稳定性较差的干酪根将首先降解，使残留下来的有机质热稳定性增强，因此，T_{max}随热演化程度的升高而增大。根据中国陆相烃源岩有机质生烃演化阶段划分及判别指标：T_{max}为435℃时，烃源岩达到生烃门限；T_{max}为435～440℃时，烃源岩处于低成熟阶段；T_{max}为440℃时，烃源岩进入大量生烃的成熟阶段。

2.4.2.1 川西地区

川西地区烃源岩 T_{max} 值分布在331～607℃，平均值为495.2℃，且随着层位的加深，T_{max}值也相应地增大(图2-47、表2-15)，但在4200～6000m处有少量样品表现出明显的异常，这个深度大致对应于须一段地层，因此这部分异常的 T_{max} 值，可能受到了须一段部分腐泥型有机质的影响。从川西地区样品 T_{max} 与深度关系图(图2-47)可以看出，川西地区样品 T_{max} 大部分已经达到生烃门限，且绝大多数样品已经进入大量生烃的成熟阶段，进入大量生烃阶段的深度为 2000～3000m，这与前面镜质体反射率所反映的进入大量生烃阶段的深度大致相同。

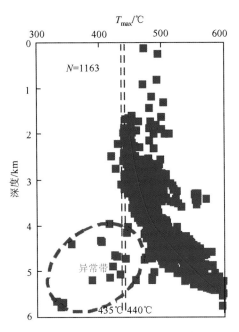

图 2-47 川西地区烃源岩 T_{max} 与深度关系图

表 2-15 川西地区各层段 T_{max} 特征

层位	T_{max}/℃			样品数
	最小	最大	平均	
K_1	472	472	472	1
J_3	452	503	484.75	12
J_2	419	512	475	25
J_1	430	501	469	63
T_3x^5	436	522	472.24	328

层位	T_{max}/℃			样品数
	最小	最大	平均	
T_3x^4	355	524	478.25	182
T_3x^3	403	596	512.72	371
T_3x^2	331	605	527.74	77
T_3x^1	393	607	555.21	63

2.4.2.2　川中地区

川中地区各层段烃源岩 T_{max} 值分布在 460～498℃，平均值为 479.9℃（表 2-16）。随着层位的加深，T_{max} 值也相应地增大，总体来看，川中地区烃源岩均已进入大量生烃的成熟—高成熟阶段(图 2-48)。

表 2-16　川中地区各层段最高热解温度 T_{max} 特征

层位	T_{max}/℃			样品数
	最小	最大	平均	
J_1	469	469	469	1
T_3x^5	460	493	473	28
T_3x^4	472	494	484.3	9
T_3x^3	475	495	485.5	19
T_3x^2	472	488	481	9
T_3x^1	481	498	489.4	5

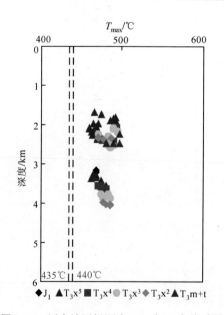

图 2-48　川中地区烃源岩 T_{max} 与深度关系图

2.4.2.3　川南地区

川南地区烃源岩 T_{max} 值分布在 468～493℃，平均值为 485.3℃（表 2-17）。随着层位的加深，T_{max} 值整体呈变大的趋势，其中在 T_3x^2 及 T_3x^1 层位出现异常，可能是由于测试数据过少或烃源岩中有腐泥型有机质，导致均值上的偏差。从川南地区样品 T_{max} 与深度关系图(图 2-49)可以看出，川南地区烃源岩均已进入大量生烃的成熟—高成熟阶段。

表 2-17　川南地区各层段最高热解温度 T_{max}

层位	T_{max}/℃			样品数
	最小	最大	平均	
T_3x^5	468	486	475.70	3
T_3x^4	475	490	483.75	4
T_3x^3	489	498	493.50	2
T_3x^2	493	493	493	2
T_3x^1	493	475	486	4

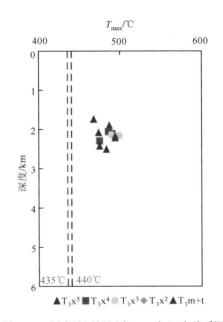

图 2-49　川南地区烃源岩 T_{max} 与深度关系图

2.4.3　正构烷烃奇偶优势

实践证明，未成熟有机质存在明显的奇偶优势（OEP），并随烃源岩埋藏深度的增加和热成熟作用的增强而逐渐消失。由于原始生物有机质具有强烈的偶数碳优势，决定了烃源岩中有机质的继承性特征。Scalan 和 Smith（1970）最早用数学方法推导出了正构烷烃奇偶优势 OEP 值的计算方法，一般认为 OEP 值为 1.2 时进入生油门限，OEP 值降低至 1.2～1.0 为成熟阶段。

从四川盆地川西地区、川中地区和川南地区 OEP 分布图（图 2-50～图 2-52）来看，各区大部分样品 OEP 值为 0.8～1.2，各层位样品 OEP 值分布较为均匀，较接近于 1，显示烃源岩均进入成熟阶段。

2.4.4　有机质成熟度综合评价

从四川盆地陆相烃源岩（下侏罗统与上三叠统烃源岩）镜质体反射率、岩石热解参数、正构烷烃奇偶优势所反映的成熟度特征来看，下侏罗统烃源岩主要处于成熟阶段，上三叠统主要处于成熟到高成熟阶段，整体上四川盆地陆相烃源岩均已进入生烃高峰阶段。平面上，下侏罗统烃源岩成熟度表现为川中地区与川东地区高于川南地区与川西地区，整体特征为东部高于西部，北部高于南部；上三叠统烃源岩成熟度表现为川西地区相对最高，整体特征为西部高于东部，与下侏罗统分布特征恰好相反。

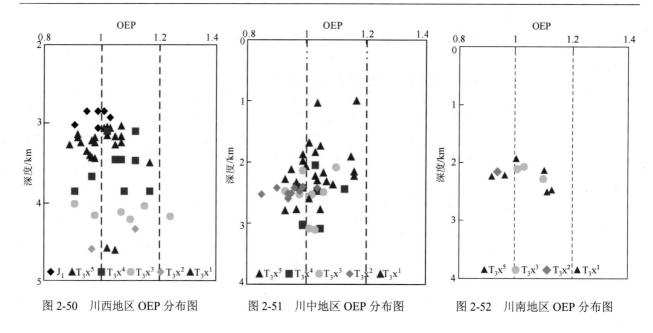

图 2-50 川西地区 OEP 分布图   图 2-51 川中地区 OEP 分布图   图 2-52 川南地区 OEP 分布图

2.5 烃源岩综合评价

从四川盆地陆相致密烃源岩发育特征来看，烃源岩主要发育于上三叠统与下侏罗统。上三叠统烃源岩在川西地区厚度最大，平均厚度达 762m，而在川中地区、川南地区、川东地区上三叠统烃源岩平均厚度均较低，川中地区为 155m，川南地区为 142m，川东地区仅 119m。侏罗系烃源岩主要发育于下侏罗统，其中以川东地区平均厚度最大，达 142m，其次为川中地区，为 45m，川南地区与川西地区烃源岩平均厚度小于 12m。因此，上三叠统烃源岩厚度在川西地区最大，而下侏罗系烃源岩厚度川东地区与川中地区相对较大，整体而言上三叠统烃源岩厚度明显大于下侏罗统。

从四川盆地陆相致密烃源岩有机质丰度特征来看，四川盆地上三叠统烃源岩有机质丰度较高，仅从有机质丰度来评价烃源岩，烃源岩品质以中等—好为主，而侏罗系有机质丰度明显低于上三叠统，仅在川中地区与川东地区有机质丰度达到了中等—好烃源岩品质，川西地区与川南地区侏罗系有机质丰度均很低，烃源岩品质较差。整体上，不同地区上三叠统各层段烃源岩有机质丰度均高于下侏罗统。横向上，不同地区上三叠统烃源岩有机质丰度差异较大，其中以川西地区有机质丰度最高，其次为川中地区，川南地区与川东地区有机质丰度相对最低；侏罗系有机质丰度以川中地区与川东地区最高，其次为川西地区。

从四川盆地陆相致密烃源岩有机质类型特征来看，上三叠统有机质类型以Ⅲ型为主，同时有一定的Ⅱ₂型，有机质类型主要为腐殖型，成烃方向以生气为主，仅川西地区须一段以腐泥型有机质为主；下侏罗统烃源岩有机质类型在不同地区具有不一样的特征，川西地区和川东地区下侏罗统有机质类型以Ⅲ型为主，同时有一定的Ⅱ₂型，而川中地区有机质类型则以Ⅱ₁型与Ⅰ型为主，主要为腐泥型有机质。简而言之，除川中地区下侏罗统有机质类型为腐泥型、川西地区须一段以腐泥型有机质为主外，四川盆地其他陆相烃源岩有机质类型主要为腐殖型。

从四川盆地陆相致密烃源岩成熟度特征来看，下侏罗统烃源岩主要处于成熟阶段，上三叠统成熟度主要处于高成熟阶段，整体上四川盆地陆相烃源岩均已进入生烃高峰阶段，对油气生成十分有利。烃源岩成熟度平面分布差异表现为下侏罗统烃源岩成熟度川中地区与川东地区高于川南地区与川西地区，整体特征为东部高于西部，北部高于南部；上三叠统烃源岩成熟度川西地区相对最高，整体特征为西部高于东部，与下侏罗统特征恰好相反。

综合上述各方面特征来看，四川盆地陆相致密碎屑岩地层烃源岩有机质类型差异相对较小，有机质类型主要控制母质成烃方向，四川盆地陆相致密油气资源以天然气为主，因此母质类型不是烃源岩评价的最重要指标。烃源岩只有达到一定厚度，才可能生成丰富的油气资源，因此烃源岩厚度是烃源岩评价的重要指标之一。但是，研究区烃源岩普遍都具有一定厚度，仅部分地区烃源岩厚度较小，因此烃源岩厚度是部分地区烃源岩评价须考虑的指标之一。有机质丰度直接决定母源岩是否能成为烃源岩及烃源岩的品质，因此有机质丰度是任何一个地区烃源岩评价必不可少的评价指标，甚至在很多地区成为烃源岩品质评价的唯一指标，所以有机质丰度也是研究区烃源岩评价的重要指标之一。有机质的成熟度，决定烃源岩是否能够生烃及生烃量的大小，因此该指标也是烃源岩评价的重要内容之一。综合上述对烃源岩评价指标重要性的分析，主要依据有机碳含量与有机质成熟度两项指标对四川盆地陆相烃源岩进行综合评价：最好烃源岩，TOC＞2%，R^o＞1%；好烃源岩，TOC＞1%，R^o＞0.7%；中等烃源岩，TOC＞0.6%，R^o＞0.7%；差烃源岩，TOC＜0.6%。同时，在部分烃源岩厚度较薄的地区，对烃源岩的评价也参考了烃源岩的厚度。根据上述评价标准编制了四川盆地陆相烃源岩综合评价图(图2-53～图2-58)，主要反映四川盆地陆相烃源岩中有利烃源岩(最好、好、中等)的分布特征。四川盆地陆相致密烃源岩综合评价结果体现在以下几个方面。

(1)须一段：有利烃源岩主要分布在川西地区与川中地区，川南地区仅在靠近川西地区与川中地区的局部地区发育有利烃源岩。川西地区有利烃源岩最为发育，除北端局部地区，其他地区均发育有利烃源岩，且有利烃源岩品质高，主要为最好与好烃源岩。川中地区有利烃源岩主要分布在南充、磨溪以西的地区，有利烃源岩品质中等。总体上，须一段有利烃源岩自西向东品质降低，川西地区有利烃源岩较川中地区发育(图2-53)。

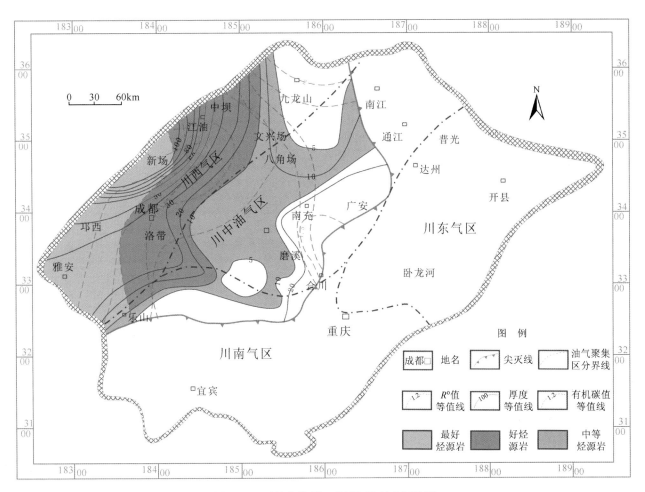

图2-53 四川盆地须一段烃源岩综合评价图

(2)须二段：有利烃源岩分布面积较须一段明显增加，川西地区全区、川中地区大部分地区及川南地区近三分之一的地区均有有利烃源岩发育。川西地区有利烃源岩主要为最好与好烃源岩，最好烃源岩主要分布在川西坳陷中段及其以北的部分地区，其他地区均为好烃源岩。川中地区有利烃源岩主要发源于南江、广安、合川以西的区域，仅在八角场、南充、磨溪等地区发育最好烃源岩，其他地区发育好烃源岩。川南地区仅在与川西地区、川中地区临近的部分地区发育好烃源岩。总体上，川西地区有利烃源岩最发育，其次为川中地区，川南地区有利烃源岩发育最少(图2-54)。

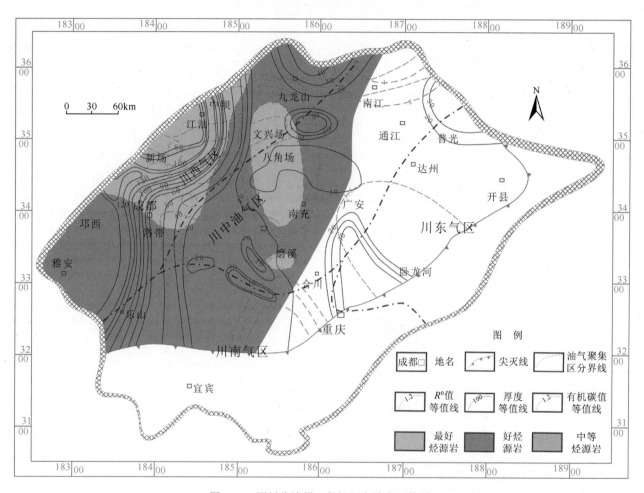

图2-54 四川盆地须二段烃源岩综合评价图

(3)须三段：有利烃源岩分布范围较须二段进一步扩大，川西地区与川中地区全区、川南地区大部分地区及川东地区局部地区均有有利烃源岩发育。川西地区主要发育最好与好烃源岩，最好烃源岩分布于川西坳陷中段与川西坳陷北段地区，其他地区为好烃源岩。川中地区主要发育最好与好烃源岩，最好烃源岩占据该区的大部分地区，少部分地区发育好烃源岩。川南地区与川西地区、川中地区临近的近三分之二的区域发育有利烃源岩，主要为好与中等烃源岩，以好烃源岩为主。川东地区仅在与川中地区临近的很有限的区域发育有利烃源岩。总体上，川西地区与川中地区有利烃源岩最发育，其次为川南地区，川东地区有利烃源岩相对最少(图2-55)。

(4)须四段：有利烃源岩分布范围与须三段类似。川西地区除北部少数地区处于剥蚀区外，其他地区均有有利烃源岩发育，有利烃源岩主要为最好与好烃源岩，最好烃源岩发育于邛西、新场、九龙山及成都以北的部分地区，其他地区主要发育好烃源岩。川中地区普遍发育有利烃源岩，最好烃源岩主要分布在南江以西与川西地区接壤的地区，好烃源岩分布在与川西地区临近的区域，川中地区以中等烃源岩为主。川南地区大部分地区发育有利烃源岩，有利烃源岩品质为好与中等，相对偏西的地区发育好烃源岩，相对偏东的地区发育中等烃源岩。总体上，川西地区与川中地区有利烃源岩较川南地区发育，川西地区有利烃源岩品质明显好于川中与川南地区(图2-56)。

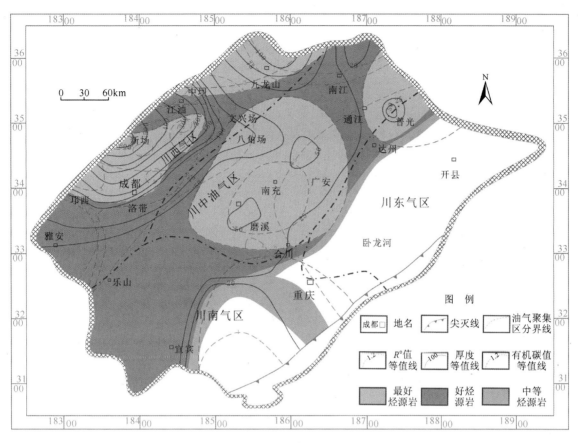

图 2-55 四川盆地须三段烃源岩综合评价图

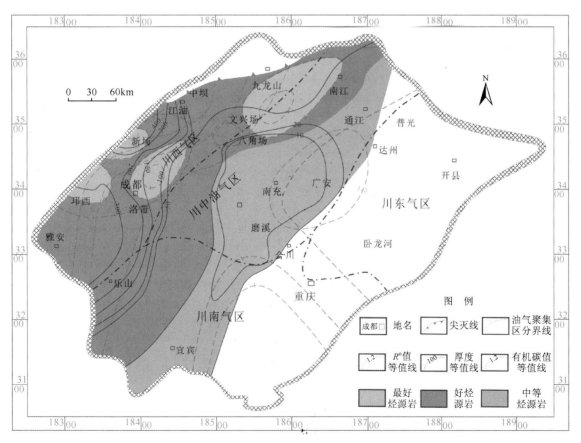

图 2-56 四川盆地须四段烃源岩综合评价图

（5）须五段：有利烃源岩分布范围明显较须三段与须四段广，川西地区、川中地区、川南地区大部分地区及川东地区局部地区均有有利烃源岩发育。川西地区除北部少数地区处于剥蚀区外，其他地区均有有利烃源岩发育，有利烃源岩主要为最好与好烃源岩，最好烃源岩发育于邛西、新场、九龙山等地区，其他地区主要发育好烃源岩，最好烃源岩分布范围略大于好烃源岩。川中地区普遍发育有利烃源岩，最好烃源岩主要分布在八角场以北、南江以西与川西地区接壤的地区，以及南充、广安、磨溪一带，其他地区为好烃源岩。川南地区大部分地区发育有利烃源岩，有利烃源岩品质为最好与好，仅在局部地区发育最好烃源岩，普遍为好烃源岩。川东地区仅在与川中地区临近的局部地区发育一定的好烃源岩。总体上，川西地区与川中地区有利烃源岩较川南地区发育（图 2-57）。

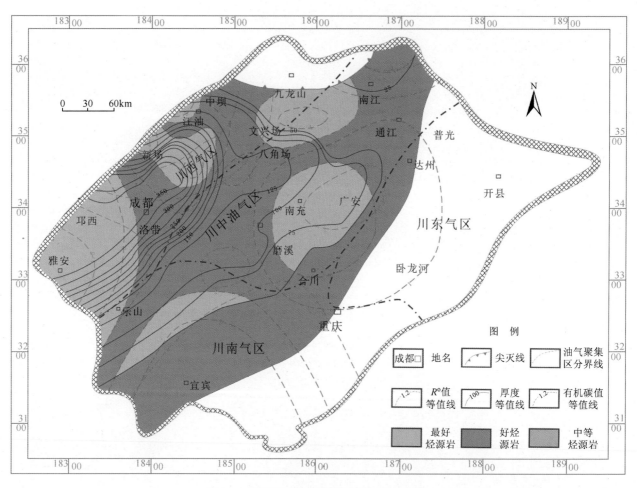

图 2-57 四川盆地须五段烃源岩综合评价图

（6）下侏罗统：有利烃源岩主要分布在川中地区与川东地区，川西北部地区也有一定的有利烃源岩发育。川中地区普遍发育有利烃源岩，有利烃源岩主要为好与中等烃源岩，以好烃源岩为主，好烃源岩分布在该区的大部分地区，仅在该区相对较北与较南的少部分地区发育中等烃源岩。川东大部分地区均有有利烃源岩发育，有利烃源岩类型与川中地区一致，好烃源岩与中等烃源岩均发育，好烃源岩主要分布于该区中部与靠近川中地区，中等烃源岩分布在该区的边缘位置。川西地区仅在靠北的部分地区发育少量有利烃源岩，有利烃源岩品质为好与中等。总体上，川中地区与川东地区有利烃源岩明显较四川盆地其他地区发育（图 2-58）。

从上述对四川盆地上三叠统与下侏罗统烃源岩综合评价结果来看。横向上，四川盆地上三叠统有利烃源岩主要分布在川西地区、川中地区与川南地区，其中以川西地区与川中地区分布面积最广，其次为川南地区，再次为川东地区，有利烃源岩品质以川西地区与川中地区最好，其次为川南地区，再次为川东地区；四川盆地下侏罗统有利烃源岩主要分布在川中地区与川东地区，川西局部地区有有利烃源岩发育，川南地区缺乏有利烃源岩。纵向上，从须一段至须五段总体表现为烃源岩分布面积逐渐增加，烃源岩品质逐渐变好；上三叠统有利烃源岩品质明显好于下侏罗统。

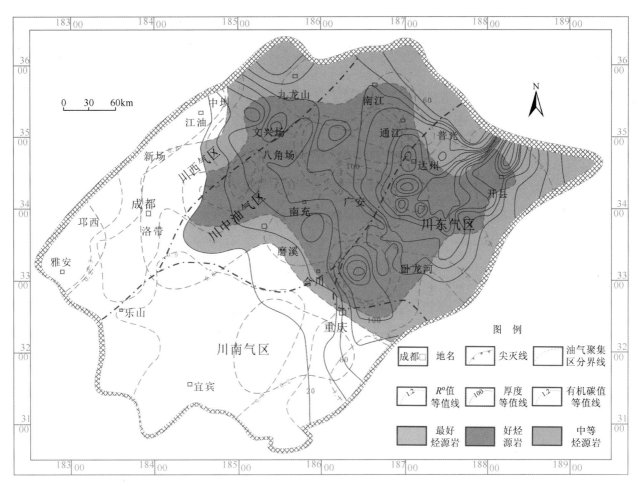

图 2-58　四川盆地下侏罗统烃源岩综合评价图

3　四川盆地陆相天然气地球化学特征

天然气地球化学特征蕴含着丰富的天然气成因、成熟度、来源、运移等重要信息，使其成为认识烃类从源岩产生至储层聚集地质历史的重要工具。天然气地球化学特征的主要研究内容包括天然气组分、碳氢同位素、轻烃、稀有气体等。这说明可以用于天然气地球化学特征分析的指标相对较多。同时，由于天然气的流动性，天然气从烃源岩中排出、进入储层，直至进入储层以后，其地球化学特征都可以发生较大的变化，因此天然气地球化学特征随区域的变化性较大，四川盆地面积广阔，不同区域天然气地球化学特征差异可能较大。同时，四川盆地陆相致密天然气在不同地区纵向分布差异较大，在川西地区 T_3—K 均有天然气分布，川中地区与川东地区主要分布在 T_3 地层中，川南地区仅在 T_3 地层中有天然气分布，这进一步加剧了四川盆地陆相致密天然气成藏及分布规律的地区差异。

3.1　川 西 地 区

川西地区(川西坳陷)是四川盆地西部晚三叠世以来陆相盆地的深坳陷部分，为龙门山推覆构造带的前陆盆地，西界为龙门山推覆构造带，东界位于龙泉山一带，北界为米仓山推覆构造带，南界位于雅安、乐山一带，面积近 $6 \times 10^4 km^2$。川西坳陷大致以绵竹—新场—丰谷和大邑—成都为界分为北、中、南三段，北段构造变形较弱，南段构造变形较强，中段变形介于二者之间(罗啸泉和陈兰，2004)。川西坳陷的油气勘探始于 1953 年，历史悠久。目前已发现了孝泉、新场、白马庙、平落坝等致密砂岩气田(图 3-1)，天然气主要产层为须二段、须四段、中上侏罗统等层系，天然气资源丰富。

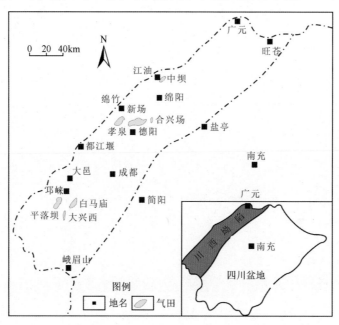

图 3-1　川西坳陷及主要气田位置图(秦胜飞等，2007，修改)

3.1.1　天然气基本特征

3.1.1.1　组分特征

天然气中组分主要包括烃类与非烃类两大类，烃类主要为甲烷及少量重烃，非烃类主要有 CO_2、N_2、

H_2S、H_2 及稀有气体。不同成因、不同来源的天然气组分特征有较大差异，天然气生成后的运移、成藏、生物作用等都可能使天然气组分发生重要变化。所以，天然气组分特征对天然气成因、气源、运移、成藏等特征的研究都有重要的意义。

川西坳陷天然气以烃类气体为主，烃类气体在天然气中的体积分数均大于 90%，在部分井烃类气体含量甚至高达 98%，如川孝 152 井(表 3-1)。烃类气体中以甲烷为主，其在天然气中的体积分数为 85.94%～98.34%，平均值为 94.14%；其次为乙烷含量最高，其在天然气中的体积分数为 0.51%～7.83%，平均值为 3.21%，显然乙烷含量远小于甲烷含量；其他烷烃气含量普遍较低，如丙烷含量(平均值为 0.69%)、丁烷含量(平均值为 0.29%)、戊烷含量(平均值为 0.08%)。川西坳陷天然气中非烃组分主要为 CO_2 与 N_2，从收集的 50 多口井的 CO_2 和 N_2 数据来看，天然气中 CO_2 与 N_2 含量差异明显：约 25%的天然气样品 CO_2 含量为 0，而仅有不足 10%的天然气样品中 N_2 含量为 0；天然气中 N_2 的平均含量为 1.09%，最高可达 9.63%，CO_2 平均含量仅为 0.50%，最大含量不足 2%，天然气不含 H_2S，干燥系数以大于 0.95 为主，主要为干气。

表 3-1 川西坳陷天然气组分特征表

井号	层位	组分体积分数/%									干燥系数
		CH_4	C_2H_6	C_3H_8	iC_4H_{10}	nC_4H_{10}	iC_5H_{12}	nC_5H_{12}	CO_2	N_2	
新 34	J_3P	96.95	1.12	0.20	0.02	0.03	0.01	0.01	0	1.54	0.99
川孝 163	J_2q	95.83	2.34	0.48	0.08	0.09	0.03	0.02	0	0.94	0.97
川孝 380	J_2s	93.65	4.20	0.73	0.12	0.15	0.04	0.04	0	0.89	0.95
川孝 168	J_2s	96.18	2.55	0.47	0.08	0.09	0.03	0.02	0	0.53	0.97
川孝 454	J_2s	94.51	3.52	0.64	0.10	0.12	0.04	0.03	0	0.98	0.96
川孝 560	T_3x^4	97.24	2.00	0.21	0.03	0.02	0.01	0	0.12	0.29	0.98
新 882	T_3x^4	95.95	2.63	0.52	0.11	0.11	0.03	0.03	0.27	0.28	0.97
新 856	T_3x^7	97.54	0.76	0.07	0.01	0.01	0	0	1.31	0.25	0.99
新 853	T_3x^2	97.41	0.77	0.07	0.01	0.01	0	0	1.32	0.35	0.99
孝蓬 2	J_3p	95.08	3.16	0.68	0.12	0.14	0.05	0	0	0.67	0.96
川孝 455	J_3s	91.03	5.92	1.36	0.29	0.32	0.11	0.08	0	0.68	0.92
川孝 105	J_2s	95.73	2.92	0.59	0.11	0.12	0.05	0.04	0	0.37	0.96
川合 358	J_3p	96.60	2.35	0.44	0.09	0.08	0.03	0.02	0	0.32	0.97
川合 127	T_3x^2	97.86	0.83	0.07	0.01	0.01	0	0	0.69	0.37	0.99
川孝 152	J_3p	98.22	0.97	0.37	0.11	0.08	0.04	0.03	0.04	0.14	0.98

从川西地区陆相致密天然气的主要组分特征参数统计结果(表 3-2)来看，最深的产层 T_3x^2 与最浅的产层 K_1 天然气有最高的 CH_4 含量与干燥系数，最低的 C_2H_6 与 C_3H_8 含量，T_3x^2 天然气 CO_2 含量明显大于其他层位，天然气中 N_2 从 T_3x^2 至 K_1 呈递增的趋势。

表 3-2 川西坳陷陆相致密天然气组分统计表

层位	CH_4/%	C_2H_6/%	C_3H_8/%	CO_2/%	N_2/%	干燥系数
K_1	93.78～98.12 95.12(13)	2.59～1.46 2.18(13)	0.31～0.86 0.48(13)	0.36～1.03 0.6(11)	0.48～1.85 1.26(12)	0.96～0.98 0.97(13)
J_3	85.94～98.22 93.77(162)	0.97～5.92 3.34(162)	0.20～1.59 0.70(162)	0～1.18 0.35(120)	0～9.63 1.47(152)	0.92～0.99 0.95(162)
J_2	88.84～98.34 93.65(83)	0.82～7.00 3.81(83)	0.26～1.85 0.78(83)	0.01～1.62 0.31(63)	0.01～3.10 0.97(77)	0.90～0.99 0.95(83)

续表

层位	CH_4/%	C_2H_6/%	C_3H_8/%	CO_2/%	N_2/%	干燥系数
J_1	$\underline{86.55\sim98.32}$ 91.55(18)	$\underline{0.72\sim6.64}$ 4.72(18)	$\underline{0.06\sim4.31}$ 1.54(18)	$\underline{0.03\sim0.81}$ 0.39(12)	$\underline{0.30\sim3.63}$ 0.97(16)	$\underline{0.88\sim0.99}$ 0.93(18)
T_3x^4	$\underline{87.10\sim97.52}$ 94.48(28)	$\underline{1.62\sim7.83}$ 3.31(28)	$\underline{0.19\sim2.86}$ 3.31(28)	$\underline{0.12\sim1.01}$ 0.55(8)	$\underline{0.01\sim5.65}$ 0.69(24)	$\underline{0.89\sim0.98}$ 0.96(28)
T_3x^2	$\underline{90.67\sim98.31}$ 96.57(61)	$\underline{0.51\sim6.01}$ 1.49(61)	$\underline{0.04\sim1.73}$ 0.23(61)	$\underline{0.16\sim1.94}$ 1.26(42)	$\underline{0.06\sim2.0}$ 0.48(54)	$\underline{0.92\sim0.99}$ 0.98(61)

1. 烃类组分特征

川西坳陷侏罗系至白垩系天然气甲烷含量随深度的增加而降低，即甲烷含量 $K_1>J_3>J_2>J_1$，乙烷含量则呈现相反的变化趋势，体现反热力学特征(沈忠民等，2011a)；上三叠统天然气甲烷含量随深度的增加而增加，即甲烷含量 $T_3x^4<T_3x^2$，而乙烷含量呈现相反的变化趋势，为正热力学特征(表3-2、图3-2)。川西坳陷烃源岩地球化学特征研究表明，该区烃源岩主要为上三叠统须家河组煤系烃源岩，所以白垩系与侏罗系天然气主要来自下覆须家河组地层。天然气在运移过程中受运移分馏作用的影响，随着运移距离的增加，其甲烷含量增加、乙烷含量降低，所以就出现了沿着向上的运移路径 $(J_1\rightarrow J_2\rightarrow J_3\rightarrow K_1)$ 天然气甲烷含量增加、乙烷含量降低的反热力学特征，同时侏罗系至白垩系天然气反热力学特征指示了天然气垂向向上运移的特征。而上三叠统天然气主要来自上三叠统烃源岩，天然气运移距离较小，天然气分馏作用不明显，天然气烷烃气组分特征主要受热成熟作用的影响，成熟度越高天然气甲烷含量越高，所以埋深更大的 T_3x^2 段较埋深相对较浅的 T_3x^4 段天然气甲烷含量更高，乙烷含量更低。川西坳陷各层位天然气干燥系数特征(表3-2、图3-3)也体现出类似甲烷含量变化的特征，即 $J_1\rightarrow J_2\rightarrow J_3\rightarrow K_1$ 天然气干燥系数增加，$T_3x^2\rightarrow T_3x^4$ 天然气干燥系数降低，其原因是运移分馏作用与热力学作用的结果。总体来看，川西坳陷白垩系与侏罗系天然气烃类组分变化特征，主要受运移分馏作用控制，表现为反热力学特征；上三叠统天然气烃类组分含量主要受热力学作用控制，体现出正常的热力学特征。

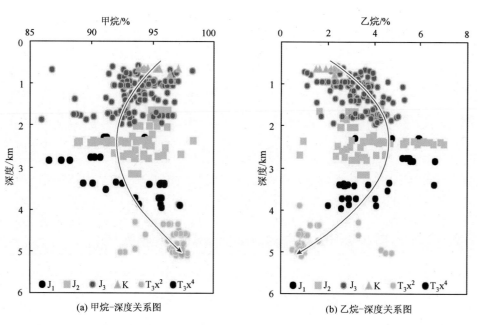

图3-2　川西坳陷天然气甲烷-深度、乙烷-深度关系图

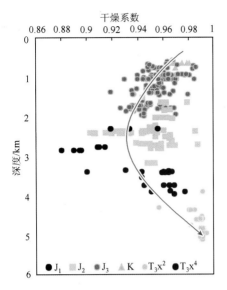

图 3-3　川西坳陷天然气干燥系数-深度关系图

2. 非烃类组分特征

天然气中非烃组分含量更多地受控于烃源岩性质及运移作用，而热成熟作用对其影响则不如烃类气体明显。研究区白垩系、侏罗系及须四段天然气中 CO_2 含量相当，须二段 CO_2 含量则明显较高（表 3-2、图 3-4）。气源研究表明，须二段天然气主要来自于须二段自身烃源岩，因此，须二段天然气 CO_2 含量较高可能主要与其自生自储、运移距离较短相关。而白垩系与侏罗系天然气主要来自于下伏须家河组烃源岩。由于天然气中 CO_2 分子直径较大、密度较高、易溶于水，所以沿运移方向 CO_2 含量降低（戴金星，1992；黄志龙等，1997；傅宁等，2005；李宗亮和蒋有录，2008）。但白垩系与侏罗系天然气 CO_2 含量并没有明显的变化，显然 CO_2 运移分馏特征并不明显，这可能与后期的溶蚀作用有关，储层中很多的矿物发生溶蚀作用都能生成 CO_2，溶蚀作用生成的 CO_2 补充了运移分馏作用减少的 CO_2，从而模糊了 CO_2 运移特征；同时各主要产层中 CO_2 含量都较低，这可能也是运移分馏特征不太明显的一个原因。研究区白垩系与侏

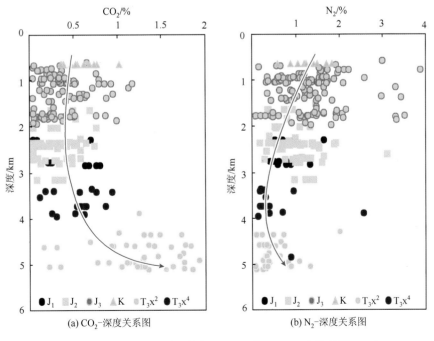

(a) CO_2-深度关系图　　　　　　　(b) N_2-深度关系图

图 3-4　川西坳陷天然气 CO_2-深度、N_2-深度关系图

罗系天然气中 N_2 含量表现出沿向上运移路径增加的趋势，体现了天然气垂向向上运移的特征。这是由于 N_2 分子直径较小、易于扩散与运移，运移距离越长天然气中 N_2 浓度越高（傅宁等，2005；李宗亮和蒋有录，2008），且储层中 N_2 的来源相对 CO_2 明显简单得多，所以 N_2 的运移分馏特征得以较好保存。N_2 含量变化趋势体现的天然气垂向运移的特征与烃类含量变化特征指示的天然气垂向运移特征一致，进一步证实了该区天然气垂向运移的特征。

3.1.1.2　碳同位素

天然气碳同位素组成受控于原始有机质母质的性质、沉积环境、演化程度及后期的运移分馏作用等因素，不同的天然物质中碳同位素组成可能有较大的差异（戴金星，1992）。因此，碳同位素常被用来分析天然气成因和成熟度、追溯生源、进行油气源对比、探讨源岩所处体系开放性等研究（Prinzhofer et al.，2000；戴金星等，2009；沈忠民等，2011a）。

川西地区陆相致密碎屑岩产层中 300 余件天然气样品的烷烃气碳同位素数据统计表明（部分数据来自文献：樊然学，1999；尹长河等，2000；王顺玉等，2004；秦胜飞等，2005；朱光有等，2006；王强，2006；戴金星等，2009；吴小奇等，2011；沈忠民等，2011a）（图 3-5），天然气甲烷碳同位素分布范围为 −46‰～−30‰，主要分布区间为 −36‰～−32‰；乙烷碳同位素分布范围为 −32‰～−20‰，主要分布区间为 −26‰～−20‰；丙烷碳同位素分布范围为 −32‰～−16‰，主要分布区间为 −24‰～−18‰。通过对比不同碳数烷烃气的碳同位素分布特征可以发现，研究区烷烃气碳同位素具有随着烷烃气碳数增加，碳同位素最小值、最大值、主要分布区间值均有变重的趋势，即 $\delta^{13}C_1 < \delta^{13}C_2 < \delta^{13}C_3$ 的正碳同位素系列分布特征，体现了研究区天然气的有机成因特征。

1. 碳同位素倒转现象

虽然川西地区主要产层烷烃气碳同位素统计结果表现为 $\delta^{13}C_1 < \delta^{13}C_2 < \delta^{13}C_3$ 的正碳同位素系列特征（表 3-3），充分说明了川西地区陆相致密天然气的有机成因。但在川西坳陷南段、中段、北段均出现了部分天然气碳同位素倒转现象，且出现碳同位素倒转的天然气产出层位也有一定差异（表 3-4）。

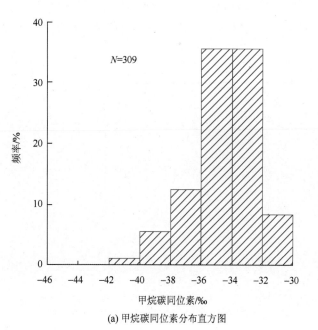

(a) 甲烷碳同位素分布直方图

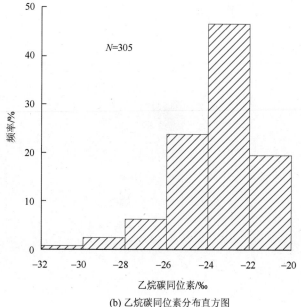

(b) 乙烷碳同位素分布直方图

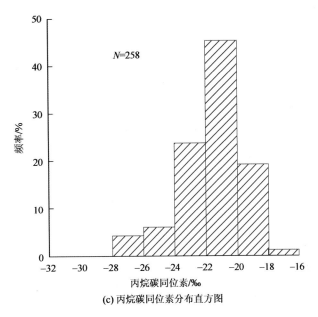

(c) 丙烷碳同位素分布直方图

图 3-5 川西地区甲烷、乙烷、丙烷碳同位素分布直方图

表 3-3 川西地区 T_3x^2—K_1 天然气碳同位素统计表

层位	$\delta^{13}CH_4$/‰	$\delta^{13}C_2H_6$/‰	$\delta^{13}C_3H_8$/‰
K_1	$-32.41\sim-30.87$ -31.64(2)	$-24.67\sim-23$ -23.84(2)	$-21.43\sim-21$ -21.22(2)
J_3	$-39.21\sim-30.65$ -34.28(68)	$-25.7\sim-21.05$ -23.11(66)	$-27.4\sim-17.85$ -20.48(52)
J_2	$-39.21\sim-32.61$ -35.01(65)	$-25.86\sim-21.16$ -23.3(64)	$-26.1\sim-17.74$ -21.01(52)
J_1	$-34.37\sim-30.06$ -32.72(7)	$-29.28\sim-23.25$ -25.73(7)	$-22.89\sim-21.1$ -21.99(2)
T_3x^4	$-41.1\sim-31.24$ -34.71(35)	$-31.12\sim-20.84$ -23.02(34)	$-22.8\sim-19.81$ -21.27(30)
T_3x^2	$-39.41\sim-30.12$ -33.84(89)	$-30.4\sim-20.68$ -24.05(89)	$-31.54\sim-18.8$ -23.01(79)

表 3-4 川西坳陷不同地区天然气碳同位素倒转特征

地区	井号	层位	深度/m	$\delta^{13}CH_4$/‰	$\delta^{13}C_2H_6$/‰	$\delta^{13}C_3H_8$/‰
川西北段	中 31	T_3x^2	2534	-37.8	-23	-29.4
川西北段	中 9	T_3x^2	2334	-38	-23.9	-25.8
川西中段	川合 137	T_3x^2	$4589\sim4636.87$	-31.18	-24.35	-26.22
川西中段	川合 127	T_3x^2	$4579\sim4598$	-31.18	-25.88	-25.96
川西中段	新 2	T_3x^2	$4796.5\sim4815$	-31.31	-27.8	-27.98
川西南段	大兴 4	J_2s	2342	-33.54	-22.45	-22.83
川西南段	平落 1	T_3x^4	—	-34.31	-22.67	-22.75
川西南段	平落 1-2	T_3x^4	—	-33.7	-21.72	-22.69
川西南段	平 2	T_3x^2	—	-34.07	-21.6	-27.69
川西南段	平 17	T_3x^2	—	-33.75	-22.28	-24.23

从川西坳陷北段天然气碳同位素组合特征来看，该区天然气总体上呈现正碳同位素分布系列特征，仅在须二段部分样品发生了倒转（图 3-6）。相对于正碳同位素分布特征，发生碳同位素倒转天然气的 $\delta^{13}CH_4$ 值和 $\delta^{13}C_3H_8$ 值更轻，而 $\delta^{13}C_2H_6$ 值更重。总体而言，川西坳陷北段天然气碳同位素组合特征较为一致，表明它们可能来自相同的源岩，排除了不同源天然气混合导致碳同位素倒转的可能。川西地区构造稳定，不存在沟通地幔的深大断裂，天然气为壳源有机成因气，排除了无机成因气与有机成因气混合导致碳同位素倒转的可能。天然气 $\delta^{13}C_2H_6$ 值明显大于$-28‰$，体现了天然气的煤型气成因特征，排除了与下伏海相地层油型气混合导致碳同位素倒转的可能。天然气的 $\delta^{13}CH_4$ 值主要受热成熟作用与运移分馏作用的影响，须二段天然气自生自储，所以碳同位素主要受热成熟作用控制，碳同位素倒转天然气 $\delta^{13}CH_4$ 值明显小于正碳同位素天然气，根据碳同位素与成熟度的关系，倒转天然气成熟度更低，表明其可能为烃源岩早期生烃产物，而占须二段天然气主体的正碳同位素天然气则为后期天然气主生烃期的产物。通常不同的细菌氧化不同的烷烃气从而导致该烷烃气碳同位素变重，同时细菌的氧化作用也会导致该类烷烃气含量降低，所以结合这两个现象就可以识别天然气碳同位素倒转是否由细菌氧化所致（戴金星，1992）。对川西坳陷北段须二段碳同位素倒转样品天然气组分分析表明，天然气组分均表现为甲烷＞乙烷＞丙烷，所以碳同位素倒转现象并非细菌氧化所致。另外，细菌活动温度一般在 75℃ 以下，在正常地温梯度下约相当于地层深度 2000m 左右（戴金星等，2010），而研究区须二段埋深普遍在 4000m 以上，这进一步肯定了细菌氧化作用不可能导致该区烷烃气碳同位素倒转。所以，综合上述导致该区天然气碳同位素倒转的原因，认为川西坳陷北段须二段天然气碳同位素倒转主要是同源不同期天然气混合的结果。

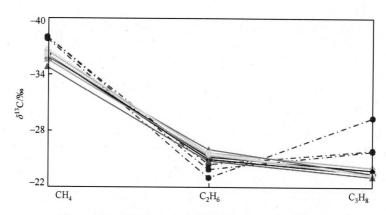

图 3-6　川西坳陷北段须二段天然气碳同位素组合特征

川西坳陷中段天然气碳同位素倒转发生在须二段，不同于川西坳陷北段须二段的是，该区有两类差异明显的碳同位素倒转现象，第一类碳同位素倒转天然气（简称"第一类天然气"）$\delta^{13}CH_4$ 值与 $\delta^{13}C_3H_8$ 值略高于正常天然气，$\delta^{13}C_2H_6$ 值明显大于正常天然气，总体表现为倒转烷烃气碳同位素更大；第二类碳同位素倒转天然气（简称"第二类天然气"）与正常天然气 $\delta^{13}CH_4$ 值较为接近，其 $\delta^{13}C_2H_6$ 值与 $\delta^{13}C_3H_8$ 值均小于正常天然气（图 3-7）。前面已分析川西地区天然气为有机成因气，因此不存在有机与无机成因气混合；第一类天然气与正常天然气 $\delta^{13}C_2H_6$ 值均大于$-28‰$，表现为煤型气特征，故不存在与下伏油型气的混合。同时须二段天然气主要来自须二段烃源岩（详见须二段气源追踪结果），没有上覆其他须家河组煤系烃源岩贡献，所以排除了天然气同型不同源导致碳同位素倒转。对川西坳陷中段须二段碳同位素倒转样品天然气组分分析表明，天然气组分均表现为甲烷＞乙烷＞丙烷，并没有明显的细菌氧化作用导致烷烃气组分含量变化的特征，同时该区天然气埋深也通常超过 4000m，远超出了细菌作用的范围，所以可以排除细菌氧化作用导致该区天然气碳同位素倒转的可能。排除了上述四种可能造成碳同位素倒转的原因，可以得到第一类天然气碳同位素倒转的原因：天然气同源不同期混合。刘四兵等（2009）通过包裹体测温、伊利石 K-Ar 同位素测年等方法已证实了川西坳陷中段须二段天然气存在多期充注，这进一步肯定了第一类天然气碳同位素倒转的原因。

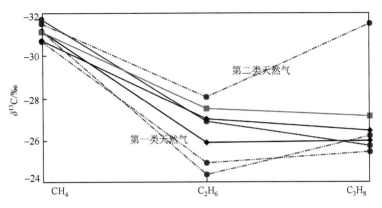

图 3-7 川西坳陷中段须二段天然气碳同位素组合特征

根据对川西坳陷中段第一类天然气碳同位素倒转原因分析，须二段天然气不存在有机烷烃气和无机烷烃气混合、同型不同源混合、烷烃气遭受细菌作用的现象，所以上述三种原因不是造成第二类天然气碳同位素倒转的原因。第二类天然气 δC_2H_6 值小于–28‰，表现出油型气特征，所以第二类天然气碳同位素倒转的原因是煤型气与油型气混合的结果。

相对于川西坳陷中段与北段的碳同位素倒转现象，川西坳陷南段倒转现象更为常见，在获得的139 件川西地区南段天然气样品中，有 21 件天然气样品有碳同位素倒转的现象，即约 15%的天然气有碳同位素倒转的现象，而川西地区北段和中段碳同位素倒转样品的比例仅为 10%与 8%。同时川西坳陷南段出现碳同位素倒转的层位也明显较川西坳陷中段和北段多，川西坳陷中段与北段仅在须二段出现了碳同位素倒转的现象，而川西坳陷南段在须二段、须四段、中侏罗统均有碳同位素倒转现象的发生。对川西坳陷南段须二段、须四段与中侏罗统碳同位素倒转样品的碳同位素组合特征研究发现，21 件碳同位素倒转样品的碳同位素组合特征极其相似，为了较为清晰地体现各层段倒转碳同位素组合特征，分别选取了不同层段共计 6 件倒转样品来反映它们的碳同位素组合特征(图 3-8)。虽然是来自须二段、须四段、中侏罗统三个埋深差异较大的不同层段的 6 件碳同位素倒转样品，但是它们的甲烷、乙烷、丙烷碳同位素却极其相似，几乎不能识别出各层段碳同位素组合关系之间的差异，所以川西地区南段须二段、须四段、中侏罗统倒转天然气样品极有可能来自相同的源岩。分析该区碳同位素倒转成因，有机气与无机气混合成因明显可以排除，倒转天然气乙烷碳同位素值明显大于–28‰，所以不存在煤型气与油型气的混合，因此，川西地区南段碳同位素倒转可能是天然气不同源混合或(与)天然气同源不同期混合造成的。

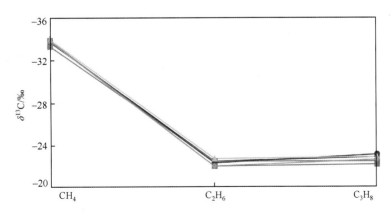

图 3-8 川西坳陷南段须二段、须四段、中侏罗统倒转碳同位素组合特征

从中侏罗统倒转和正常碳同位素与须二段正常碳同位素组合特征来看(图 3-9),除一个中侏罗统正常碳同位素样品外,其他的中侏罗统倒转和正常碳同位素与须二段正常碳同位素组合特征十分相似,表明中侏罗统天然气与须二段天然气有共同的来源。在图 3-9 中,有一个样品有明显较低的甲烷、乙烷同位素值,显示该样品更低的成熟度值,所以这个样品与其他样品有不同的来源,如果该样品来自须二段早期生烃的成熟度相对较低的阶段,那么在须二段内应有类似较低成熟度的烷烃气,但是从须四段倒转和正常碳同位素与须二段正常碳同位素组合特征(图 3-10)来看,须二段天然气甲烷碳同位素均大于−38‰,明显大于该样品碳同位素值,所以该样品并非来自须二段烃源岩,须二段之上的须家河组地层发育多套烃源岩,它们的成熟度相对于须二段更低,因此该样品更有可能来自这些烃源岩。所以中侏罗统存在不同来源的天然气混合,造成了中侏罗统天然气碳同位素倒转。同样,大多数须四段倒转和正常碳同位素与须二段正常碳同位素组合特征十分相似,仅个别须四段正常碳同位素样品表现出较低的甲烷、乙烷碳同位素值,须四段、须二段碳同位素组合特征与中侏罗统、须二段碳同位素组合特征十分相似,因此,可以得出须四段天然气碳同位素倒转也是由于同型不同源混合所致。

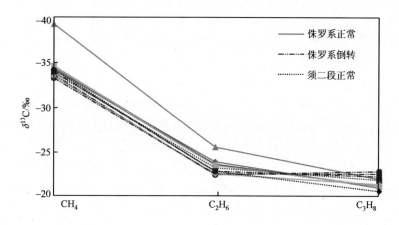

图 3-9   川西坳陷南段中侏罗统倒转和正常碳同位素与须二段正常碳同位素组合特征

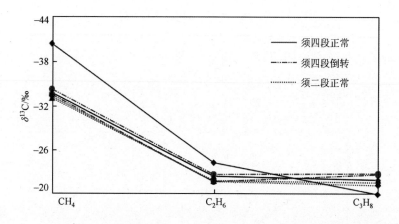

图 3-10   川西坳陷南段须四段倒转和正常碳同位素与须二段正常碳同位素组合特征

须二段天然气来自须二段层位烃源岩,所以不存在不同源的混合,须二段天然气倒转主要原因是由于同源不同期的混合(图 3-11)。从川西坳陷南段须二段倒转与正常碳同位素组合特征来看,该区须二段样品碳同位素组合特征较为一致,体现了须二段天然气的同源特征,正常、倒转天然气甲烷碳同位素值有一定差异,体现了天然气成熟度的差异,同时也说明了天然气的多期充注。

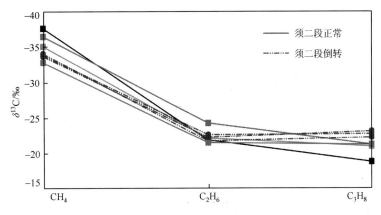

图 3-11 川西坳陷南段须二段倒转与正常碳同位素组合特征

川西坳陷北段和中段构造变形强度相对较弱，断裂相对缺乏，天然气垂向远距离运移较为困难，使得储层中天然气多来自于和储层临近的烃源岩，故而各主要产层天然气来源相对较为单一，降低了不同来源天然气混合导致烷烃气碳同位素倒转的概率，使得川西坳陷中段与北段天然气倒转现象出现的层位较少，仅出现在须二段。从两个地区须二段烷烃气碳同位素倒转成因来看，川西坳陷北段须二段天然气中烷烃气碳同位素倒转是由于须二段同源不同期天然气混合所致，而川西坳陷中段须二段天然气中两类烷烃气碳同位素倒转分别是由于须二段同源不同期天然气混合、煤型气与油型气混合所致。显然，这两个地区天然气中烷烃气碳同位素倒转均与构造变形强度相关性不大。

川西坳陷南段构造变形较强，断裂较为发育，如在该区平落坝、白马庙等气田都有断开上三叠统和侏罗系的断层，使得天然气垂向运移相对容易，各产层天然气来源多元化、天然气混合复杂化，不同来源天然气的混合，导致烷烃气碳同位素倒转可能性大大增加，使得川西坳陷南段出现烷烃气碳同位素倒转层位明显多于川西坳陷北段与中段。而川西坳陷南段中侏罗统与须四段天然气中烷烃气碳同位素的倒转则正是由于断裂的沟通使得不同来源天然气的混合所致，所以在该区构造活动与天然气中烷烃气碳同位素倒转关系密切。

对比川西坳陷北段、中段、南段烷烃气碳同位素倒转特征，可以发现构造变形较强的地区，天然气垂向运移更为容易，不同来源天然气混合作用更为普遍，进而更容易导致烷烃气碳同位素的倒转。所以，一个地区的构造变形强度对该区烷烃气碳同位素倒转也有一定的影响，较强的构造变形强度对一个地区烷烃气碳同位素倒转的发生具有促进作用。

2. 利用碳同位素判别天然气成熟度

20 世纪 70 年代，国外学者 Stahl 首次利用天然气中烷烃气碳同位素来判别天然气成熟度，并建立了海相与陆相成因气的 $\delta^{13}C$-R^o 相关曲线，随后 Schoell(1980) 也获得了类似的认识。20 世纪 70~90 年代我国学者(徐永昌等，1979；沈平等，1987；戴金星，1993)根据我国天然气碳同位素特征，提出了我国煤型气与油型气的 $\delta^{13}C$-R^o 回归方程，被广泛应用于天然气成熟度及相关研究(表 3-5)。在 20 世纪 90 年代很多学者(黄籍中和陈盛吉，1993；Rooney，1995；黄第藩等，1996)发现，$\delta^{13}C_2$-$\delta^{13}C_1$ 值随成熟度的增加而变小，且在高成熟演化阶段(R^o 为 1.5%~2.4%)这一差值一般为 5‰~12‰，而在过成熟阶段(R^o 为 2.4%~3.6%)该值变小，甚至出现负值(-2‰~5‰)(黄第藩等，1996)，所以 $\delta^{13}C_2$-$\delta^{13}C_1$ 值也成为衡量天然气成熟度的重要指标。

表 3-5 天然气 $\delta^{13}C_1$-R^o 关系式

参考文献	煤型气	油型气
Stahl 和 Carekjy(1975)	$\delta^{13}C_1=14\,\lg R^o-28$	$\delta^{13}C_1=17\,\lg R^o-42$
沈平等(1987)	$\delta^{13}C_1=8.641\,\lg R^o-32.8$	
Berner(1989)	$\delta^{13}C_1=3.01\,\lg R^o-31.2$; $\delta^{13}C_2=3.32\,\lg R^o-25.9$	

续表

参考文献	煤型气	油型气
Faber（1987）	$\delta^{13}C_1=13.4\ \lg R^o-27.7$	$\delta^{13}C_1=15.4\ \lg R^o-41.3$； $\delta^{13}C_2=22.6\ \lg R^o-32.3$； $\delta^{13}C_3=20.91\ \lg R^o-29.7$
戴金星和宋岩（1987），戴金星和戚厚发（1989）	$\delta^{13}C_1=14.12\ \lg R^o-34.39$； $\delta^{13}C_2=8.16\ \lg R^o-25.71$； $\delta^{13}C_3=7.12\ \lg R^o-24.03$	$\delta^{13}C_1=15.80\ \lg R^o-42.20$

　　根据 Stahl 和 Carekjy（1975）、沈平等（1987）、戴金星（1993）、Berner（1989）等提出的煤型气与 $\delta^{13}C$-R^o 关系式，计算了川西坳陷中段天然气成熟度（部分代表性数据列于表 3-6）。从计算结果来看，按照 Stahl 的 $\delta^{13}C_1$-R^o 关系式计算得到的成熟度最大值仅为 0.46%，Berner 的 $\delta^{13}C_1$-R^o 关系式获得的成熟度最大值为 1.29%，平均值仅为 0.32%，显然这两个关系式获得的成熟度值与川西坳陷须家河组烃源岩数千米的埋深情况不符；Berner 的 $\delta^{13}C_2$-R^o 关系式获得该区天然气成熟度平均值为 7.89%，最大值达到 22.67%，戴金星（1993）指出当 R^o 值大于 5%时甲烷就不复存在了，所以该公式计算的成熟度值也不正确。沈平与戴金星的 $\delta^{13}C_1$-R^o 关系式获得的 R^o 值分别为 0.35%～1.67%和 0.69%～1.78%，四川盆地主要为有机热成因气，所以戴金星的 $\delta^{13}C_1$-R^o 关系式获得的成熟度更能代表川西地区天然气成熟度。因此，川西地区天然气 R^o 值主要为 0.69%～1.78%，基本处于成熟与高成熟阶段。

表 3-6　川西坳陷天然气碳同位素计算 R^o 值

井号	层位	井深/m	R^o_{A1}	R^o_{B1}	R^o_{C1}	R^o_{C2}	R^o_{D1}	R^o_{D2}
川丰 131	T_3x^4	3728.00	0.15	0.56	0.91	1.63	0.06	3.81
川丰 563	T_3x^4	3742.50	0.21	0.77	1.10	3.18	0.14	19.60
川高 561	T_3x^2	4958.00	0.39	1.40	1.59	0.52	0.77	0.22
川合 100	T_3x^4	3932.50	0.17	0.62	0.97	3.37	0.08	22.67
川合 127	T_3x^2	4566.00	0.44	1.60	1.73	1.81	1.13	4.93
川合 137	T_3x^2	4612.90	0.43	1.54	1.69	1.47	1.02	2.93
川合 148	T_3x^2	4602.30	0.44	1.57	1.71	0.68	1.08	0.44
川合 358	J_3p	1051.00	0.20	0.72	1.06	2.19	0.12	7.84
川江 566	T_3x^2	4362.50	0.30	1.09	1.36	3.32	0.37	21.74
川马 602	K_1t	647.00	0.46	1.67	1.78	2.15	1.29	7.47
川泰 361	J_3p	679.00	0.15	0.53	0.87	2.42	0.05	10.00
川孝 105	J_2s	1905.00	0.26	0.94	1.25	2.09	0.25	6.97
川孝 105	J_2s	1905.00	0.19	0.67	1.01	2.32	0.09	9.01
川孝 117	J_2s	2000.00	0.17	0.62	0.97	1.87	0.08	5.28
川孝 129	J_2s	2356.00	0.26	0.94	1.25	2.25	0.25	8.41
川孝 132	J_2s-x	2481.60	0.22	0.80	1.13	2.85	0.15	14.95
川孝 134	J_3sn	1786.10	0.32	1.15	1.41	1.00	0.44	1.15
川孝 134	J_3sn	1710.00	0.28	1.00	1.29	—	0.29	—
川孝 134-2	J_2s	2422.00	0.10	0.35	0.69	1.45	0.01	2.83
川孝 134-2	J_2s-x	2422.00	0.18	0.65	1.00	—	0.09	—
川孝 135	J_1b	2752.00	0.28	1.02	1.31	1.82	0.31	5.00
川孝 136-5	J_3p	650.00	0.16	0.58	0.93	1.17	0.06	1.67
川孝 152	J_2q	2730.00	0.28	1.02	1.31	1.99	0.31	6.15

续表

井号	层位	井深/m	R^o_{A1}	R^o_{B1}	R^o_{C1}	R^o_{C2}	R^o_{D1}	R^o_{D2}
川孝 155	T_3x^5	2765.00	0.12	0.44	0.79	2.15	0.03	7.47
川孝 162-2	J_3p	—	0.18	0.64	0.98	1.26	0.08	2.00
川孝 163	J_2q	2726.00	0.12	0.43	0.77	3.10	0.03	18.41
川孝 163	J_2q	2726.00	0.15	0.55	0.90	2.00	0.05	6.28
川鸭 609	J_2s	2021.50	0.24	0.88	1.20	1.92	0.21	5.70
川鸭 609	J_3p	1789.50	0.18	0.66	1.00	1.49	0.09	3.05
川鸭 618	J_2q	2986.06	0.19	0.67	1.02	3.28	0.09	21.15
都蓬 30	J_3p^2	1149.35	0.13	0.48	0.83	1.75	0.04	4.50
都遂 10	J_3sn	1792.55	0.29	1.05	1.34	2.87	0.34	15.27
都遂 10	J_3sn	1792.55	0.16	0.59	0.94	2.16	0.06	7.58
都遂 3	J_3sn	—	0.18	0.64	0.98	1.65	0.08	3.89
丰谷 1	T_3x^4	3360.00	0.06	0.23	0.52	1.11	0.01	1.48

注：R^o_{A1}、R^o_{B1}、R^o_{C1}、R^o_{C2}、R^o_{D1}、R^o_{D2} 中 R^o_1、R^o_2 分别为利用 C_1 和 C_2 同位素计算得到的 R^o 值；A、B、C、D 分别代表表 3-5 中 Stahl 和 Carekjy (1975)、沈平等（1987）、戴金星和宋岩（1987）、Berner（1989）的 $\delta^{13}C$-R^o 关系式

3.1.1.3 轻烃特征

轻烃是石油和天然气的重要组成部分，一般为 C_5～C_{10} 化合物，蕴含着丰富的油气信息(戴金星，1992)。轻烃广泛用于天然气成因分类、成熟度的确定、气源追踪对比，判别水洗、生物降解、热蚀变，确定油气运移相态，判别油气保存条件等研究(Thompson，1983；程克明等，1985；Mango，1987，1990；戴金星，1992；王培荣等，2007；胡国艺等，2007)。

1. 轻烃 K_1 值

按照 Mango 的轻烃稳态催化动力学成因理论，在同一类油(气)中 K_1 值有不变的常数值，而在不同类型油(气)中 K_1 值有一定差异，且 K_1 值仅与天然气的母质类型有关，而与成熟度无关(Mango，1987，1990)。川西坳陷上三叠统至下白垩统天然气样品的 K_1 值主要分布范围为 0.774%～1.261%，平均值为 1.07%，与 Mango 的经验值相符；图 3-12 为利用所测数据作出的 K_1 值分布图(横坐标与纵坐标之比即为 K_1)，从图 3-12 可以看出，除中侏罗统两个天然气样品 K_1 值有较小的偏差外，其余 32 个样品 K_1 值拟合较好。这表明研究区天然气成因类型有较大的相似性。

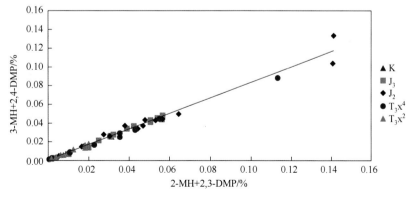

图 3-12 川西坳陷天然气 K_1 值分布图

2. 轻烃与天然气成熟度

轻烃中有几组参数可以用来研究油气成熟度，如庚烷值与异庚烷值、2,3-二甲基戊烷与 2,3-二甲基戊烷比值、iC_4/nC_4 值和 iC_5/nC_5 值等。有研究指出只有当 $R^o<0.8\%$ 时，iC_4/nC_4 值和 iC_5/nC_5 值灵敏度才较高，

可以作为有机质演化早期阶段的成熟度指标；而 $R^o>0.8\%$ 则效果不佳(侯读杰等，1989)。本书主要采用前两组轻烃参数对川西坳陷天然气成熟度进行判别。

庚烷值与异庚烷值是轻烃参数中最常用的成熟度分析指标。Thompson(1983)最早提出利用庚烷值、异庚烷值与凝析油的成熟度关系来研究油气成熟度。之后，程克明等(1985)、刘宝泉等(1990)、王祥等(2008)也提出了中国不同地区，油气成熟度异庚烷值与庚烷值的划分标准。根据研究区的实际情况，本书采用程克明等提出的成熟度划分标准：低成熟阶段，异庚烷值小于1.0，庚烷值小于20%；成熟阶段，异庚烷值为1~3，庚烷值为20%~30%；高成熟阶段，异庚烷值为3~10，庚烷值为30%~40%；过成熟阶段，异庚烷值大于10，庚烷值大于40%。依据该分类标准(图3-13)，研究区所有天然气样品均落在成熟和高成熟区域内，说明研究区天然气处于成熟与高成熟阶段。

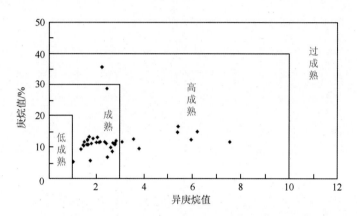

图 3-13　川西地区天然气轻烃与成熟度关系图

Mango 稳态催化动力学轻烃成因理论认为，2,4-二甲基戊烷与 2,3-二甲基戊烷比值($2,4\text{-DMC}_5/2,3\text{-DMC}_5$)的对数与温度($T$)呈线性正相关关系，其关系式为 $T(^\circ\!C)=140+15\times\ln(2,4\text{-DMC}_5/2,3\text{-DMC}_5)$。该关系式计算出的温度($T$)为原油或天然气母质经历的最高地温，根据 Barker 和 Goldstein(1990)温度和成熟度(R^o)经验公式，对研究区天然气样品成熟度进行分析，R^o 值分布范围为 0.83%~1.59%(平均值为1.28%)，该计算结果与利用戴金星的 $\delta^{13}C_1$-R^o 关系式获得的 R^o 值(0.69%~1.78%)较为一致，均表明研究区天然气处于成熟与高成熟阶段。

3. 轻烃与天然气运移相态

成藏过程中天然气的不同运移相态，可以引起轻烃组分特征显著变化。天然气以游离相运移时，影响组分变化的主要因素是烃类分子的极性大小。由于地质色层作用，极性强的分子在运移过程中沿烃类运移方向含量逐渐降低。由于芳香烃的极性大于烷烃，所以随着运移距离的增加其含量会相对减少。天然气以水溶相运移时，轻烃组分在水中溶解度的差异是决定其变化特征的重要因素，沿着运移方向，溶解度小的组分先脱溶，溶解度大的组分后脱溶。相同条件下，同碳数的芳烃溶解度明显高于烷烃，所以沿运移路径前方，芳烃/烷烃值呈增加趋势。根据研究区天然气苯/正己烷和苯/环己烷与深度的关系(图3-14)，T_3x^2 和 T_3x^4 天然气苯/正己烷和苯/环己烷值变化范围较大，且二者的变化范围较为一致，说明这两个层位天然气同时存在水溶相和游离相运移。研究区 J_2 层位中天然气苯/正己烷和苯/环己烷变化范围最大，苯/正己烷和苯/环己烷最大值也出现在该层位，说明该层位也存在水溶相和游离相天然气运移特征，水溶相运移特征加强。J_3 和 K 层位天然气的苯/正己烷和苯/环己烷值分布相对集中，而且远小于下伏其他层位，体现 J_3 和 K 层位天然气游离相运移的特征。所以，研究区天然气从 T_3x^2 到 J_2，存在水溶相和游离相两种运移相态，且随深度变浅水溶相运移加强；J_3 和 K 层位天然气以游离相运移为主。

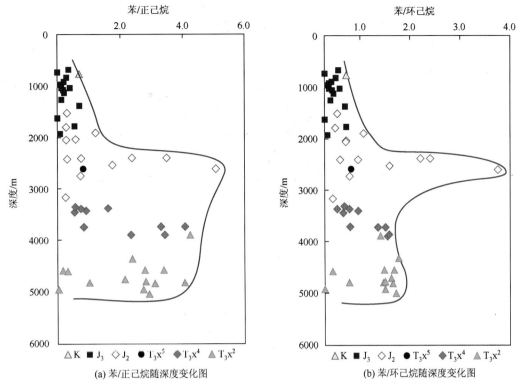

(a) 苯/正己烷随深度变化图　　　　　　　(b) 苯/环己烷随深度变化图

图 3-14　川西地区天然气苯/正己烷、苯/环己烷随深度变化图

3.1.2　天然气成因类型

3.1.2.1　组分特征与天然气成因

川西坳陷 T_2 与陆相天然气的烃类与非烃类组分差异明显(表 3-7)，最显著的差异是 T_2 天然气富含 H_2S，而陆相天然气不含 H_2S。陆相天然气甲烷含量普遍高于 95%，而 T_2 天然气甲烷含量不足 90%；陆相天然气乙烷含量也大于 T_2 天然气；T_2 天然气的丙烷、丁烷、戊烷含量及二氧化碳、氮气含量则大于陆相天然气。即陆相天然气更富轻烃，T_2 天然气更富重烃与非烃，这些差异显示二者不同的成因类型。天然气的组分与母质类型及成熟度密切相关，如果陆相天然气与 T_2 天然气为同一类型天然气(油型气或煤型气)，则陆相天然气与下伏 T_2 天然气相比，成熟度会更低，成熟度低也就意味着其轻烃含量低，尤其是甲烷含量会更低，但是实际恰好相反，陆相致密天然气轻烃含量相对更高。所以造成陆相致密天然气与 T_2 天然气组分差异的原因是天然气成因不同。据研究，具有相似成熟度的腐殖型与腐泥型天然气，前者干燥系数与轻烃含量明显高于后者(戴金星，1992)。因此，根据研究区陆相天然气与 T_2 天然气组分含量特征可知，川西坳陷 T_2 天然气表现为油型气特征，陆相天然气则表现为煤型气特征。

表 3-7　川西坳陷天然气组分特征表

井号	层位	组分体积分数/%							
		CH_4	C_2H_6	C_3H_8	C_4H_{10}	C_5H_{12}	CO_2	N_2	H_2S
新 34	J_3p	96.95	1.12	0.20	0.05	0.02	0	1.54	0
川孝 163	J_2q	95.83	2.34	0.48	0.17	0.05	0	0.94	0
川孝 168	J_2s	96.18	2.55	0.47	0.17	0.05	0	0.53	0
川孝 454	J_2s	94.51	3.52	0.64	0.22	0.07	0	0.98	0
川孝 560	T_3x^4	97.24	2.00	0.21	0.05	0.01	0.12	0.29	0

续表

井号	层位	组分体积分数/%							
		CH_4	C_2H_6	C_3H_8	C_4H_{10}	C_5H_{12}	CO_2	N_2	H_2S
新882	T_3x^4	95.95	2.63	0.52	0.22	0.07	0.27	0.28	0
新853	T_3x^2	97.41	0.77	0.07	0.02	0	1.32	0.35	0
孝蓬2	J_3p	95.08	3.16	0.68	0.26	0.05	0	0.67	0
川孝455	J_3s	91.03	5.92	1.36	0.61	0.19	0	0.68	0
川孝105	J_2s	95.73	2.92	0.59	0.23	0.09	0	0.37	0
川合358	J_3p	96.60	2.35	0.44	0.17	0.05	0	0.32	0
川合127	T_3x^2	97.86	0.83	0.07	0.02	0	0.69	0.37	0
川孝152	J_3p	98.22	0.97	0.37	0.19	0.07	0.04	0.14	0
平均值	陆相致密	95.99	2.40	0.46	0.18	0.05	0.25	0.57	0
中18	T_2	88.66	1.66	0.53	0.39	0.22	4.86	1.69	3.30
中21	T_2	87.92	1.82	0.54	0.39	0	3.65	1.78	1.78
中24	T_2	87.78	1.88	0.56	0.40	0.29	4.69	0.22	4.11
平均值	T_2	88.12	1.79	0.54	0.39	0.17	4.40	1.23	3.06

资料来源：秦胜飞等，2007

　　Behar等(1992)通过封闭体系实验模拟了(Ⅱ型、Ⅲ型)干酪根裂解气与油裂解气，发现不同成因气烷烃组分有明显的差异(图3-16)：干酪根初次裂解气 C_2/C_3 值基本不变甚至变小，C_1/C_2 值逐渐增大；油裂解气 C_2/C_3 值大幅度增加，C_1/C_2 值几乎不变，他们根据这一特征区分了安哥拉和堪萨斯地区天然气成因类型。该实验结果也被国内外学者广泛用于分析天然气成因类型(Prinzhofer and Huc，1995；李艳霞，2008)。

　　通常腐殖型有机质生成天然气主要来自干酪根裂解，腐泥型有机质生成天然气主要来自原油裂解(陈世加等，2001)，所以利用Behar实验模拟成果(图3-15)也能有效判别油型气与煤型气。为了更好地反映川西坳陷上三叠统天然气成因类型，还选取了川东地区下三叠统(T_1)部分海相油裂解气样品作为对比。在川西坳陷上三叠统与川东地区下三叠统天然气烷烃气组分关系图中(图3-16)，川西坳陷须家河组天然气总体表现为 C_2/C_3 值基本不变，而 C_1/C_2 值迅速增大，表现出典型的干酪根裂解气的特征。同时，从图3-16可以看出川东地区下三叠统天然气 C_1/C_2 值与 C_2/C_3 值变化特征与实验模拟油裂解气对应值变化特征一致，表明川东地区下三叠统天然气为油裂解气。在图3-16中，少量须二段天然气与川东地区下三叠统天然气 C_1/C_2 值和 C_2/C_3 值变化特征较为相似，表明川西坳陷须二段天然气中有部分油裂解成因气，即油型气。

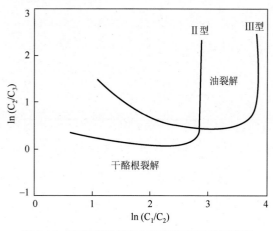

图3-15　干酪根裂解气与油裂解气区分示意图
（Behar et al.，1992）

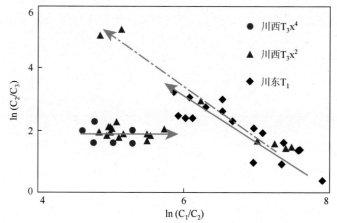

图3-16　川西地区与川东地区天然气 $\ln(C_1/C_2)$
与 $\ln(C_2/C_3)$ 关系图

3.1.2.2 碳同位素特征与天然气成因

川西坳陷天然气碳同位素组合特征总体上表现为 $\delta^{13}C_1<\delta^{13}C_2<\delta^{13}C_3$ 的正常系列分布特征,表明研究区天然气为有机成因气。利用天然气 $\delta^{13}C_1$ 和 $C_1/(C_2+C_3)$ 关系图(图 3-17),可以看出研究区天然气以热解成因气为主,须四段、侏罗系及白垩系天然气更靠近Ⅲ型干酪根成因气,而须二段天然气相对靠近Ⅱ型干酪根成因气,表明川西地区天然气以Ⅲ型干酪根成因煤型气为主,须二段天然气可能有部分为Ⅱ型干酪根成因气。

研究表明,腐殖型有机质主要由相对富集 $\delta^{13}C$ 的芳香结构组成,腐泥型有机质主要由相对富集 $\delta^{12}C$ 的脂肪族结构组成,腐殖型有机质主要生成煤型气,腐泥型有机质主要生成石油,后期石油裂解生成气,所以相同或相近成熟度源岩形成的煤型气碳同位素大于油型气(戴金星,1992)。干酪根中碳同位素具有很强的继承性,可以传递给它们生成的烷烃气,甲烷碳同位素除了受母质类型的控制外,同时受热演化程度的影响。相对于甲烷,乙烷碳同位素主要受母质类型的控制,所以源岩的碳同位素对乙烷具有更强的传递性,刚文哲等(1997)通过实验模拟证实了该结论。乙烷碳同位素对母质的继承性,使得它成为天然气成因类型划分的重要指标(戴金星,1992;张士亚等,1998;宋岩和徐永昌,2005),张士亚等(1998)根据我国天然气乙烷碳同位素的统计分析认为:腐泥型天然气 $\delta^{13}C_2$ 值小于 $-28‰$,腐殖型气 $\delta^{13}C_2$ 值大于$-28‰$。从川西坳陷主要产层天然气烷烃碳同位素特征(图 3-18)来看,研究区天然气 $\delta^{13}C_2$ 值普遍大于$-28‰$,表明研究区天然气主要为来源于腐殖型干酪根的煤型气,须二段部分天然气表现出油型气特征。

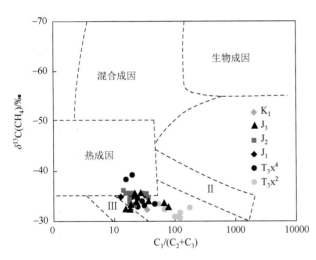

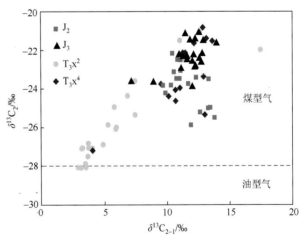

图 3-17 川西地区天然气成因分类　　　　　　　　图 3-18 川西地区天然气 $\delta^{13}C_{2-1}$ 与 $\delta^{13}C_2$ 关系图
(底图据 Whiticar,1994)

对川西坳陷各产层碳同位素研究发现,有少部分须二段样品甲烷碳同位素值极低(表 3-8),按煤型气 $\delta^{13}C_1$-R^o 关系式 $\delta^{13}C_1=14.12\lg R^o-34.39$(戴金星,1992),计算天然气的成熟度($R^o_a$)均小于 0.6,没有达到Ⅲ型干酪根的生气门限,表现出生物成因气的特征。根据研究区天然气成因特征(图 3-17),研究区天然气主要为热成因气,不存在生物成因气,所以这些低碳同位素样品不为煤型气。按油型气 $\delta^{13}C_1$-R^o 关系式 $\delta^{13}C_1=15.81\lg R^o-42.2$(戴金星,1993),计算天然气的成熟度($R^o_b$)值为 1.5%～2.0%,符合该区天然气成熟度阶段(成熟—高成熟),这些样品为油型气,所以须二段有部分天然气为油型气,这与该区须一段发育较多的腐泥型干酪根是一致的。

表 3-8　川西地区须二段天然气 R^{o} 回归值

井号	层位	$\delta^{13}C_1$	R^{o}_{a}	R^{o}_{b}
中 31	T_3x^2	−37.65	0.59	1.94
中 31	T_3x^2	−37.80	0.57	1.90
中 37	T_3x^2	−38.00	0.56	1.84
中 9	T_3x^2	−38.00	0.56	1.84
白马 2	T_3x^2	−37.60	0.59	1.96
川高 561	T_3x^2	−39.41	0.44	1.50

戴金星提出应用煤型气 $\delta^{13}C_1$-R^{o} 关系图(图 3-19)鉴别烷烃气类型(戴金星,1992,1993),其原理是在获得某天然气的 $\delta^{13}C_1$、$\delta^{13}C_2$ 和 $\delta^{13}C_3$ 值后,在煤型气 $\delta^{13}C_1$-R^{o} 关系图的纵坐标上以这三个碳同位素值取三个点,从这三个点起作与横坐标平行的三条线,三条平行线若与对应的 $\delta^{13}C_1$、$\delta^{13}C_2$ 和 $\delta^{13}C_3$ 回归线相交,则该天然气为煤型气;若不相交或错交,则不是煤型气,若其有正碳同位素系列特征,则可判定为油型气,若碳同位素系列特征发生倒转,则需要综合其他资料分析天然气类型。利用煤型气 $\delta^{13}C_1$-R^{o} 关系图对川西地区中 31 井及川高 561 井天然气进行分析(图 3-19),纵坐标上 A、B、C 三点分别为中 31 井的 $\delta^{13}C_1$、$\delta^{13}C_2$ 和 $\delta^{13}C_3$ 值,A 点与横坐标的平行线与 CH_4 回归线交于 A′,C 点与横坐标的平行线与 C_3H_8 回归线交于 C′,但是 B 点与横坐标的平行线却与 CH_4 回归线交于 B′,所以中 31 井天然气不为煤型气;纵坐标上 D、E、F 三点分别为川高 516 井的 $\delta^{13}C_1$、$\delta^{13}C_2$ 和 $\delta^{13}C_3$ 值,过三点与横坐标的平行线仅有过 E 点的平行线与 C_2H_6 回归线相交于 E′,过其他两点的平行线与相应的回归线均未相交,所以该天然气也不为煤型气。通过该图版判别上述两个天然气样品均不是煤型气,但是它们均具有正碳同位素系列分布特征,无疑为有机成因烷烃气,所以它们为油型气。

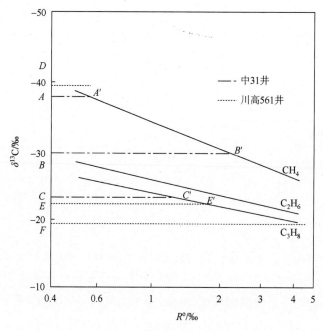

图 3-19　煤型气 $\delta^{13}C$-R^{o} 关系图鉴别烷烃气类别

3.1.2.3　轻烃特征与天然气成因

煤型气主要来自富含芳香结构的 $Ⅱ_2$ 型、Ⅲ型干酪根,油型气主要来自富含脂肪族结构的 Ⅰ 型、$Ⅱ_1$ 型干酪根,所以煤型气更富集芳香族组成,油型气更富脂肪族组成(戴金星,1992)。Thompson(1983)根据母质类型的差异回归出了脂肪族与芳香族演化曲线，很多学者利用这两条回归曲线来确定天然气的成因类型(蔡开平和廖仕孟，2000；王顺玉等，2006)。在川西地区天然气庚烷值和异庚烷值关系图中(图3-20)，陆相致密层位天然气均处于芳香族曲线的附近或下方，显示出明显的腐殖型气的特征。同时我们选取川西地区T_1、川南地区P_2海相腐泥型油型气(王顺玉等，2006)与川西地区天然气作对比，它们很好地分布在脂肪族曲线附近，符合其油型气的特征，同时也说明庚烷值和异庚烷值关系图中的芳香族与脂肪族演化曲线能较好地区分油型气与煤型气。

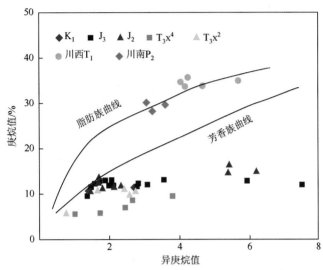

图3-20 川西地区天然气庚烷值与异庚烷值关系图(部分数据引自王顺玉等，2006)

1. Mango 轻烃参数

Mango(1987)对世界各地油田2000余件不同类型原油的轻烃组分进行了分析，发现这些原油的2-甲基己烷(2-MH)、3甲基己烷(3-MH)、2,3-二甲基戊烷(2,3-DMP)和2,4-二甲基戊烷(2,4-DMP)四个异庚烷化合物在原油中的浓度变化很大，从0.001%到10%，但是这些化合物之间存在2-MH、2,3-DMP含量与3-MH、2,4-DMP含量比值的不变性，即[(2-MH)+(2,3-DMP)]/[(3-MH)+(2,4-DMP)]≈1，Mango(1990)将该比值定义为K_1值。常规的有机质热解成因轻烃理论并不能解释K_1值的不变性，所以Mango(1990)提出了稳态催化轻烃成因模式来对其解释(图3-21)。在该模式中，P_1、P_2表示母体，最初是连接于干酪根中至少包括一个不饱和键的直链的单元结构，其下标数字表示母体的级数。N_1^5、N_1^6、N_2和P_3，为最终产物。K_1^6、K_1^5、K_1^3、K_2^5和K_2^3为轻烃不同演化途径的反应速率常数，其上标数字表示直链烃发生成环反应时的成环碳原子数，下标数字反映母体的级数(Mango，1990)。

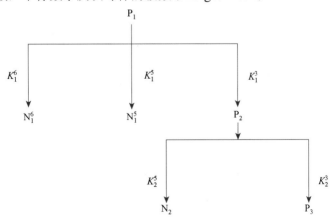

图3-21 C_7轻烃稳态催化动力学演化模式示意图(Mango，1990)

P_1=正庚烷；P_2=2-甲基己烷+3-甲基己烷；P_3=3-乙基戊烷+2,2-二甲基戊烷+2,3-二甲基戊烷+2,4-二甲基戊烷+3,3-二甲基戊烷；N_1^5(CPs)=乙基环戊烷+1,2-二甲基环戊烷(顺、反)；N_1^6(CHs)=甲苯+甲基环己烷

尽管 Mango 的稳态催化轻烃成因理论已被广泛接受与应用(张敏和张俊, 1998; 朱扬明和张春明, 1999; 马素萍等, 2006), 但是随着研究的深入, 已有一些关于 K_1 值大于 1 的报道, 如王培荣等(2005)在江汉盆地研究发现, 江汉盆地轻烃 K_1 值分布于 $1.32 \sim 1.73$, 这并没有否定稳态催化轻烃成因理论, 这些较高的 K_1 值可能与较咸的沉积水体环境相关。总体来看, 多数油气的 K_1 值还是分布在 1 附近, 只是不同成因油气 K_1 值之间还是有一点差异(张春明等, 2005; 王顺玉等, 2006), K_1 值的差异也体现了油气成因的差异, 所以对比不同天然气的 K_1 值, 可以确定天然气的成因。

川西地区上三叠统须二段至下白垩统天然气的 K_1 值(图 3-23 中横坐标与纵坐标比值)拟合较好(图 3-23), 表明这些天然气成因类型较为一致。川南地区下二叠统与川西地区下三叠统油型气的 K_1 值同样拟合较好, 进一步证实了 K_1 值与天然气的成因密切相关, 而二者 K_1 值差异明显, 表明它们有不同的成因, 所以可以初步推断川西地区天然气为煤型气。

Mango 稳态催化轻烃成因模式还得到了另一个重要参数 K_2 值, $K_2 = P_3/(P_2 + N_2)$, K_2 值主要与油气母质类型有关, 所以不同母质成因油气 K_2 值有一定差异。大量实际分析资料已证实了不同油气 K_2 值的差异性, 朱扬明和张春明(1999)研究表明海相原油 K_2 值较低, 平均值为 $0.20 \sim 0.23$, 陆相原油 K_2 值相对较高, 平均值为 $0.29 \sim 0.36$; 张春明等(2005)指出海相原油 K_2 值较低, 一般小于 0.28, 其平均值在 0.23 左右, 陆相原油 K_2 值较大, 一般大于 0.30, 其平均值为 0.35。川西地区各主要产层天然气 K_2 值分布在 $0.31 \sim 0.75$, 川东地区油型气 K_2 值总体小于 0.3(刘光祥等, 2003)(图 3-24)。显然, 川西地区陆相天然气与川东地区油型气 K_2 值存在较大的差异, 由于 K_2 值主要受母质类型的控制, 这说明川西地区陆相天然气与川东地区油型气母质类型有较大差异, 碳同位素证据也表明研究区天然气为有机质热成因气, 所以不难得出川西地区陆相天然气主要来自腐殖型有机质, 天然气为腐殖型成因气, 即煤型气。同时还可看出, 不同成因天然气的 Mango 轻烃参数差异表现为煤型气 K_1 值、K_2 值大于油型气(图 3-22、图 3-23)。

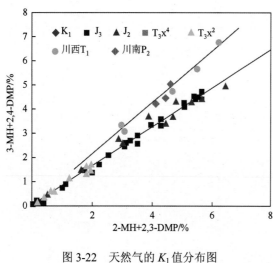

图 3-22　天然气的 K_1 值分布图

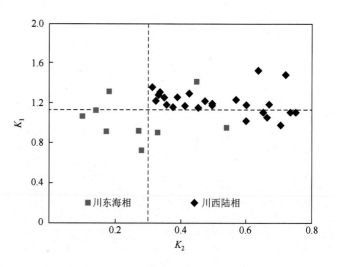

图 3-23　天然气的 K_1 值与 K_2 值分布图

2. 甲基环己烷指数

C_7 轻烃系列中的正庚烷(nC_7)、甲基环己烷(MCC_6)及二甲基环戊烷($DMCC_5$)有着不同的生源, 它们与天然气成因有密切关系, 常被用来判识天然气的成因及来源。一般认为, 甲基环己烷主要来源于高等植物木质素、纤维素、糖类等, 并且热力学性质稳定, 是指示有机质来源的良好参数, 它的大量存在是煤型气轻烃的一个重要特征; 各种结构的二甲基环戊烷主要来自水生生物的类脂化合物, 它的大量出现是油型气轻烃的主要特征; 正庚烷主要来自藻类和细菌, 对成熟作用敏感, 是良好的成熟度指标。胡惕麟等(1990)提出用甲基环己烷指数(MCH 指数)来确定不同母质形成的天然气(图 3-25): 较深湖-深湖相 I 型(腐泥型)母质生成的腐泥型气(油型气), MCH 小于$(35 \pm 2)\%$; 浅湖-较深湖相 II 型(腐泥型)母质生成的腐泥型气(油型气)，MCH 值为(35±2)%～(50±2)%；滨湖-浅湖相III型(腐殖型)母质生成的腐殖型气(煤型气)，MCH 值为(50±2)%～(65±2)%；各种沼泽相、湖沼相滨湖-浅湖相III型(腐殖型)母质生成的腐殖型气(煤型气)，MCH 值大于(65±2)%。

根据上述甲基环己烷指数判别天然气成因标准，作出川西地区天然气 C_7 轻烃化合物组成三角图(图 3-24)，可以看出川西地区白垩系、侏罗系及须家河组样品均以甲基环己烷占绝对优势，除须家河组、侏罗系各一个样品外，其他样品甲基环己烷指数都大于 50%，落入III型有机质区域，说明川西地区天然气主要是来源于III型有机质的煤型气。川东地区 T_1、P_2 天然气 MCH 值为 24%～37%，且以小于 35%为主，落入了 I 型有机质成因区域，表明它们为油裂解气成因，这与用其他方法获得的结论一致(朱光有等，2006；朱扬明等，2008)。胡国艺等(2007)在对鄂尔多斯盆地、四川盆地、柴达木盆地、塔里木盆地的 209 个天然气样品系统分析的基础上，提出了中国油型气和煤型气的 C_7 轻烃划分标准：nC_7 相对含量大于 30%，MCC_6 相对含量小于 70%，为油型气；nC_7 相对含量小于 35%，MCC_6 相对含量大于 50%，为煤型气。按照该判别标准，从图 3-24 同样可以得出与胡惕麟等(1990)的判别标准一致的结论，即研究区天然气主要为煤型气，川东地区深层天然气为油型气。

3. C_6 轻烃(环己烷指数)

在生物体中，五元环结构(环戊烷系列的基本结构)仅见于甾类和萜类化合物、前列腺素等生长激素以及饱和与不饱和脂肪酸中，它们都属于类脂化合物，富集在腐泥型有机质中。六元环结构(环己烷系列的基本机构)虽然在上述化合物中存在，但它更多地可以由木质素和纤维素的六元含氧环演化而来，并常作为中间性产物向芳香环演化，因此与腐殖型有机质的关系更密切。根据川西地区天然气 C_6 轻烃(甲基环戊烷、环己烷和正己烷)三角图分布特征(图 3-25)，可以看出除 J_3 层位的一个样品落在腐泥型天然气的区域内，其他天然气样品都分布在腐殖型有机质区域，说明川西地区天然气以煤型气为主，这与 C_7 轻烃化合物分析结果是一致的。

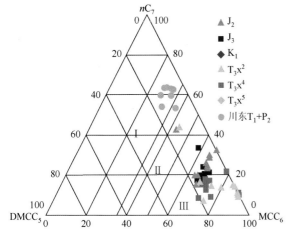

图 3-24　川西地区天然气 C_7 轻烃组成三角图

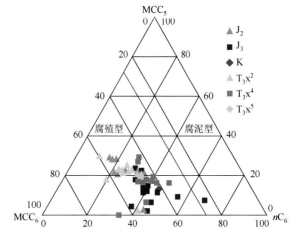

图 3-25　川西地区天然气 C_6 轻烃组成三角图

4. 脂肪族组成

脂肪族组成即某一碳数烃类中直链烃(正构烷)、支链烃(异构烷)和环烃(五元环和六元环烷)组成的归一百分含量。源于腐泥型母质的轻烃组分中富含正构烷烃，而源于腐殖型母质的轻烃组成中则富含异构烷烃和芳烃，富含环烷烃也是陆源母质的重要特征，利用这些不同母质生成的轻烃的差异，可以鉴别不同的母质类型及与之同生的油型气和煤型气(胡惕麟等，1990；戴金星，1993；胡国艺等，2007)。从川西地区天然气 C_{5-7} 脂肪族组成三角图(图 3-26)来看，川西地区天然气富异构烷烃，相对贫正构烷烃，体现了川西地区腐殖型母质成因特征，除两个天然气样品落在油型气区域内，其他天然气样品均落在煤型气区域，表明天然气主要为来源于腐殖型有机质的煤型气。

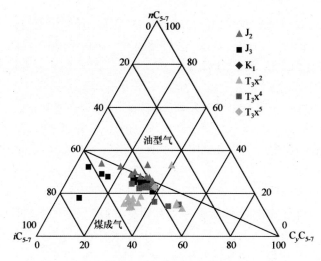

图 3-26　川西地区天然气 C_{5-7} 脂肪族组成三角图

5. 甲苯/苯

煤型气苯和甲苯含量对比研究表明，煤型气比油型气富苯和甲苯（吴俊，1989），且煤型气与油型气甲苯/苯值差异明显，通常煤型气甲苯/苯值以大于 1 为主，而油型气甲苯/苯值小于 1，所以苯、甲苯含量及甲苯/苯值能较为有效地判别油型气与煤型气（戴金星，1992）。川西地区天然气各主要产层天然气甲苯/苯值的平均值均大于 1（表 3-9），均大于川南地区和川东地区油型气甲苯/苯平均值，进一步说明研究区天然气为煤型气。

表 3-9　川西地区天然气与川中地区、川东地区油型气甲苯/苯值对比表

地区	层位	甲苯/苯	地区	层位	甲苯/苯
川西	K_1	2.02(1)	川西	J_3	$\dfrac{1.06\sim2.25}{1.79(12)}$
川西	J_2	$\dfrac{0.5\sim1.58}{1.02(9)}$	川西	T_3x^5	1.46(1)
川西	T_3x^4	$\dfrac{0.54\sim2.52}{1.41(11)}$	川西	T_3x^2	$\dfrac{0.8\sim1.84}{1.41(11)}$
川南	T_1—P_1	$\dfrac{0.69\sim1.15}{0.89(6)}$	川东	C_2	$\dfrac{0.72\sim0.77}{0.75(3)}$

注：部分数据来自戴金星，1992

3.1.2.4　稀有气体特征与天然气成因

稀有气体是指元素周期表中的零族元素，因其化学性质不活泼，又称惰性气体，包括氦、氖、氩、氪、氙、氡。稀有气体由于其丰度上的稀少性和化学性质上的惰性，使得其在研究天然气成因、确定源岩年代、计算大地热流、划分构造带、指示流体运移方向、分析深部流体作用等方面都有着广泛的应用。按照烃类体系中稀有气体的来源不同，可以将其划分为三大类（徐永昌，1998；Ballentine et al.，2002；Ozima and Podosek，2002）：①大气来源非放射成因的稀有气体；②深部地壳、储层或烃源岩地层中的放射成因稀有气体；③与幔源物质相关的稀有气体。三大类来源中又以后两类来源为主，若天然气中稀有气体为壳源成因，则表明天然气为有机成因气；若天然气中有幔源稀有气体则表明天然气中有无机成因烃类加入。所以，根据天然气中是否含有幔源稀有气体也可以确定天然气的成因。

沈平等（1995）在对中国 19 个含油气盆地的 532 件天然气样品系统分析的基础上，总结出中国含油气盆地天然气中氦、氩同位素组成及其分布规律，在此基础上建立能有效划分壳-幔混合气与壳源天然气的"横人字"型成因模型，该模型是国内研究稀有气体成因及利用稀有气体确定天然气成因最常用的方法

（徐永昌等，2003；宋成鹏等，2007；沈忠民等，2010）。在"横人字"模型中［图 3-27(a)］，研究区样品点均落在壳源区，稀有气体没有幔源组分的加入，研究区稀有气体为典型的壳源成因。按照国外学者（Kotarba and Nagao，2008）的稀有气体成因划分方案［图 3-27(b)］，研究区天然气样品落在了靠近地壳端元附近的区域，也说明该区稀有气体主要为壳源成因。研究区稀有气体的壳源成因，表明研究区构造稳定，不存在沟通地幔的深大断裂，地壳中没有来自深部地幔的物质，所以研究区天然气中没有来自地幔的烃类气体，研究区天然气为壳源有机成因气。研究区天然气的壳源成因，虽然不能反映天然气的具体成因类型，但是它肯定了天然气的有机成因，在一定程度支持了组分、碳同位素与轻烃分析的天然气成因类型。

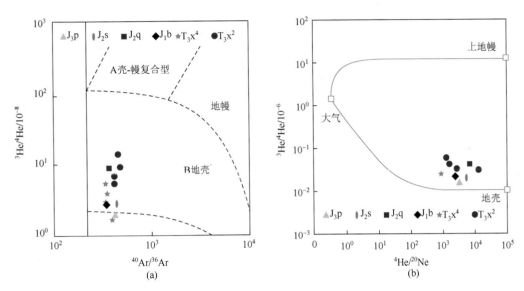

图 3-27　川西地区稀有气体与天然气成因图

(a)底图据沈平等，1995；(b)底图据 Kotarba and Nagao，2008

3.1.2.5　天然气成因综合分析

川西地区陆相致密碎屑岩主要产层天然气中烃类及非烃类组分含量、主要烃类含量变化特征与油型气的差异，均表明研究区天然气为煤型气（表 3-7、图 3-28）。天然气碳同位素-组分关系、不同烷烃气碳同位素关系、碳同位素 $\delta^{13}C_1$-R^o 关系均表明研究区天然气以煤型气为主，同时碳同位素特征也证实在须二段有部分油型气存在。Thompson 庚烷值-异庚烷值关系、Mango 轻烃参数、甲基环己烷指数、环己烷指数、脂肪族组成、甲苯/苯值等都表明川西地区天然气为煤型气。稀有气体同位素分析表明研究区天然气为壳源有机成因气。综合上述不同研究方法获得的天然气成因分析结果，可以得出：川西地区陆相致密碎屑岩储集层中天然气以壳源有机成因煤型气为主，仅在须二段有部分油型气发育。

3.1.3　天然气气源追踪

3.1.3.1　组分变化特征

天然气中烃类组分主要受控于源岩的有机质类型、有机质成熟度及烃类生成后运移过程中的分馏作用，川西地区陆相致密天然气主要来自上三叠统煤系烃源岩，所以烃类组分特征主要受热成熟作用和运移分馏作用的控制，成熟度越高甲烷含量越高、干燥系数越高、乙烷含量越低，天然气运移距离越远甲烷含量越高、干燥系数越高、乙烷含量越低。上三叠统天然气来自上三叠统烃源岩，天然气运移距离相对较近，所以组分特征主要受热成熟作用控制，侏罗系、白垩系天然气主要来自下伏上三叠统烃源岩，天然气组分特征主要受运移分馏作用控制。

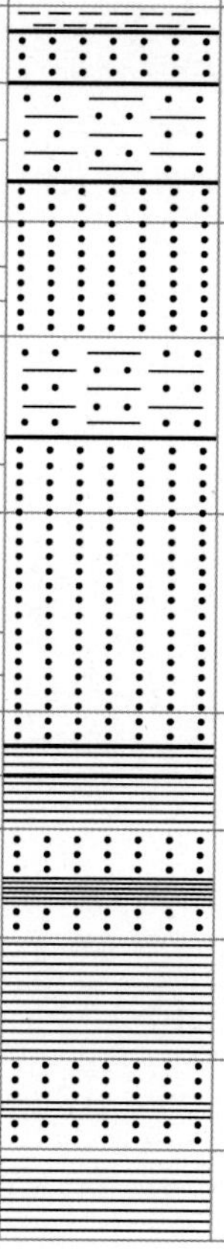

地层						川西天然气成因分析				
系	统	组	代号	平均厚度/m	岩性剖面	组分分析结果	碳同位素分析结果	轻烃分析结果	稀有气体分析结果	综合认识结果
第四系	全新统 / 更新统	雅安组	Q	200						壳源有机成因煤成气为王，仅须二段有少量油型气
新近系	上新统 / 中新统	大邑组	N_2d	150						
古近系	渐新统 / 始新统	芦山组	E_2l	300						
	古新统	名山组	E_1m							
白垩系	上统	灌山组	K_3g	100		煤成气	煤成气	煤成气	壳源成因气	
	中统	夹关组	K_2j	70						
	下统	天马山组	K_1t	100						
侏罗系	上统	蓬莱镇组	J_3p	1200		煤成气	煤成气	煤成气	壳源成因气	
		遂宁组	J_3sn	300						
	中统	沙溪庙组 上	J_2s	600		煤成气	煤成气	煤成气	壳源成因气	
		沙溪庙组 下	J_2x	200						
		千佛崖组	J_2q	100						
	下统	白田坝组	J_1b	200						
三叠系	上统	须家河组 须五段	T_3x^5	400						
		须四段	T_3x^4	600		煤成气	煤成气	煤成气	壳源成因气	
		须三段	T_3x^3	800						
		须二段	T_3x^2	500		煤成气	煤成气(主) 油性气(辅)	煤成气	壳源成因气	
		须一段	T_3x^1	300						

图 3-28 川西坳陷天然气成因综合分析图

从川西地区天然气组分特征垂向变化特征(图 3-29)来看，埋深最大的须二段天然气中甲烷含量、干燥系数明显高于上三叠统其他须家河组地层，乙烷含量明显小于其他须家河组地层，说明须二段天然气来自成熟度相对更大的烃源岩，从油气生、储、盖组合关系来看，须三段可作为须二段烃源岩的同时也是须二段的盖层，所以须二段天然气主要来自须三段烃源岩及其下伏其他烃源岩。天然气成因分析证实须二段中存在少量的油型气，根据上三叠统烃源岩发育特征，仅上三叠统须一段为腐泥型烃源岩，所以须二段中有少量天然气来自须一段烃源岩。须二段中大部分为煤型气，它们应当主要来自须二段与须三段烃源岩。根据天然气分子扩散运动原理，天然气分子质点向前后左右上下 6 个方向运移概率相等，理论上须三段天然气分子向下运移的概率是 1/6，实际中天然气在地层中向下运移过程中需要克服毛管压力和向上的浮力作用，所以须三段生成的天然气实际向下运移的总量不足 1/6(叶军，2003)，所以须二段天然气可能主要来自须二段烃源岩。

川西地区须四段天然气甲烷含量、干燥系数较须二段天然气小，而较须五段天然气大，乙烷含量则相反，结合天然气分子扩散运动原理，须四段天然气可能主要来自成熟度较须二段低的须三段与须四段烃源岩。

须五段天然气甲烷含量与干燥系数在上三叠统所有层段中最低，乙烷含量在所有层段中最高，所以须五段天然气更可能来自成熟度相对最低的须四段与须五段烃源岩。

侏罗系天然气主要烷烃组分随深度变化呈渐变趋势(图 3-29)，甲烷含量及干燥系数自须五段向上至白垩系逐渐增加，乙烷含量则逐渐减少。侏罗系天然气的含量变化特征很好地体现了天然气自上三叠统向上运移分馏的特征，由于须五段天然气处于侏罗系—白垩系天然气运移分馏作用过程的起始点，表明侏罗系—白垩系天然气的运移分馏作用可能始于须五段，所以侏罗系天然气更有可能来自与须五段天然气相同的烃源岩，即须四段与须五段烃源岩。

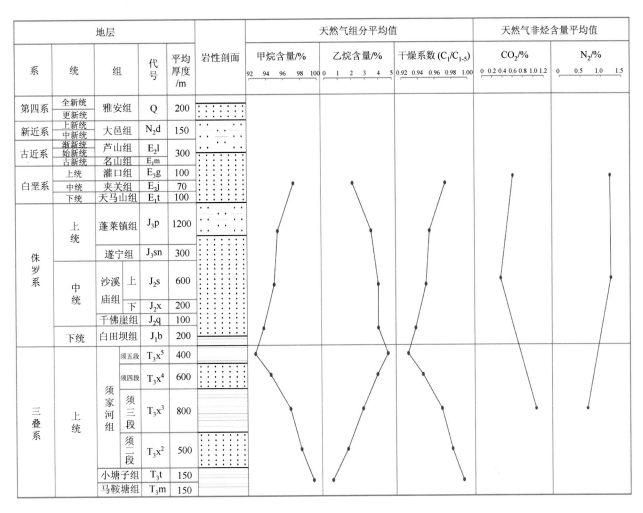

图 3-29　川西地区天然气组分平均值垂向变化图

天然气中最常见的非烃组分通常为 N_2、CO_2、H_2S，煤型气中非烃气以 N_2 和 CO_2 为主，缺乏 H_2S。川西地区天然气非烃组分中未见 H_2S（表 3-2），主要为 N_2 和 CO_2。总体而言，非烃气含量较低（表 3-2），各主要产层的天然气中 CO_2 与 N_2 的体积分数平均值不足 2%，相对而言 CO_2 含量低于 N_2。

天然气中 CO_2 通常有无机成因与有机成因两大来源。有机成因 CO_2 主要来自有机质生物降解、干酪根热解与裂解。无机成因 CO_2 有两种来源：碳酸盐的溶解与岩浆活动。有机成因天然气中 CO_2 主要来自有机质的热演化过程，所以烃源岩发育的上三叠统须二段与须四段天然气中 CO_2 含量明显高于缺乏烃源岩的侏罗系地层。由于 CO_2 分子直径较大、密度较高、易溶于水，所以沿运移方向 CO_2 含量降低。从各层位 CO_2 含量变化关系看，须二段至上侏罗统总体上表现为 CO_2 含量降低，似乎体现了天然气自须二段向上侏罗统运移的分馏特征，但是须二段 CO_2 含量与须四段及侏罗系天然气相差较大，而须四段与侏罗系天然气 CO_2 含量相差较小，同时须三段较厚烃源岩（平均厚度达 367.28m）的封盖作用也可能使得须二段天然气向上的贡献相对较小，所以 CO_2 运移分馏特征从须四段至上侏罗统可能性更大，由于没有须五段天然气 CO_2 含量数据，不能确定 CO_2 运移分馏特征是否从须五段开始，所以并不能确定侏罗系天然气具体来自哪个层段，但至少可以确定侏罗系天然气来自须上盆（须四段至须五段）。同时，侏罗系天然气

CO_2 含量自 J_1 至 J_2 缓慢降低,两层位之间的 CO_2 含量也十分相近,CO_2 运移分馏作用并不明显,这可能是由于发生碳酸盐岩溶蚀作用,生成了一定量的 CO_2,从而淡化了 CO_2 随运移减少的趋势。J_2 至 J_3 及 J_3 至 K_1,CO_2 含量逐渐增加,说明随埋深变浅溶蚀作用进一步加强,溶蚀作用生成的 CO_2 已经掩盖了 CO_2 的运移分馏作用。

N_2 相对于天然气中其他非烃组分(CO_2、H_2S 和 He 等)物性参数更接近于烃类气体,所以研究天然气中的 N_2 分布与形成规律,对天然气的生成、分布、保存、运移和富集等规律研究都有重要意义(张子枢,1988)。前人研究认为(戴金星,1992,1993;Krooss et al.,1995;朱岳年和史卜庆,1998;陈世加等,2000;曾治平,2002),天然气中的 N_2 主要有四大来源:有机成因来源、大气成因来源、岩浆成因来源、地幔成因来源。有机成因 N_2 是天然气中 N_2 的主要来源,通常由有机质的含氮化合物或石油中含氮化合物在生物化学作用或有机质的热催化作用下形成。大气成因 N_2 主要是由于地表水和地下水循环作用,大气中的 N_2 被地表水带入地下,进入气藏。岩浆成因 N_2 主要是与岩浆活动有关的 N_2。地幔成因 N_2 主要出现在发育深大断裂的地区,断裂沟通了深部幔源物质,由地幔进入气藏的 N_2。天然气成因分析结果表明研究区构造稳定,缺乏幔源、岩浆等无机组分,所以 N_2 的成因与幔源物质及岩浆活动无关。大气成因 N_2 通常出现在较浅地层,多处于气水活动带,川西地区气藏保存条件均较好,所以天然气中的 N_2 也不来自大气。通过上述分析川西地区天然气中 N_2 主要来自沉积有机质,Krooss 等(1995)研究表明有机质演化的不同阶段都会产生 N_2(图 3-30)。

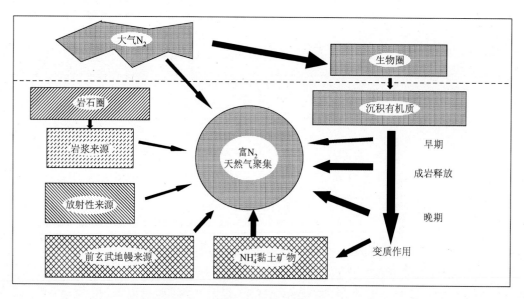

图 3-30 N_2 来源演化图(Krooss et al.,1995)

国外学者对含氮化合物和 N_2 的成因研究发现,在高演化阶段的泥质烃源岩和煤系烃源岩可以形成相对较多的 N_2,其成因机理是有机质中蛋白质分解产生氨与岩石中的黏土矿物相结合,形成一种在通常成岩条件下不能裂解的铵盐(固铵伊利石),只有在相对较高的温度下这种铵盐才能发生裂解作用,生成 N_2。所以,这种成因 N_2 通常来自高演化(过成熟)阶段的干酪根裂解生气,故通常与过成熟干酪根裂解气伴生(Krooss et al.,1995),通常这类成因 N_2 含量较高,普遍大于 5%。碳同位素与轻烃资料分析表明川西地区天然气主要处于成熟—高成熟阶段,同时该区天然气 N_2 含量普遍不足 2%,远小于过成熟阶段生成的 N_2 含量,所以,天然气中的 N_2 并非来自铵盐裂解。结合研究区天然气成熟度特征来看,该区天然气中的 N_2 主要来自成熟—过成熟阶段烃源岩。

既然天然气中的 N_2 和烃类气体一样,来自相同成熟阶段的有机质母体,天然气中的 N_2 和烷烃气一并从烃源岩中排出、运移,所以天然气中 N_2 的运移也会体现出天然气整体的运移特征。川西地区侏罗系—白垩系天然气 N_2 含量总体表现为逐渐增加的趋势,符合天然气的运移分馏特征。因为天然气中 N_2

分子直径较小、易于扩散与运移，所以运移距离越远天然气中 N_2 浓度越高，所以当天然气由上三叠统向侏罗系、白垩系运移时，天然气中的 N_2 含量会逐渐增加。相对于须二段，须四段天然气中 N_2 含量与侏罗系、白垩系天然气中 N_2 含量更为接近，所以侏罗系天然气有可能来自与须四段相同的源岩或者是须四段之上的须五段烃源岩，烃源岩生成的天然气向上运移，N_2 受运移分馏作用的影响，故而呈现出 N_2 逐渐增大的趋势。

综合川西地区天然气烃类与非烃组分垂向变化特征所反映的气源关系，可以初步得出：须二段天然气主要来自须二段烃源岩；须四段天然气主要来自须三段烃源岩和须四段烃源岩；侏罗系与白垩系天然气主要来自须四段和须五段烃源岩。

3.1.3.2 $\delta^{13}C_1$-R^o 关系

国内外研究表明天然气甲烷碳同位素值具有随成熟度值增大而增加的规律，同时国内外学者也提出了许多有关煤型气与油型气的 $\delta^{13}C_1$-R^o 关系式（表 3-8）。根据实测天然气 $\delta^{13}C_1$ 值，利用不同成因天然气 $\delta^{13}C_1$-R^o 关系式，就可以得到天然气的成熟度值，结合实测烃源岩成熟度值，对比碳同位素计算成熟度值与实测烃源岩成熟度值，从而推断天然气的来源及运移方向与距离，这就是利用天然气 $\delta^{13}C_1$-R^o 关系进行气源追踪的基本原理（戴金星，1992；沈忠民等，2009a）。天然气成因分析已表明川西地区天然气主要为煤型气，所以利用煤型气 $\delta^{13}C_1$-R^o 关系式计算该区天然气成熟度值。利用不同学者的煤型气 $\delta^{13}C_1$-R^o 关系式计算的天然气成熟度值结果表明（表 3-6），戴金星（1992）$\delta^{13}C_1$-R^o 关系式计算的成熟度值与该区天然气实际成熟度特征最为一致，因此采用戴金星的煤型气 $\delta^{13}C_1$-R^o 关系式对川西地区天然气进行气源追踪。

从 $\delta^{13}C_1$-R^o 关系式计算的烃源岩深度和层位结果（表 3-10）来看，川西地区天然气主要来自上三叠统烃源岩，天然气以垂向向上运移为主，向上运移距离为 74.8～2517m。侏罗系天然气主要来自须四段与须五段烃源岩，部分来自下侏罗统烃源岩，天然气垂向上均为向上运移，运移距离相差较大，最短运移距离仅为 290m，最远运移距离可超过 2500m。须四段天然气气源关系复杂，天然气来自须五段、须四段、须三段与须二段烃源岩，天然气垂向以向上运移为主，仅须五段生成天然气向下运移，天然气垂向运移距离为 232.34～1112m。须二段天然气主要来自须二段烃源岩，天然气运移较短，体现了须二段天然气自生自储的特征，由于未能采集到须二段下伏须一段源岩样品，因此不能排除其对须二段气藏的贡献。事实上，天然气成因分析结果表明须二段天然气有部分天然气为油型气，从天然气运移及成藏机制来分析，须一段烃源岩对须二段天然气有一定的贡献。

表 3-10 川西坳陷中段天然气源岩计算深度

井号	层位	井深/m	计算深度/m	运移距离/m	对应层位
川合 358	J_3p	1048.00	2550.00	1502.00	J_1p
新浅 31	J_3p	1048.00	3550.00	2502.00	T_3x^4
新浅 100	J_3p	954.60	2700.00	1745.40	T_3x^5
新 34	J_3p	736.00	3300.00	2564.00	T_3x^5
新浅 105	J_3p	979.20	2750.00	1770.80	T_3x^5
孝蓬 2	J_3p	870.00	3300.00	2430.00	T_3x^4
合蓬 1	J_3p	1033.00	3550.00	2517.00	T_3x^4
川孝 168	J_2s	2032.00	2660.00	628.00	T_3x^5
川孝 105	J_2s	1905.00	2700.00	795.00	T_3x^5
川孝 454	J_2s	2310.00	2600.00	290.00	T_3x^5
川丰 563	T_3x^4	3742.50	4305.91	563.41	T_3x^3

续表

井号	层位	井深/m	计算深度/m	运移距离/m	对应层位
川孝 560	T_3x^4	3872.00	2760.00	−1112.00	T_3x^5
川丰 563	T_3x^4	3738.00	4338.79	600.79	T_3x^3
川孝 93	T_3x^4	3413.50	4197.61	784.11	T_3x^3
川孝 94	T_3x^4	3412.00	3644.34	232.34	T_3x^4
新 882	T_3x^4	3391.00	5093.68	1702.68	T_3x^2
新 856	T_3x^2	4838.20	4913.00	74.80	T_3x^2
新 853	T_3x^2	5049.00	4751.00	−298.00	T_3x^2

3.1.3.3 轻烃特征

由于不同结构的轻烃单体具有不同的标准生成自由能，故在同一成熟度阶段，相同母源输入的油气应具有相似的轻烃指纹。为减少非成因因素对轻烃组分的影响，一般将化学结构和沸点相近的轻烃单体配对，用配对组分的浓度比值来作对比。可用于气源对比的轻烃配对参数较多，较常用的达十多组，这也是轻烃成为气源对比重要方法的一个原因。

研究中共采集了川西地区天然气轻烃与烃源岩抽提轻烃样品 87 件，烃源岩样品主要来自上三叠统各段烃源岩，天然气轻烃样品主要来自须二段、须四段、中侏罗统、上侏罗统、下白垩统等川西地区主要天然气产层。根据实际轻烃测试情况，利用轻烃中异己烷/正己烷、甲基环己烷/正庚烷、甲基己烷/正庚烷、异庚烷值、2-甲基戊烷/3-甲基戊烷、环戊烷/2,3-二甲基丁烷、正己烷/(甲基环戊烷+2,2-二甲基戊烷)、3-甲基己烷/(1,1-二甲基环戊烷+1,顺 3 一二甲基环戊烷)、1,反 3-二甲基环戊烷/1,反 2-二甲基环戊烷、2,3-二甲基己烷/2-甲基庚烷和(4-甲基庚烷+3,4-二甲基己烷)/3-甲基庚烷等多项配对参数对川西地区天然气与烃源岩轻烃进行了系统对比，探讨川西地区天然气气源关系。

从川西地区新场气田多口井的天然气与烃源岩轻烃配对参数相关性来看(图 3-31)，须二段天然气与须二段烃源岩轻烃配对参数有很好的相关性，而须二段天然气与须三段烃源岩轻烃配对参数有较大差异，表明该区须二段天然气主要来自须二段烃源岩。川江 566 井、川高 561 井须二段天然气与烃源岩轻烃参数也都具有较好的相似性(图 3-31～图 3-33)，进一步证实了川西地区须二段天然气主要来自须二段烃源岩，天然气以自生自储为主。

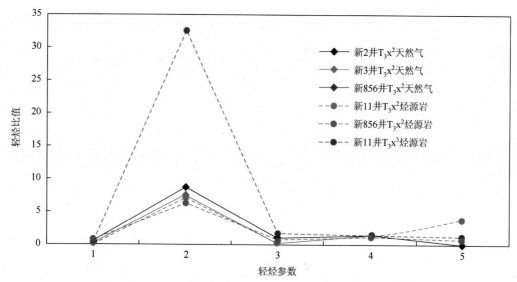

图 3-31　新场地区须二段天然气与须二段、须三段烃源岩轻烃参数对比图

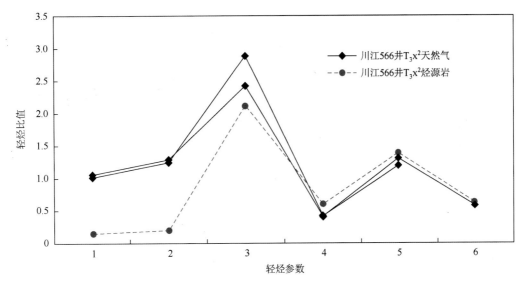

图 3-32 川江 566 井须二段天然气与烃源岩轻烃参数对比图

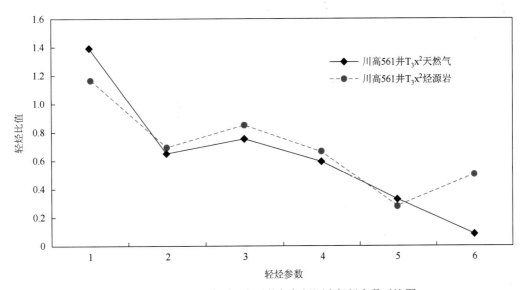

图 3-33 川高 561 井须二段天然气与烃源岩轻烃参数对比图

须一段烃源岩抽提轻烃多项配对参数与须二段天然气均有一定的相关性(图 3-34),说明须一段烃源岩对须二段天然气可能有一定的贡献。本书利用组分与碳同位素对天然气成因分析的结果均证实,须二段天然气中存在部分油型气,而上三叠统烃源岩中仅有须一段烃源岩发育腐泥型干酪根,其他层段烃源岩均为腐殖型烃源岩,显然须二段的这部分油型气应来自须一段腐殖型烃源岩。所以,这也进一步证实了须一段烃源岩对须二段天然气的贡献。

从丰谷地区须四段天然气与邻近层段烃源岩轻烃配对参数对比特征来看(图 3-35),川丰 131 井、川丰 563 井须四段天然气轻烃配对参数有很好的相似性,表明它们来自相同的源岩;川丰 131 井、川丰 563 井须四段天然气与须四段烃源岩轻烃配对参数有很好的相似性,说明本区须四段天然气主要来自须四段烃源岩;川丰 131 井、川丰 563 井须四段天然气与须五段源岩大多数轻烃配对参数有较好的相似性,说明本区天然气也有来自须五段源岩的贡献;须三段源岩与须四段天然气轻烃配对参数差异较大,说明须三段烃源岩对须四段天然气贡献较小。从川西孝泉—新场地区气、源轻烃配对参数对比特征(图 3-36)来看,须四段天然气与须四段烃源岩轻烃配对参数相关性最大,与须五段烃源岩轻烃配对参数也有较好的相关性,与须三段烃源岩轻烃配对参数相关性较差,气、源轻烃参数相关性与丰谷地区类似。通过上述分析,不难得出川西地区须四段天然气主要来自须四段烃源岩,其次为须五段烃源岩,须三段烃源岩贡献相对较小。

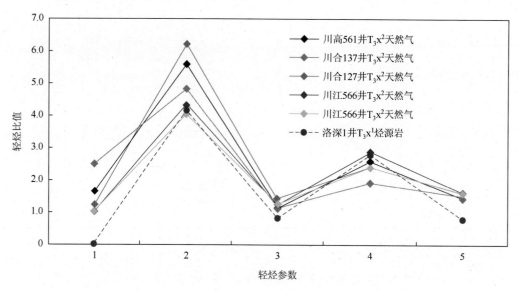

图 3-34　川西地区须二段天然气与须一段烃源岩轻烃参数对比图

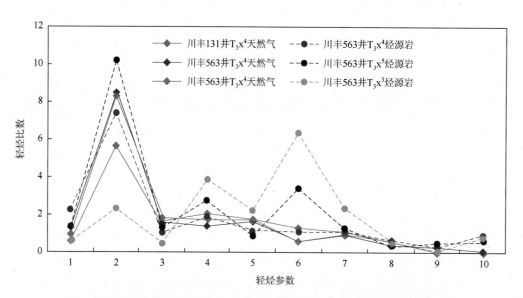

图 3-35　丰谷须四段天然气与须三段、须四段、须五段烃源岩轻烃参数对比图

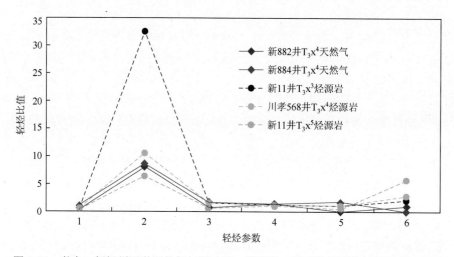

图 3-36　孝泉—新场须四段天然气与须三段、须四段、须五段烃源岩轻烃参数对比图

天然气 $\delta^{13}C_1$-R^o 气源追踪结果显示新 822 井须四段天然气来自须二段烃源岩(表 3-9)，同时，新 822 井须四段天然气与新 856 井须二段烃源岩轻烃配对参数也体现出很好的相关性(图 3-37)，充分肯定了须二段烃源岩对须四段天然气的贡献。对新 822 井与新 856 井地区断裂发育特征研究发现，该区断裂较为发育，其中有一条过新 822 井须四段向下断穿须二段的大断裂(图 3-38)，为新 856 井须二段烃源岩生成天然气进入新 822 井须四段提供了运移通道，所以新 882 井轻烃与碳同位素特征都显示其气源来自须二段。这也说明，在川西坳陷的局部断裂发育的地区，须四段部分天然气可以来自须二段烃源岩。

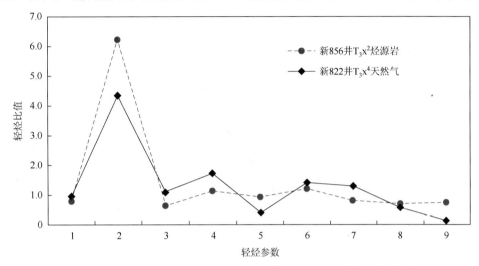

图 3-37 新 822 井须四段天然气与新 856 井须二段烃源岩轻烃参数对比

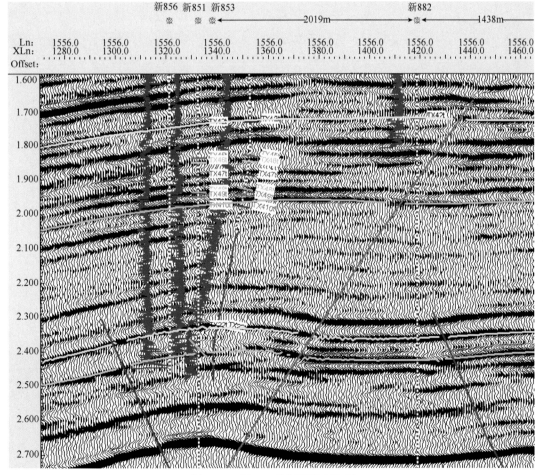

图 3-38 新 882 井断裂发育特征

从新场地区须四段、须五段烃源岩与中侏罗统、晚侏罗统天然气轻烃配对参数对比情况来看(图3-39)，须五段烃源岩与侏罗系天然气轻烃配对参数有很好的相关性，而须四段烃源岩部分轻烃配对参数与侏罗系天然气有较好的相关性，表明新场地区侏罗系天然气主要来自须五段烃源岩，其次为须四段烃源岩。

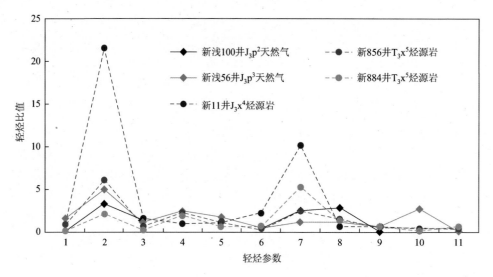

图 3-39　新场地区须四段、须五段烃源岩与侏罗系天然气轻烃参数对比图

洛带地区洛深 1 井须五段烃源岩抽提轻烃与该区中侏罗统、晚侏罗统天然气轻烃配对参数有较好的相关性（图 3-40），而洛深 1 井须四段烃源岩与中侏罗统、晚侏罗统天然气轻烃配对参数也有一定的相关性，但是相关性不如须五段烃源岩好。显示在洛带地区侏罗系天然气主要来自须五段烃源岩，其次为须四段烃源岩，这与新场、孝泉地区侏罗系天然气来源一致。因此，川西地区侏罗系天然气主要来自须五段烃源岩，其次为须四段烃源岩。

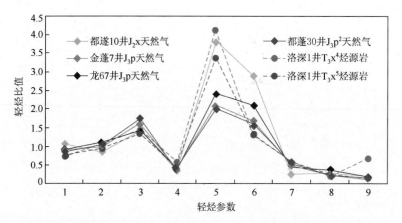

图 3-40　洛带地区侏罗系天然气与须四段、须五段烃源岩轻烃参数对比

川西地区马白1井下白垩统天然气和马沙1井中侏罗统天然气轻烃配对参数具有较好的相关性(图3-41)，表明它们可能来自相同的源岩。而与新场地区须五段烃源岩抽提轻烃参数对比，显示它们之间有较好的相似性，说明白垩系天然气可能主要来自须五段烃源岩。由此，根据该区白垩系与侏罗系天然气轻烃特征参数具有较好的相关性，以及川西地区侏罗系天然气主要来自须五段同时也有部分来自须四段，说明白垩系天然气也应主要来自须五段烃源岩，其次为须四段烃源岩。

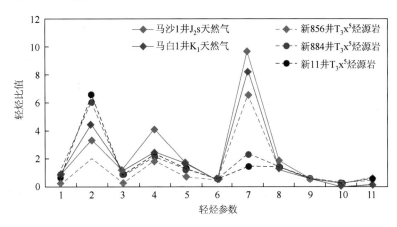

图 3-41　白马地区白垩系、侏罗系天然气与新场地区须五段烃源岩轻烃参数对比

3.1.3.4 稀有气体特征

天然气中稀有气体的壳源、幔源、大气源成因，决定了天然气中氩的来源。除少数与深部幔源物质有关的气藏外，通常天然气中的氩主要由放射性成因氩和空气氩两部分组成。放射性成因氩主要来自沉积碎屑组分里继承的原始矿物中的 ^{40}K 蜕变与成岩期自生的含 ^{40}K 矿物蜕变形成的 ^{40}Ar。刘文汇和徐永昌（1987）对天然气中氩与源岩、储层钾和氩的研究表明，天然气中的氩主要来自源岩，所以，源岩中 ^{40}K 蜕变形成的氩是天然气中 ^{40}Ar 的主要来源。根据元素蜕变原理，源岩的时代越老，岩石中 ^{40}K 蜕变形成的 ^{40}Ar 越多，所以当源岩脱气时，年轻源岩释放的 ^{40}Ar 少，而老源岩释放的 ^{40}Ar 多。空气氩来源于沉积时水中溶解的空气氩（包括 ^{40}Ar 与 ^{36}Ar），其后进入埋藏，在源岩沉积演化过程中，与其他气体一并进入气藏。作为 ^{36}Ar 唯一来源的空气，气藏中的弹性分压在理想条件下近似常数，即空气氩为一常数（徐永昌等，1979；徐永昌，1998）。因此，年轻源岩脱气成藏中的 $^{40}Ar/^{36}Ar$ 小，而老源岩脱气成藏中的 $^{40}Ar/^{36}Ar$ 大，这就是天然气中 ^{40}Ar 的源岩年代积累效应（徐永昌等，1979；刘文汇和徐永昌，1990）。

徐永昌等（1979）首次提出 ^{40}Ar 的源岩年代积累效应，并推导出利用 ^{40}Ar 源岩年代积累效应计算烃源岩时代的经验公式，$T=[0.466\times(^{40}Ar/^{36}Ar)-140]\times10^{6}(a)$，并利用该公式计算了天然气的烃源岩年代、确定天然气的来源。之后，刘文汇和徐永昌（1993）对该公式进行了修正，归纳出了新的天然气 $^{40}Ar/^{36}Ar$ 值与烃源岩时代之间的数学表达式：$T(Ma)=544.5lg(^{40}Ar/^{36}Ar)-1362.3$，并利用该关系式确定了中国不同时代源岩天然气氩同位素值分布特征（表 3-11）。根据实测天然气 $^{40}Ar/^{36}Ar$ 值，结合 $^{40}Ar/^{36}Ar$ 值与源岩年代关系式或不同时代源岩天然气氩同位素分布特征，就可确定烃源岩的形成时代，从而进行天然气的气源对比与追踪。

表 3-11　不同时代源岩天然气氩同位素组成分布特征

源岩地质时代	地质年龄/Ma	$^{40}Ar/^{36}Ar$
现代大气	—	295.5
第四纪 Q	0～2	295.5～314
新近纪 N	2～23	314～343
古近纪 E	23～65	343～412
白垩纪 K	65～140	412～571
侏罗纪	140～208	571～767
三叠纪 T	208～250	767～920
二叠纪 P	250～290	920～1094
石炭纪 C	290～355	1094～1450

续表

源岩地质时代	地质年龄/Ma	$^{40}Ar/^{36}Ar$
泥盆纪 D	355～410	1450～1833
志留纪 S	410～440	1833～2088
奥陶纪 O	440～510	2088～2841
寒武纪 Є	510～570	2841～3685

资料来源：徐永昌，1998

　　川西地区 18 个天然气样品的氩同位素值($^{40}Ar/^{36}Ar$ 值)分布在 327.4～690.9，根据刘文汇和徐永昌(1993)提出的天然气中的 $^{40}Ar/^{36}Ar$ 值与源岩年代关系式，计算出烃源岩的年代主要在新近纪到白垩纪(表 3-12)，显然与川西地区实际烃源岩发育特征不符。

表 3-12　川西地区天然气稀有气体源岩年代计算值

样品号	井号	层位	源岩地质年龄/Ma	源岩地质年代
1	川孝 455	J_1b	105.4199365	白垩纪
2	新 806	J_2q	44.72752023	古近纪
3	孝遂 1	J_2s	66.50437521	白垩纪
4	龙遂 47D	J_3sn	95.54364064	白垩纪
5	金遂 13-2	J_3sn	110.019873	白垩纪
6	川孝 163-2	J_3p	71.50579668	白垩纪
7	川合 127	T_3x^2	21.96105709	新近纪
8	新 856	T_3x^2	28.67032611	古近纪
9	川江 566	T_3x^2	34.23317234	古近纪
10	川高 561	T_3x^2	61.10782127	古近纪
11	洛深 1	T_3x^2	73.02311723	白垩纪
12	新 10	T_3x^2	83.42523268	白垩纪
13	大邑 101	T_3x^2	101.1091894	白垩纪
14	大邑 1	T_3x^2	184.0615843	侏罗纪
15	新 101	T_3x^4	11.90376073	新近纪
16	川丰 563	T_3x^4	23.10409566	古近纪
17	新 22	T_3x^4	83.83789515	白垩纪
18	联 116	T_3x^4	88.63214096	白垩纪

　　张殿伟等(2005)研究表明，天然气的烃源岩为同一时代时，其 $^{40}Ar/^{36}Ar$ 值与源岩中的 K 含量具有线性相关，相同时代不同 K 含量的烃源岩形成的天然气的 $^{40}Ar/^{36}Ar$ 值之间具有如下关系：

$$\frac{\left(^{40}Ar/^{36}Ar\right)_A - \left(^{40}Ar/^{36}Ar\right)_{Air}}{\left(^{40}Ar/^{36}Ar\right)_B - \left(^{40}Ar/^{36}Ar\right)_{Air}} = \frac{a}{b}$$

式中，a 为源岩 A 中 K 的含量(%)；b 为源岩 B 中 K 的含量(%)。由于，泥岩与煤岩中的 K 含量差一个数量级，所以同时代泥岩与煤岩 $^{40}Ar/^{36}Ar$ 值也有较大的差异(张殿伟等，2005)。刘文汇和徐永昌(1993)提出的大气中的 $^{40}Ar/^{36}Ar$ 值与源岩年代关系式是建立在烃源岩类型为泥质岩的基础上的，所以对于来自煤岩天然气按照该公式计算，其 $^{40}Ar/^{36}Ar$ 值会明显的偏低。由于川西地区上三叠统须二段至须五段为煤系烃源岩，天然气可能来自煤系烃源岩中的泥岩也可能来自烃源岩中的煤岩，而据泥岩 $^{40}Ar/^{36}Ar$ 值与源岩年代关系推断天然气的年代明显与烃源岩实际年代不符，实测天然气 $^{40}Ar/^{36}Ar$ 值明显偏低，因此天然气更可能来自煤系烃源岩中的煤岩或煤岩与泥岩的共同贡献。

川西地区天然气主要来自上三叠统烃源岩，根据上三叠统泥质岩的地质年龄(208～227Ma)，结合刘文汇和徐永昌(1993)提出的天然气中的 $^{40}Ar/^{36}Ar$ 值与源岩年代关系式，计算得到上三叠统泥质烃源岩所生成的天然气的 $^{40}Ar/^{36}Ar$ 值为767～832。结合天然气中的 $^{40}Ar/^{36}Ar$ 值与源岩中 K 含量的线性相关关系式与泥岩中 K 的含量(2.67%)、煤岩中 K 的含量(0.214)(张殿伟等，2005)。计算得到上三叠统煤岩生成的天然气的 $^{40}Ar/^{36}Ar$ 值为333～339。上三叠统须二段与须四段天然气实测 $^{40}Ar/^{36}Ar$ 值(327.4～690.9)大于计算得到的上三叠统煤岩生成天然气 $^{40}Ar/^{36}Ar$ 值(333～339)，而小于上三叠统泥岩生成天然气 $^{40}Ar/^{36}Ar$ 值(767～832)。所以，川西地区上三叠统天然气应来自上三叠统煤系烃源岩中的煤岩与泥岩的共同贡献。

3.1.3.5　气源综合分析

综合上述天然气组分特征、$\delta^{13}C_1$-R^o 关系、轻烃特征、稀有气体特征对川西地区天然气气源关系的分析结果(图 3-42)。组分特征垂向的变化所反映的运移分馏特征表明，须二段天然气主要为自生自储；须四段天然气可能来自须三段、须四段烃源岩；侏罗系天然气可能来自须四段与须五段烃源岩。$\delta^{13}C_1$-R^o 关系从定量的角度表明，须二段天然气来自须二段烃源岩；须四段天然气来自须二段、须三段、须四段、

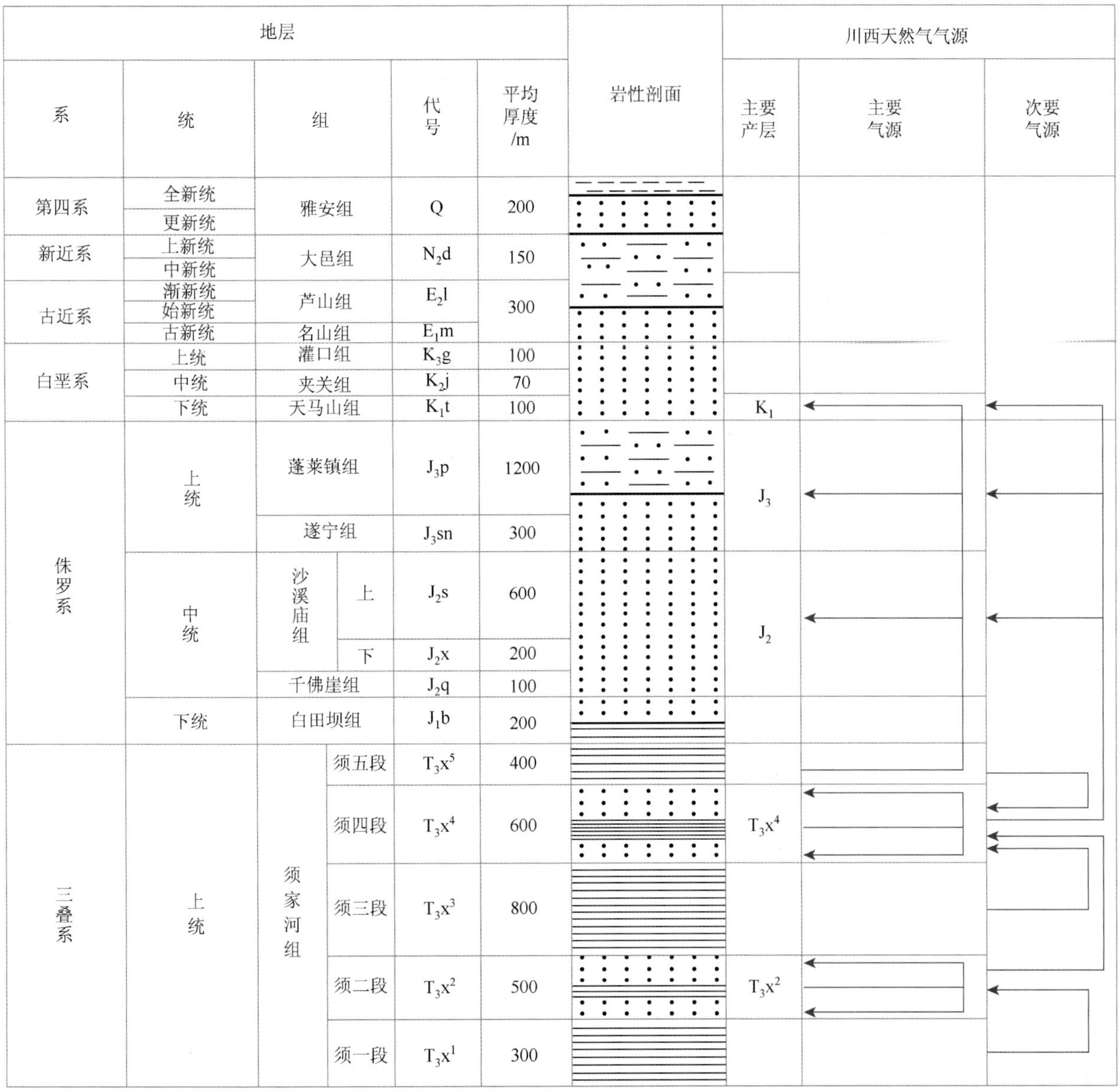

地层						川西天然气气源		
系	统	组	代号	平均厚度/m	岩性剖面	主要产层	主要气源	次要气源
第四系	全新统	雅安组	Q	200				
	更新统							
新近系	上新统	大邑组	N₂d	150				
	中新统							
古近系	渐新统	芦山组	E₂l	300				
	始新统							
	古新统	名山组	E₁m					
白垩系	上统	灌口组	K₃g	100				
	中统	夹关组	K₂j	70				
	下统	天马山组	K₁t	100		K₁		
侏罗系	上统	蓬莱镇组	J₃p	1200		J₃		
		遂宁组	J₃sn	300				
	中统	沙溪庙组 上	J₂s	600		J₂		
		沙溪庙组 下	J₂x	200				
		千佛崖组	J₂q	100				
	下统	白田坝组	J₁b	200				
三叠系	上统	须家河组 须五段	T₃x⁵	400				
		须四段	T₃x⁴	600		T₃x⁴		
		须三段	T₃x³	800				
		须二段	T₃x²	500		T₃x²		
		须一段	T₃x¹	300				

图 3-42　川西地区天然气气源综合分析图

须五段烃源岩；侏罗系天然气主要来自须四段与须五段烃源岩，部分来自下侏罗统烃源岩。轻烃特征表明须二段天然气主要来自须二段烃源岩，仅少量的油型气来自须一段烃源岩；须四段天然气主要来自须四段烃源岩，其次为须五段烃源岩，须三段烃源岩有一定的贡献，在断裂发育地区须二段天然气通过断裂向上运移到须四段储层中；侏罗系天然气主要来自须五段烃源岩，其次为须四段烃源岩，部分来自下侏罗统烃源岩；白垩系天然气可能主要来自须五段烃源岩。稀有气体特征表明上三叠统天然气来自上三叠统煤系烃源岩中泥岩与煤岩的共同贡献。

从利用不同方法对川西地区天然气气源分析结果来看，不同的方法确定的气源结果有一定的差异，不同的方法各有优劣，如组分特征从定性的角度表明天然气的可能来源，碳同位素特征从定量的角度确定天然气的不同来源，但是不同层位烃源岩的贡献量难以度量，而轻烃从定性的角度确定了不同层位烃源岩的贡献大小，稀有气体能从整体上确定天然气的来源。所以，对天然气的气源研究应该从不同的角度用不同的方法进行分析，对不同方法的分析结果进行综合分析，这样才能得到互为印证、互为补充、更为全面、准确的天然气气源关系。综合组分特征、碳同位素特征、轻烃特征与稀有气体特征对川西坳陷天然气气源追踪结果，可以得出：在川西地区，须二段天然气主要来自须二段烃源岩，部分（须二段中的少量油型气）来自须一段烃源岩；须四段天然气主要来自须四段烃源岩，其次为须五段烃源岩，须三段烃源岩有一定的贡献，在断裂发育地区，须四段天然气有来自须二段烃源岩的贡献；侏罗系天然气主要来自须五段烃源岩，其次为须四段烃源岩，部分来自下侏罗统烃源岩。稀有气体证据表明，川西地区上三叠统天然气来自上三叠统煤系烃源岩中的泥质烃源岩与煤的共同贡献。

川西地区陆相天然气在陆相致密碎屑岩地层中均有分布，川西地区陆相致密天然气以烃类气体为主，烃类气体在天然气中的体积分数普遍大于 90%，部分井中烃类气体含量甚至可达 98%，天然气干燥系数以大于 0.95 为主，天然气以干气为主。天然气碳同位素组合特征总体表现为 $\delta^{13}C_1 < \delta^{13}C_2 < \delta^{13}C_3$ 的正碳同位素系列特征，说明该区陆相致密天然气主要为有机成因。同时，在部分天然气样品中也出现了碳同位素倒转现象，其中以南段最常见、最复杂，北段与中段相对较少，造成川西坳陷碳同位素倒转现象的原因主要为不同成因天然气混合、同源不同期天然气混合、同型不同源天然气混合。对比川西坳陷各段烷烃气碳同位素倒转特征及成因，得出构造活动对烷烃气碳同位素倒转的发生具有一定的促进作用。川西地区陆相致密天然气成熟度主要为成熟与高成熟。上三叠统与中侏罗统天然气以水溶相与游离相运移，上侏罗统与下白垩统天然气以游离相运移。川西地区陆相致密天然气成因类型以煤型气为主，仅在须二段有少量的油型气。川西地区陆相致密天然气气源关系为：须二段天然气主要来自须二段烃源岩，仅少量的油型气来自须一段烃源岩；须四段天然气主要来自须四段烃源岩，其次为须五段烃源岩，须三段烃源岩有一定的贡献，在断裂发育地区，须二段烃源岩对须四段天然气也有贡献；侏罗系天然气主要来自须五段烃源岩，其次为须四段烃源岩，部分天然气来自下侏罗统烃源岩。也就是说，陆相致密天然气（煤型气）主要来自上三叠统须二段至须五段腐殖型烃源岩，仅部分侏罗系天然气来自下侏罗统腐殖型烃源岩，须二段少量油型气来自须一段腐泥型烃源岩。稀有气体分析证实，上三叠统天然气来自上三叠统煤系烃源岩中的泥质烃源岩与煤的共同贡献。

3.2　川中地区

川中地区（川中油气区）位于龙泉山以东、华蓥山以西、米仓山—大巴山以南、资中—大足一线以北，面积近 $6 \times 10^4 km^2$（图 2-2），包括南充、遂宁、内江、广安等市县。区内油气资源丰富，发育了磨溪、遂南、八角场、充西、安岳、合川、广安等重要气田，探明天然气地质储量超过 $3000 \times 10^8 m^3$（朱光有等，2006；刘德良等，2010）；川中油气区是四川盆地四大油气聚集区中唯一产油区，已发现了南充、龙女、合川、营山、桂花等油田，石油资源量可能比 $10 \times 10^8 \sim 11 \times 10^8 t$ 要大得多（梁狄刚等，2011）。川中地区陆相致密地层中，天然气主要富集在上三叠统与中、下侏罗统地层。

3.2.1 天然气基本特征

3.2.1.1 组分特征

川中地区天然气以烃类气体为主，各主要产层天然气中烃类气平均含量大于 93%，埋深较大的上三叠统各段烷烃气平均含量大于 98%，显然天然气中烷烃气具有绝对的优势。该区天然气中非烃含量极低，且不含硫化氢。该区天然气干燥系数不高，干燥系数最高的上三叠统各主要层段干燥系数也仅为 0.91，显示出川中地区天然气湿气的特征。从各主要产层烃类气构成来看，天然气中又以甲烷、乙烷、丙烷三类为主，中侏罗统这三类烷烃气平均含量虽最低，但是它们在天然气中的平均体积分数高达 92.49%，而在上三叠统各主要产层这三类烷烃气含量更高，平均含量高达 97% 以上，相对这三类主要烷烃气，丁烷、戊烷及其他更重的烷烃气含量自然很低。对比纵向上各主要产气层段天然气组分特征，上三叠统须二段、须四段、须六段的天然气甲烷、乙烷、丙烷所占天然气体积百分数平均值较为一致，中侏罗统与下侏罗统天然气中这三类烷烃气所占天然气体积百分数平均值也较为一致，而上三叠统与中、下侏罗统天然气这三类烷烃气含量有明显的差异：上三叠统天然气中甲烷平均含量明显大于中、下侏罗统，上三叠统各层段甲烷含量平均值略高于 89%，中、下侏罗统甲烷含量仅为 85% 左右，干燥系数也表现出类似的大小关系；上三叠统天然气干燥系数略大于 0.9，中、下侏罗统干燥系数仅为 0.88；乙烷、丙烷含量则表现出相反的特征，中、下侏罗统乙烷含量大于 7%，丙烷含量约为 3% 左右，上三叠统天然气中乙烷含量为 6% 左右，丙烷含量约为 2%。所以天然气组分含量纵向对比表明，上三叠统天然气组分特征较为一致，中、下侏罗统天然气组分特征也较为一致，相比较而言，埋深更大的上三叠统天然气甲烷含量更高、干燥系数更大，而中、下侏罗统天然气更富重烃(表 3-13)。

表 3-13 川中地区 T_3x^2—J_2 天然气组分统计表

层位	CH_4/%	C_2H_6/%	C_3H_8/%	总烃/%	干燥系数
J_2	72.4~90.98 85.02(8)	5.6~11.6 7.41(7)	1.08~8.27 2.76(7)	76.06~98.18 93.12(7)	0.78~0.93 0.88(7)
J_1	70.02~95.88 85.4(34)	2.73~17.2 7.48(34)	0.06~9.8 3.11(34)	88.94~99.9 96.81(41)	0.73~0.99 0.88(40)
T_3x^6	86.58~95.86 89.38(39)	2.03~7.59 6.1(39)	0.44~3.44 1.38(39)	95.45~99.82 98.42(40)	0.88~0.97 0.91(40)
T_3x^4	80.16~95.96 89.54(86)	0.54~9.94 5.81(80)	0.25~4.9 1.87(80)	92.69~99.62 98.26(84)	0.84~0.97 0.91(84)
T_3x^2	82.01~97.82 89.72(80)	0.92~11.7 6.11(79)	0.05~4.52 2.13(79)	87.74~99.71 98.14(88)	0.82~0.99 0.9(88)

3.2.1.2 碳同位素

川中地区 T_3—J_2 天然气甲烷碳同位素分布范围为 -50‰~-28‰，主要分布区间为 -44‰~-36‰；乙烷碳同位素分布范围为 -36‰~-24‰，主要分布区间为 -28‰~-24‰；丙烷碳同位素分布范围为 -32‰~-20‰，主要分布区间为 -26‰~-22‰(图 3-43)。对比川西地区天然气主要烷烃气碳同位素分布特征(表 3-3)，川中地区天然气主要烷烃气碳同位素无论是分布区间还是主要分布区间边界值都明显小于川西地区，表明川中地区天然气成熟度小于川西地区。川中地区天然气主要烷烃气碳同位素最小值、最大值、主要分布区间值均有随碳数增加而变重的趋势，即 $\delta^{13}C_1 < \delta^{13}C_2 < \delta^{13}C_3$，体现了研究区天然气的有机成因特征(表 3-14)。

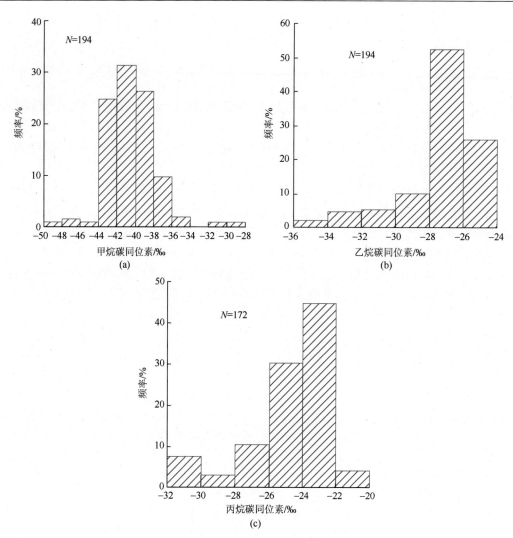

图 3-43　川中地区甲烷、乙烷、丙烷碳同位素分布直方图

表 3-14　川中地区 T_3x^2—J_2 天然气碳同位素统计表

层位	δCH_4/‰	δC_2H_6/‰	δC_3H_8/‰
J_2	$\dfrac{-48.48\sim-38.03}{-42.6\,(11)}$	$\dfrac{-35.31\sim-27.7}{-31.6\,(11)}$	$\dfrac{-31\sim-26.73}{-29.24\,(11)}$
J_1	$\dfrac{-48.48\sim-30.13}{-41.61\,(25)}$	$\dfrac{-35.31\sim-25.67}{-30.26\,(25)}$	$\dfrac{-31\sim-24.75}{-28.71\,(18)}$
T_3x^6	$\dfrac{-42.5\sim-37.09}{-39.69\,(34)}$	$\dfrac{-28.6\sim-24.9}{-26.69\,(34)}$	$\dfrac{-27.3\sim-21.7}{-24.6\,(32)}$
T_3x^4	$\dfrac{-43.8\sim-28.85}{-39.62\,(57)}$	$\dfrac{-29.9\sim-24.19}{-26.35\,(57)}$	$\dfrac{-28.6\sim-21.18}{-23.44\,(45)}$
T_3x^2	$\dfrac{-43.2\sim-36.1}{-40.61\,(66)}$	$\dfrac{-28.2\sim-24.8}{-26.62\,(66)}$	$\dfrac{-25.6\sim-22.37}{-23.79\,(65)}$

总体上，上三叠统各主要产层烷烃气碳同位素高于中、下侏罗统，尤其是乙烷和丙烷碳同位素值，上三叠统明显大于中、下侏罗统，表明上三叠统天然气与中、下侏罗统天然气之间可能存在天然气成熟度差异或天然气成因差异。

1. 碳同位素组合特征

相对于川西地区部分层位天然气碳同位素的倒转现象，川中地区天然气表现为正碳同位素分布特征（图 3-44、图 3-45），说明川中地区天然气气源及充注过程相对简单。中、下侏罗统天然气碳同位素组合特征较为一致，上三叠统各主要产气层段天然气碳同位素组合特征也较为一致，但是中、下侏罗统碳同位素组合特征与上三叠统有明显的差异。这说明上三叠统与中、下侏罗统天然气可能有不同的气源。相对而言，上三叠统主要烷烃气碳同位素大于中、下侏罗统，表明上三叠统天然气可能来自成熟度高于中、下侏罗统的气源。

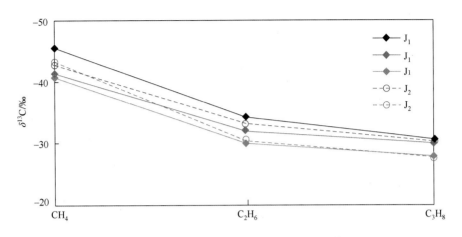

图 3-44　中、下侏罗统天然气碳同位素组合特征

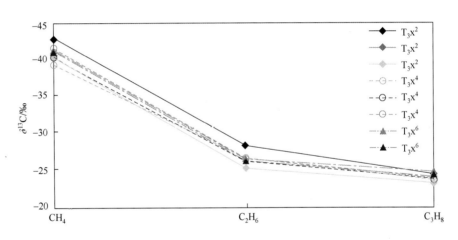

图 3-45　上三叠统天然气碳同位素组合特征

2. 利用碳同位素判别天然气成熟度

川中地区上三叠统天然气主要来自上三叠统烃源岩，烃源岩研究表明该区有机质类型主要为Ⅲ型，所以选取Ⅲ型干酪根成因烷烃碳同位素与成熟度 R^o 值关系图（图 3-46），对其天然气的成熟度进行分析。从图 3-46 可以看出，川中地区上三叠统天然气的成熟度 R^o 值主要为 0.6%～1.5%，处于成熟—高成熟阶段，以成熟阶段为主。中、下侏罗统天然气主要来自以Ⅰ～Ⅱ型干酪根为主的下侏罗统腐泥型烃源岩，所以对川中地区中、下侏罗统天然气成熟度的判识选用Ⅱ型干酪根成因气烷烃碳同位素与成熟度 R^o 值关系图（图 3-47），从该图可以看出侏罗系天然气成熟度 R^o 值主要为 0.6%～1.3%，处于成熟阶段。对比上三叠统与中、下侏罗统天然气成熟度，上三叠统天然气成熟度高于中、下侏罗统，这说明上三叠统天然气来自埋深相对更大的烃源岩，而中、下侏罗统天然气来自埋深相对较浅的烃源岩。

川中地区上三叠统天然气主要为煤型气，而中、下侏罗统天然气主要为油型气，因此利用 $\delta^{13}C_1$-R^o 关系式来确定川中地区天然气的成熟度时，需要采用不同类型天然气的 $\delta^{13}C_1$-R^o 关系式。根据不同的天然气成因类型，采用 Stahl 和 Carekjy（1975）、Faber（1987）、徐永昌等（1990）、戴金星（1993）提出的 $\delta^{13}C_1$-R^o 关系式，对该区天然气成熟度值进行了估算。

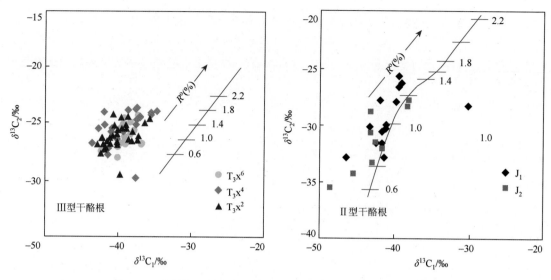

图 3-46　烷烃气同位素与成熟度关系图（Berner and Faber，1996）

从计算结果（表 3-15）来看，Stahl 和 Carekjy（1975）与戴金星（1993）的 $\delta^{13}C_1$-R^o 关系式得到的中、下侏罗统油型气 R^o 值较为一致，R^o 值为 0.6%～1.4%，以小于 1.3% 为主，而 Faber（1987）的 $\delta^{13}C_1$-R^o 关系式计算结果略小于前两者，但整体都在 1.3% 以下。所以，不同 $\delta^{13}C_1$-R^o 关系式计算结果都表明川中地区中、下侏罗统天然气 R^o 值主要为 0.6%～1.3%，天然气主要处于成熟阶段，这与烷烃气碳同位素反映的天然气成熟度特征一致（图 3-46）。

表 3-15　川中地区天然气甲烷碳同位素计算成熟度 R^o 值

井号	层位	Stahl 和 Carekjy（1975）	Faber（1987）	戴金星（1993）	徐永昌等（1990）
公 16	J_2	0.89	0.79	0.91	—
公 13	J_2	0.96	0.86	0.98	—
莲 14	J_2	0.85	0.75	0.86	—
莲 63	J_2	0.63	0.54	0.63	—
金 1	J_1	1.08	0.98	1.12	—
象 1	J_1	0.95	0.85	0.98	—
金 61	J_1	1.16	1.06	1.21	—
莲 14	J_1	0.85	0.75	0.86	—
金 11	J_1	1.16	1.06	1.21	—
金 7	J_1	1.37	1.28	1.45	—
金 27	J_1	1.46	1.37	1.55	—
兴华 1	T_3x^6	0.16	0.14	0.45	0.74
庙 4	T_3x^6	0.21	0.18	0.59	0.81
BJ-x7	T_3x^6	0.12	0.10	0.35	0.68
角 47	T_3x^6	0.12	0.10	0.35	0.68
广安 1	T_3x^6	0.16	0.14	0.45	0.74
广安 2	T_3x^6	0.17	0.15	0.50	0.77
广安 7	T_3x^6	0.09	0.08	0.27	0.62
广安 11	T_3x^6	0.22	0.20	0.64	0.84
角 42	T_3x^4	0.21	0.18	0.59	0.81
西 20	T_3x^4	0.11	0.09	0.32	0.66
西 51	T_3x^4	0.11	0.10	0.32	0.66

续表

井号	层位	Stahl 和 Carekjy (1975)	Faber (1987)	戴金星 (1993)	徐永昌等 (1990)
西 51	T_3x^4	0.14	0.12	0.39	0.71
充深 1	T_3x^4	0.12	0.10	0.33	0.67
充深 1	T_3x^4	0.14	0.12	0.39	0.71
金 17	T_3x^4	0.28	0.25	0.79	0.90
金 17	T_3x^4	0.20	0.17	0.56	0.80
潼南 1	T_3x^2	0.10	0.09	0.30	0.64
潼南 1	T_3x^2	0.09	0.08	0.26	0.61
磨 85	T_3x^2	0.11	0.09	0.32	0.66
角 13	T_3x^2	0.17	0.15	0.48	0.76
西 51	T_3x^2	0.13	0.11	0.37	0.69
角 29	T_3x^2	0.21	0.18	0.59	0.81
角 49	T_3x^2	0.20	0.18	0.59	0.81
女 103	T_3x^2	0.15	0.13	0.44	0.74
中 9	T_3x^2	0.26	0.24	0.76	0.89

根据 Stahl 和 Carekjy(1975)、Faber(1987)、戴金星(1993)等的煤型气 $\delta^{13}C_1-R^o$ 关系式计算了上三叠统天然气成熟度(表 3-15),Stahl(1975)、Faber(1987)的 $\delta^{13}C_1-R^o$ 关系式计算的 R^o 值小于 0.3%,显然是不符合煤型气的成熟度特征。戴金星(1993)的 $\delta^{13}C_1-R^o$ 关系式计算结果虽然有部分天然气成熟度 R^o 值大于 0.5%,达到了成熟阶段,但是更多的天然气成熟度值处于未成熟阶段,显然该计算结果也与上三叠统煤型气特征不符。根据徐永昌等(1990)提出的成熟度小于 1.3%的煤型气 $\delta^{13}C_1-R^o$ 关系式对上三叠统煤型气成熟度进行计算,计算成熟度值为 0.6%~0.9%,虽然计算结果已远远高于 Stahl 和 Carekjy(1975)、Faber(1987)、戴金星(1993)关系式计算出的成熟度值,但与实测的川中地区上三叠统烃源岩成熟度(0.5%~1.5%)相比(陈义才等,2007),天然气成熟度值仍较小。与邻近的川西地区上三叠统天然气甲烷碳同位素值对比,川西地区甲烷碳同位素平均值为−34‰左右,而川中地区上三叠统甲烷碳同位素平均值为−40‰左右,除烃源岩自身成熟度较低使得其生成天然气甲烷碳同位素值较低外,成藏过程中的水溶气脱溶作用和卸压膨胀等作用是造成川中地区上三叠统天然气的甲烷碳同位素偏轻的重要原因,成藏过程使得碳同位素偏轻的作用,甚至可能比母质类型及母质热演化程度发挥的重要性更大(陈义才等,2007)。陈义才等(2007)认为成藏过程造成的碳同位素偏轻,使得 $\delta^{13}C_1-R^o$ 关系计算的成熟度值比实际成熟度值小 0.3%~0.5%,如果用徐永昌等(1990)的 $\delta^{13}C_1-R^o$ 关系式计算上三叠统天然气成熟度值加上成藏过程降低的成熟度值,川中地区上三叠统天然气成熟度值则为 0.9%~1.4%,该结果很接近天然气甲烷、乙烷碳同位素所反映的成熟度值(图 3-47)及上三叠统烃源岩实测成熟度值(陈义才等,2007)。所以,校正成藏过程对碳同位素值的影响后的天然气成熟度值能代表上三叠统天然气成熟度值,即上三叠统天然气主要处于成熟阶段,部分处于高成熟阶段。对比上三叠统与中、下侏罗统天然气计算成熟度值,显示出上三叠统天然气成熟度值略高于中、下侏罗统,这也与天然气甲烷、乙烷碳同位素值反映结果(图 3-47)一致。

碳同位素定性及定量分析成熟度结果表明,川中地区上三叠统天然气成熟度值主要为 0.6%~1.5%,以成熟阶段为主,部分天然气为高成熟阶段,而中、下侏罗统天然气成熟度值主要为 0.6%~1.3%,整体处于成熟阶段,上三叠统天然气成熟度略高于中、下侏罗统天然气成熟度。

3.2.1.3 轻烃特征

1. 轻烃与天然气成熟度

在庚烷值、异庚烷值所反映的成熟度关系图(图 3-47)中,中、下侏罗统天然气主要处于成熟阶段,这与上述碳同位素分析结果一致；上三叠统天然气处于成熟—高成熟阶段，高成熟阶段样品略多于成熟阶段样品，与碳同位素分析结果(以成熟阶段为主，部分样品处于高成熟阶段)有一定差异，但是庚烷值与异庚烷值反映的成熟度特征，能较好地体现上三叠统与中、下侏罗统天然气成熟度的差异，这与碳同位素分析结果是一致的。

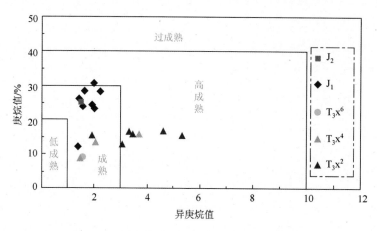

图 3-47　川中地区天然气轻烃与成熟度关系图

2. 轻烃与天然气运移状态

根据天然气不同运移相态过程中极性分子与非极性分子含量差异关系，水溶相运移过程中极性分子/非极性分子值增大，游离相运移过程中极性分子/非极性分子值降低。从川中地区主要产层中天然气苯/正己烷、苯/环己烷平均值来看(图 3-48)，上三叠统须二段、须四段和须六段的天然气苯/正己烷平均值、苯/环己烷平均值相对较大，而中、下侏罗统天然气苯/正己烷平均值、苯/环己烷平均值明显较小，显示上三叠统天然气主要的运移相态为水溶相与游离相，侏罗系天然气的运移相态主要为游离相。

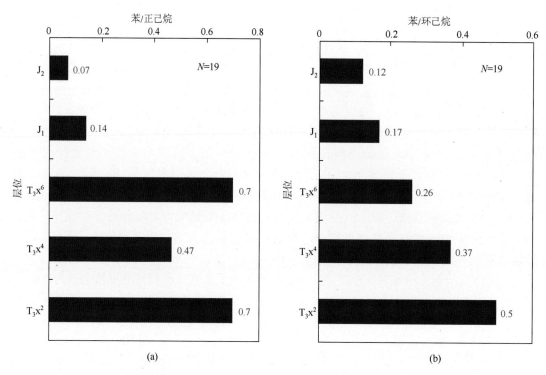

图 3-48　川中地区不同层位天然气苯/正己烷、苯/环己烷值分布直方图

3.2.2 天然气成因类型

3.2.2.1 组分特征与天然气成因

川中地区中、下侏罗统和上三叠统天然气与下三叠统油型气最明显的差异在于上三叠统与侏罗系天然气不含 H_2S 气体，而下三叠统油型气含 H_2S（表 3-16），显示出上三叠统与侏罗系天然气陆相有机成因的特征。中、下侏罗统天然气甲烷含量普遍低于 90%，乙烷、丙烷含量普遍高于 10%，最高可达 20% 以上，重烃含量相对较高；而上三叠统天然气甲烷含量普遍大于 90%，乙烷、丙烷含量普遍低于 10%，重烃含量相对较低。天然气组分特征主要与源岩的热演化程度、母质类型、成藏过程中的运移等因素有关，源岩热演化程度越高，其生成天然气的甲烷含量越高、重烃含量越低。天然气碳同位素及轻烃分析表明上三叠统与侏罗系天然气主要处于成熟阶段，上三叠统天然气成熟度略大于中、下侏罗统，显然成熟度不是造成上三叠统与中、下侏罗统组分差异的主要原因；上三叠统与中、下侏罗统天然气成藏过程中的运移分馏作用，会使得上部地层天然气甲烷含量增高、重烃含量降低（川西地区侏罗系—白垩系天然气组分特征就体现了该特征），显然川中地区上三叠统与中、下侏罗统天然气组分差异与运移分馏特征不符，所以母质类型的差异是上三叠统与中、下侏罗统天然气组分差异的最主要原因。相同热演化阶段烃源岩，腐殖型干酪根生成天然气（煤型气）甲烷含量高于腐泥型干酪根生成天然气（油型气），重烃含量则相反。所以根据川中地区上三叠统与中、下侏罗统天然气组分特征差异，推断上三叠统天然气更可能为煤型气，中、下侏罗统天然气为油型气，这与川中地区陆相烃源岩发育特征相符，上三叠统发育多套以腐殖型（III型）干酪根为主的烃源岩，而侏罗系主要发育了下侏罗统以腐泥型（Ⅰ型、Ⅱ型）干酪根为主的烃源岩。

表 3-16 川中地区 $T_3—J_1$ 与 T_1 组分特征对比

层位	组分体积分数/%					
	甲烷	乙烷	丙烷	丁烷	戊烷	H_2S
J_2	73.40	10.60	8.29	2.05	0.95	0
J_2	87.10	7.33	2.74	1.47	0.75	0
J_2	88.06	7.30	1.83	0.64	0.18	0
J_1	70.22	17.20	5.73	1.90	0.86	0
J_1	78.81	11.37	3.11	2.00	0.91	0
J_1	82.38	7.13	5.57	0.47	1.18	0
J_1	91.10	4.82	1.82	0.80	0.28	0
J_1	95.88	0.73	0.06	微量	微量	0
T_3x^6	88.79	6.95	1.86	0.67	0.20	0
T_3x^6	89.33	6.15	1.76	0.55	0.13	0
T_3x^6	90.12	6.20	1.70	0.64	0.18	0
T_3x^6	90.60	5.41	1.92	0.68	0.15	0
T_3x^6	90.77	4.93	0.98	0.42	0.17	0
T_3x^6	91.43	5.24	1.69	0.65	0.20	0
T_3x^6	91.52	5.72	1.60	0.52	0.22	0
T_3x^6	95.86	2.03	0.44	0.18	0.06	0
T_3x^4	80.16	6.48	4.90	2.74	1.44	0
T_3x^4	84.15	8.80	3.56	1.36	0.35	0
T_3x^4	89.29	6.35	2.30	0.97	0.23	0
T_3x^4	90.04	5.90	1.49	0.54	0.17	0
T_3x^4	91.22	5.43	1.69	0.63	0.18	0

层位	组分体积分数/%					
	甲烷	乙烷	丙烷	丁烷	戊烷	H₂S
T_3x^4	92.60	5.07	1.04	0.38	0.09	0
T_3x^4	94.07	3.92	0.51	0.09	0.02	0
T_3x^4	94.07	4.04	0.67	0.24	0.07	0
T_3x^2	87.10	7.28	2.74	1.23	0.59	0
T_3x^2	88.82	6.73	2.05	0.81	0.19	0
T_3x^2	90.11	5.36	1.54	0.65	0.23	0
T_3x^2	92.03	4.71	0.99	0.42	0.13	0
T_3x^2	94.51	3.12	0.78	0.28	0.10	0
T_3x^2	95.31	2.99	0.71	0.27	0.09	0
T_1	98.67	0.33	—	0	0	0.15
T_1	97.49	0.40	—	0	0	0.47
T_1	98.52	0.31	—	0	0	0.05
T_1	90.96	0.19	—	0	0	4.95
T_1	97.72	0.26	—	0	0	2.29

从川中地区上三叠统与中、下侏罗统天然气 C_1/C_2 值与 C_2/C_3 值关系图(图 3-49)来看,川中地区天然气 C_2/C_3 值变化相对较小,C_1/C_2 值则逐渐增大,根据 Behar 等(1992)的不同成因类型天然气组分判识特征,川中地区上三叠统与中、下侏罗统天然气表现出典型的干酪根裂解气的特征。

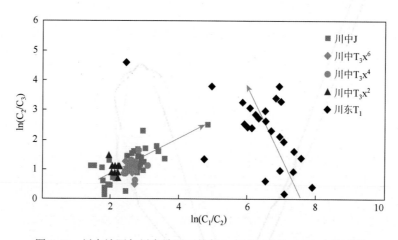

图 3-49　川中地区与川东地区天然气 $\ln(C_1/C_2)$ 与 $\ln(C_2/C_3)$ 关系图

3.2.2.2　碳同位素特征与天然气成因

川中地区上三叠统与侏罗系天然气中烷烃气碳同位素组合特征总体上表现为 $\delta^{13}C_1 < \delta^{13}C_2 < \delta^{13}C_3$ 的正常系列分布特征(表 3-14),显示上三叠统与侏罗系天然气为有机成因气。

从川中地区天然气 $\delta^{13}C_1$ 与 $C_1/(C_2+C_3)$ 关系图(图 3-50)来看,研究区天然气以热成因气为主,不存在生物成因气。上三叠统与中、下侏罗统天然气整体落在Ⅱ型与Ⅲ型干酪根成因气分布区间内,相对而言,上三叠统天然气更靠近Ⅲ型干酪根成因气,表明其主要为煤型气,而下侏罗统天然气更靠近Ⅱ型干酪根成因气,表明其可能与油型气有关,同时下侏罗统部分天然气样品落在了Ⅲ型干酪成因区间内,表明部分下侏罗统天然气为煤型气。

根据 $\delta^{13}C_2$ 值判别天然气成因标准（腐泥型天然气，$\delta^{13}C_2$ 值小于-28‰；腐殖型天然气，$\delta^{13}C_2$ 值大于-28‰），$\delta^{13}C_2$=-28‰能很好地将上三叠统与中、下侏罗统天然气成因类型进行区分，上三叠统天然气都分布在 $\delta^{13}C_2$ 值大于-28‰的区域内，天然气成因类型为煤型气，中下侏罗统天然气主要分布在 $\delta^{13}C_2$ 值小于-28‰的区域内，天然气成因类型为油型气，部分下侏罗统天然气样品落在了 $\delta^{13}C_2$ 值大于-28‰的区域内，表现出煤型气的特征（图3-51）。所以，川中地区陆相天然气成因类型表现为上三叠统为煤型气，中、下侏罗统天然气以油型气为主，部分为煤型气。

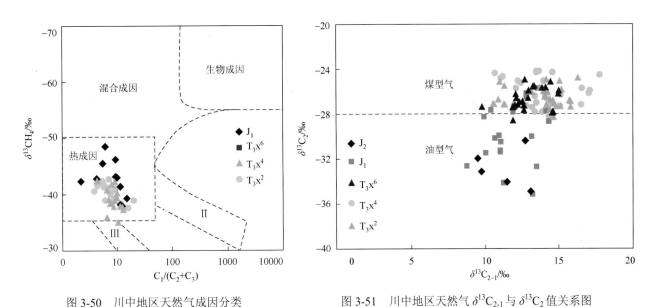

图 3-50　川中地区天然气成因分类　　　　　　　图 3-51　川中地区天然气 $\delta^{13}C_{2-1}$ 与 $\delta^{13}C_2$ 值关系图

（底图据 Whiticar，1994）

与海相天然气（中、下三叠统与中、下二叠统）对比，川中地区上三叠统和侏罗系天然气甲烷与乙烷碳同位素有明显的区别（图 3-52），三类天然气很好地分布在不同的区域内，埋深最大的中、下二叠统和中、下三叠统天然气与埋深最浅的中、下侏罗统天然气分布在乙烷同位素小于-28‰的区域内，表现出油型气的特征，而相对中等埋深的上三叠统天然气具有最大的乙烷碳同位素值，落在了煤型气区域内。同时，深层天然气具有最大的甲烷同位素值，其次为中等埋深的上三叠统天然气，中、下侏罗统天然气甲烷同位素值最低，体现了埋深过程中热成熟作用的差异，也体现了川中地区上三叠统天然气成熟度大于中、下侏罗统天然气。

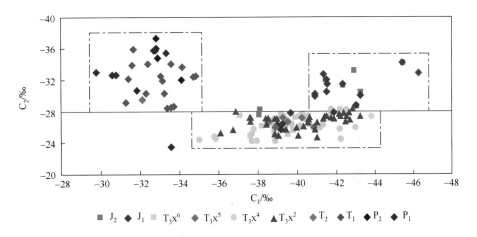

图 3-52　川中地区 $T_3—J_2$ 天然气与深部天然气甲烷、乙烷碳同位素关系图

对天然气成因类型判识的另一个重要的方法是将天然气碳同位素值分别代入已有的煤型气与油型气的 $\delta^{13}C_1$-R^o 关系,计算天然气的成熟度值,通过对比计算成熟度值与实际天然气成熟度值的差异及计算成熟度值与实际地质条件的关系,来判别天然气的成因类型。由于川中地区上三叠统天然气成藏过程的影响,造成了 $\delta^{13}C_1$-R^o 关系不适用于该区上三叠统天然气成熟度分析。所以,研究中仅利用已有的 $\delta^{13}C_1$-R^o 关系对中、下侏罗统天然气成因类型进行判识。根据 Stahl 和 Carekjy(1975)、Faber(1987)、戴金星(1993)等提出的不同成因类型天然气 $\delta^{13}C_1$-R^o 关系(表 3-4)对川中地区中、下侏罗统天然气成熟度值进行计算,计算结果见表 3-17。从计算结果来看,不同学者的煤型气 $\delta^{13}C_1$-R^o 关系计算的 R^o 值均较小,尤其是 Stahl 和 Carekjy(1975)、Faber(1987)经验公式计算 R^o 值普遍不足 0.2%,戴金星(1993)经验公式计算结果虽然明显大于前两者,但是成熟度值仍以小于 0.5%为主,显然与侏罗系天然气干酪根裂解气或热成因气不符,说明中、下侏罗统天然气不为煤型气。不同学者的油型气经验公式计算结果较为一致,计算天然气成熟度值主要分布在成熟阶段,与其他方法判别的天然气成熟度一致,显示川中地区中、下侏罗统天然气以油型气为主。

表 3-17　川中地区中、下侏罗统天然气甲烷同位素计算成熟度 R^o 值

层位	Stahl 和 Carekjy(1975)		Faber(1987)		戴金星(1993)	
	煤型气	油型气	煤型气	油型气	煤型气	油型气
J_1	0.06	0.63	0.05	0.54	0.17	0.63
J_1	0.09	0.96	0.08	0.86	0.27	0.98
J_1	0.11	1.08	0.09	0.98	0.32	1.12
J_1	0.12	1.16	0.10	1.06	0.35	1.21
J_1	0.08	0.85	0.07	0.75	0.24	0.86
J_1	0.19	1.70	0.17	1.61	0.55	1.82
J_1	0.12	1.16	0.10	1.06	0.35	1.21
J_1	0.19	1.71	0.17	1.63	0.55	1.84
J_1	0.09	0.88	0.07	0.78	0.25	0.89
J_1	0.15	1.37	0.13	1.28	0.42	1.45
J_1	0.10	1.02	0.09	0.92	0.29	1.05
J_1	0.16	1.45	0.14	1.35	0.45	1.53
J_1	0.16	1.46	0.14	1.37	0.46	1.55
J_1	0.16	1.51	0.14	1.41	0.47	1.60
J_1	0.11	1.07	0.10	0.97	0.31	1.11
J_1	0.11	1.09	0.10	0.99	0.32	1.13
J_1	0.09	0.96	0.08	0.86	0.27	0.98
J_2	0.09	0.89	0.07	0.79	0.25	0.91
J_2	0.08	0.85	0.07	0.75	0.24	0.86
J_2	0.11	1.08	0.09	0.98	0.32	1.12
J_2	0.06	0.63	0.05	0.54	0.17	0.63
J_2	0.09	0.88	0.07	0.78	0.25	0.89

根据戴金星(1992)提出的应用天然气中甲烷、乙烷、丙烷碳同位素值与煤型气 $\delta^{13}C_{1\text{-}3}$-$R^o$ 回归线相交特征来判识川中地区天然气成因类型。由于该方法主要是考虑碳同位素与煤型气 $\delta^{13}C_{1\text{-}3}$-$R^o$ 回归曲线的相交特征,考虑到 $\delta^{13}C_1$-R^o 关系式不适用于川中地区上三叠统天然气,所以仅将该判识方法用于对该区侏罗统天然气成因类型的判识。选取了中侏罗统与下侏罗统各 1 件天然气样品,从它们的甲烷、乙烷、丙烷碳同位素值与煤型气 $\delta^{13}C_{1\text{-}3}$-$R^o$ 回归线相交情况来看(图 3-54):过中侏罗统天然气甲烷碳同位素值横坐标的平行线(AA')没有与任何回归曲线相交(不相交),而过中侏罗统天然气乙烷、丙烷碳同位素值横坐标的

平行线(BB'、CC'）均与 $\delta^{13}C_1$-R^o 回归线相交（错位相交）；过下侏罗统天然气甲烷碳同位素值横坐标的平行线（DD'），没有与任何线相交，过中侏罗统天然气乙烷碳值横坐标的平行线（EE'）与 $\delta^{13}C_1$-R^o 回归线错位相交，过中侏罗统天然气丙烷碳值横坐标的平行线（FF'）与 $\delta^{13}C_2$-R^o 回归线错位相交。根据天然气碳同位素值与煤型气 $\delta^{13}C_{1\text{-}3}$-$R^o$ 回归线相交判识天然气成因原理，不相交或错位相交不为煤型气，所以中下侏罗统天然气不为煤型气。根据碳同位素的正碳同位素分布特征和甲烷碳同位素与主要烷烃含量关系，可知研究区侏罗统天然气为热成因气，结合煤型气 $\delta^{13}C_{1\text{-}3}$-$R^o$ 回归线特征（图 3-53），可判识川中地区侏罗系天然气成因类型为油型气。

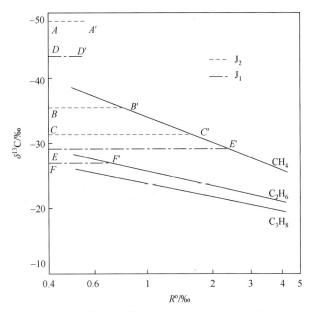

图 3-53　煤型气 $\delta^{13}C$-R^o 关系图鉴别烷烃气类别

3.2.2.3　轻烃特征与天然气成因

川中地区三叠统天然气主要分布在芳香族曲线下方，体现出煤型气的特征。而中、下侏罗统天然气与川西地区 T_1、川南地区 P_2 油型气均较好地分布在脂肪族曲线附近，表明川中地区中、下侏罗统天然气主要为油型气（图 3-54）。

从川西地区陆相致密天然气与川中地区 J_1、川西地区 T_1、川南地区 P_2 天然气 K_1 值分布图来看（图 3-55），川西地区陆相致密天然气 K_1 值拟合较好，对川西地区天然气成因分析已表明其主要为腐殖型干酪根成因煤型气。川中地区 J_1 天然气与川西地区 T_1（油型气）、川南地区 P_2 天然气（油型气）K_1 值拟合关系较好，而它们与川西地区天然气 K_1 值有明显不同的拟合曲线。所以，根据川中地区 J_1 天然气 K_1 值与川西地区煤型气、川西地区与川南地区油型气 K_1 值之间的关系，可以判断川中地区 J_1 天然气为油型气。

在 C_7 轻烃化合物组成三角图中（图 3-56），上三叠统天然气靠近反映高等植物来源的甲基环己烷端元，下侏罗统天然气相对靠近代表水生生物的类脂化合物来源的二甲基环戊烷端元。根据胡惕麟等（1990）提出的甲基环己烷指数（MCH）确定不同母质成因天然气标准，川中地区上三叠统与下侏罗统天然气有不同的成因类型。上三叠统天然气分布在Ⅲ型干酪根成因气区间内，表明上三叠统天然气为煤型气。下侏罗统天然气主要分布在Ⅱ型干酪根成因气区间内，且更靠近Ⅰ型干酪根成因气区域，而部分下侏罗统天然气位于Ⅲ型干酪根成因气区间内。所以该区下侏罗统天然气主要为油型气，部分下侏罗统天然气为煤型气。

在 C_6 轻烃化合物组成三角图中（图 3-57），上三叠统天然气相对靠近代表芳香化合物来源的环己烷端元，表现出与腐殖型有机质更为密切的关系，下侏罗统天然气相对远离环己烷端元，与腐泥型有机质更相关。根据环己烷指数判识天然气成因类型标准（胡惕麟等，1990），上三叠统天然气表现为腐殖型干酪根成因气，即煤型气；而下侏罗统天然气主要表现为腐泥型干酪根成因气，即油型气。

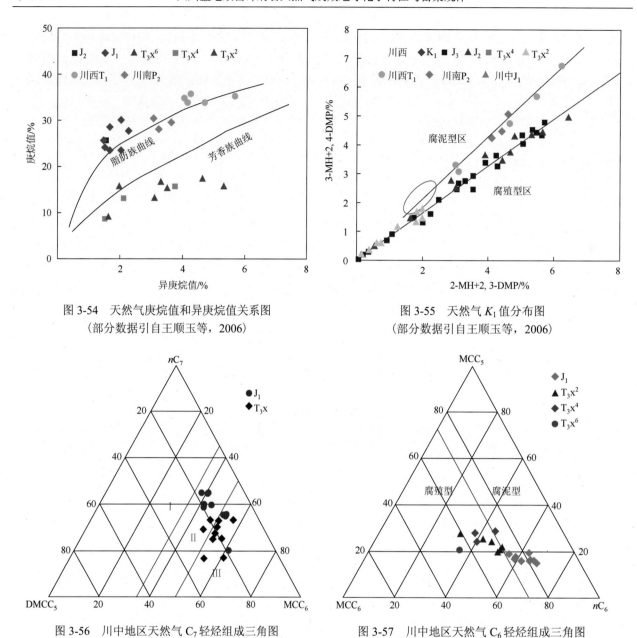

图 3-54　天然气庚烷值和异庚烷值关系图
（部分数据引自王顺玉等，2006）

图 3-55　天然气 K_1 值分布图
（部分数据引自王顺玉等，2006）

图 3-56　川中地区天然气 C_7 轻烃组成三角图

图 3-57　川中地区天然气 C_6 轻烃组成三角图

3.2.2.4　天然气成因综合分析

天然气组分特征表明川中地区上三叠统和中、下侏罗统天然气均为干酪根裂解气，其中上三叠统天然气为煤型气，中、下侏罗统天然气主要为油型气；碳同位素特征分析表明上三叠统与中、下侏罗统天然气为有机成因热成因气，没有生物成因气，上三叠统天然气为煤型气，中、下侏罗统主要为油型气，部分为煤型气；轻烃特征表明上三叠统天然气为腐殖型干酪根成因气，中、下侏罗统天然气以腐泥型干酪根成因气为主，部分为腐殖型干酪根成因气。所以综合川中地区组分、碳同位素、轻烃分析天然气成因结果，可知川中地区上三叠统天然气为干酪根热裂解成因煤型气，中、下侏罗统天然气主要为干酪根热裂解成因油型气，部分为干酪根热裂解成因煤型气。

3.2.3　天然气气源追踪

川中地区烃源岩主要发育于上三叠统须一段、须三段、须五段与下侏罗统。川中地区与川西地区上三叠统烃源岩以Ⅲ型母质为主，而川中地区下侏罗统烃源岩以Ⅰ型～Ⅱ型母质为主。烃源岩发育层系的特殊性与母质类型的差异性，决定了川中地区与川西地区天然气来源的差异性，同时也决定了川中地区气源关系的复杂性。

3.2.3.1 组分变化特征

从川中地区部分代表性井天然气组分特征(表 3-16)及统计的川中地区陆相致密天然气组分特征(表 3-13)来看，川中地区上三叠统与中、下侏罗统天然气不含 H_2S，而下三叠统天然气普遍含 H_2S，所以上三叠统及中、下侏罗系天然气与下三叠统天然气来自不同的烃源岩。中、下三叠统天然气甲烷含量及干燥系数明显大于中下侏罗统与上三叠统，也进一步说明它们的气源差异(图 3-58、图 3-59)。同时，上三叠统与中、下侏罗统天然气甲烷含量和干燥系数也有明显的差别，上三叠统天然气甲烷含量整体较中、下侏罗统高 3%，干燥系数高 0.3，显然它们也来自不同的烃源岩。结合川中地区烃源岩发育特征，上三叠统天然气更可能主要来自埋深相对较大的上三叠统腐殖型烃源岩，而中、下侏罗统天然气更可能主要来自埋深相对较浅的下侏罗统腐泥型烃源岩，这与上述分析的上三叠统与中、下侏罗统天然气成因类型相符。

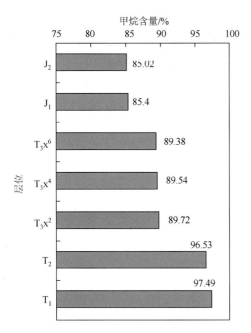

图 3-58 川中地区天然气甲烷含量分布特征

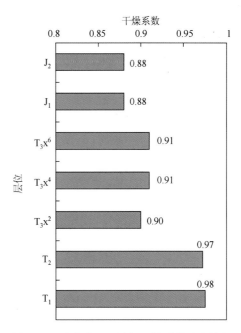

图 3-59 川中地区天然气干燥系数分布特征

3.2.3.2 碳同位素特征

由于川中地区上三叠统天然气成藏过程对天然气碳同位素的影响，使得 $\delta^{13}C\text{-}R^o$ 关系不能用于研究天然气的气源追踪。但是上三叠统与下侏罗统烃源岩类型的差异，决定了它们生成的天然气碳同位素特征的差异，所以可以利用不同层位天然气碳同位素差异来分析天然气的来源。

从川中地区上三叠统与中、下侏罗统天然气的甲烷、乙烷、丙烷碳同位素分布特征(图 3-60)来看，上三叠统甲烷碳同位素值主要为−44‰~−38‰，该区间样品数为 80%左右，还有约 20%的样品碳同位素值为−38‰~−28‰，中、下侏罗统天然气甲烷碳同位素值主要为−44‰~−38‰，该区间样品数为 75%左右，剩下 25%样品碳同位素值则为−50‰~−44‰，显然上三叠统天然气甲烷同位素明显大于中、下侏罗统；上三叠统超过 90%的样品乙烷碳同位素值大于−28‰，而下侏罗统乙烷碳同位素值超过−28‰的样品仅 20%左右，显然乙烷碳同位素值上三叠统天然气远高于中、下侏罗统；上三叠统 98%左右的样品丙烷碳同位素值大于−27‰，而下侏罗统超过 80%的样品丙烷碳同位素值小于−27‰，上三叠统天然气丙烷碳同位素也远大于中、下侏罗统天然气。通过上述对川中地区上三叠统与中、下侏罗统天然气碳同位素分布的对比，上三叠统天然气碳同位素明显大于中、下侏罗统。天然气中不同烷烃气碳同位素值主要受热成熟作用和烃源岩母质类型的影响。烃源岩成熟度越高，生成天然气成熟度越高，天然气中烷烃气碳同位素值越大。天然气碳同位素分析表明，川中地区上三叠统天然气与中、下侏罗统天然气成熟度都主要在成熟阶段，上三叠统天然气成熟度略大于中、下侏罗统，热成熟作用不可能造成它们的天然气碳同位素如此明显的差异。因此，天然气母质类型的差异是造成它们碳同位素差异的主要原因。上三叠统天然气碳同位素明显偏重，为来自腐殖型干酪根生成的煤型气，中、下侏罗统天然气则来自腐泥型干酪根生成的油型气。结合上三叠统与下侏罗统烃源岩母质类型的差异，可以得出上三叠统与中、下侏罗统天然气的气源关系：上三叠统天然气主要来自上三叠统烃源岩，中、下侏罗统天然气主要来自下侏罗统烃源岩。

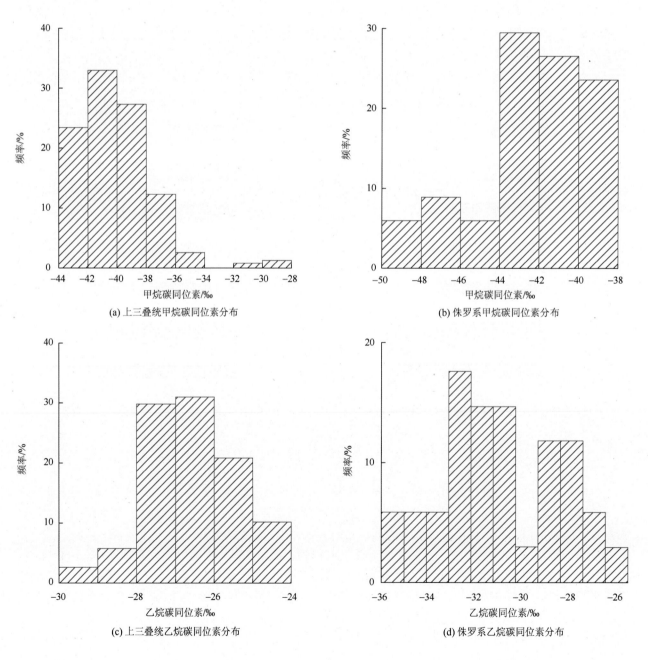

(a) 上三叠统甲烷碳同位素分布

(b) 侏罗系甲烷碳同位素分布

(c) 上三叠统乙烷碳同位素分布

(d) 侏罗系乙烷碳同位素分布

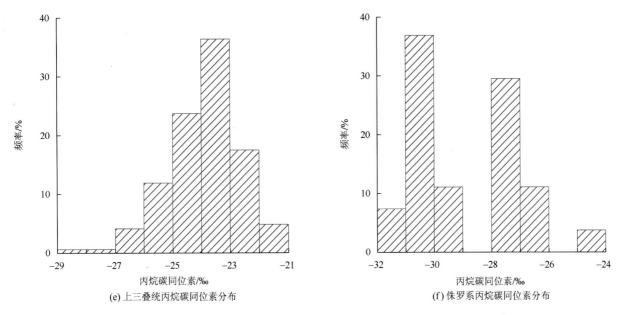

(e) 上三叠统丙烷碳同位素分布   (f) 侏罗系丙烷碳同位素分布

图 3-60 川中地区上三叠统与侏罗系天然气甲烷、乙烷、丙烷碳同位素分布特征

　　根据天然气碳同位素成因分析结果(图 3-61)，川中地区上三叠统天然气主要为煤型气，中、下侏罗统天然气以油型气为主，部分天然气为煤型气。对天然气组分特征进行气源分析已表明川中地区上三叠统与中、下侏罗统天然气主要来自上三叠统与下侏罗统烃源岩，与深部烃源岩无关。上三叠统烃源岩以腐殖型干酪根为主，主要生成煤型气，而下侏罗统烃源岩以腐泥型干酪根为主，主要生成油型气。所以，根据天然气成因类型与烃源岩类型关系也能得到相应的天然气气源关系。

3.2.3.3 轻烃特征

　　根据川中地区上三叠统与中、下侏罗统 19 件天然气轻烃样品，获得了异己烷/正己烷、甲基环己烷/正庚烷、甲基己烷/正庚烷、异庚烷值、环戊烷/2,3-二甲基丁烷、正己烷/(甲基环戊烷+2,2-二甲基戊烷)、3-甲基己烷/(1,1-二甲基环戊烷+1,顺 3 一二甲基环戊烷)、1,反 3-二甲基环戊烷/1,反 2-二甲基环戊烷、2,3-二甲基己烷/2-甲基庚烷和(4-甲基庚烷+3,4-二甲基己烷)/3-甲基庚烷等多项轻烃配对参数，对这些轻烃配对参数进行分析，可以看出天然气轻烃配对参数特征虽然不能反映具体的气源关系，但是中、下侏罗统与上三叠统天然气轻烃配对参数的差异(图 3-61、图 3-62)，反映它们天然气来源的差异。

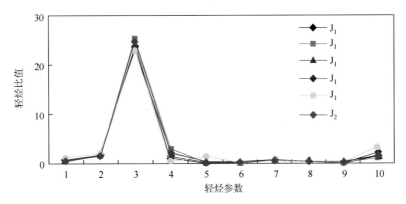

图 3-61 川中地区中、下侏罗统天然气轻烃参数对比图

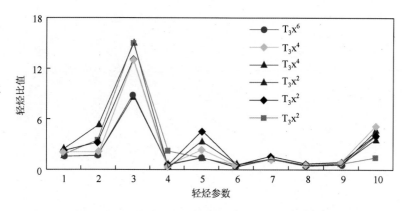

图 3-62　川中地区上三叠统天然气轻烃参数对比图

从中、下侏罗统天然气轻烃配对参数(图 3-62)来看，中、下侏罗统天然气 10 项轻烃配对参数值均十分地一致，不同产层的天然气轻烃配对参数具有非常好的相关性，体现中、下侏罗统天然气来自相同的烃源岩。相对中、下侏罗统天然气轻烃配对参数的相关性，上三叠统各主要产层轻烃配对参数相关性有所减弱，部分须二段天然气与须四段天然气轻烃配对参数有很好的相关性，部分须四段天然气与须六段天然气轻烃配对参数有很好的相关性(图 3-63)，表明上三叠统各主要产层气源关系相对较为复杂，但整体而言各产层相关性还是较好的，表明它们可能来自烃源岩性质相差不大的多套烃源岩。由于缺乏烃源岩抽提轻烃资料，所以难以确定上三叠统各段天然气具体的气源。但是，结合川中地区上三叠统产层与烃源岩的发育特征，上三叠统主要产层须二段、须四段、须六段之下均有一套烃源岩发育，而这些烃源岩都以Ⅲ型干酪根为主，所以上三叠统烃源岩生成天然气轻烃配对参数才表现一定的差异，同时整体具有很好的相关性，据此推断上三叠统天然气主要来自上三叠统烃源岩。

川中地区上三叠统与中、下侏罗统天然气轻烃特征，如庚烷值与异庚烷值(图 3-54)、K_1 值(图 3-55)、C_7 轻烃组成(图 3-56)、C_6 轻烃组分(图 3-57)均表现出明显的差异，反映了川中地区上三叠统天然气的煤型气成因特征，中、下侏罗统天然气以油型气为主，部分为煤型气的特征。烃源岩的母质类型决定了天然气的成因类型，上三叠统腐殖型干酪根决定了其生成煤型气，而中下侏罗统腐泥型干酪根决定了其生成油型气。所以根据川中地区天然气轻烃所反映的天然气成因类型及烃源岩母质类型特征，川中地区上三叠统天然气主要来自上三叠统煤系烃源岩，中、下侏罗统天然气主要来自下侏罗统腐泥型烃源岩，部分来自上三叠统煤系烃源岩。

3.2.3.4　气源综合分析

根据天然气组分、碳同位素与轻烃资料对川中地区上三叠统与中、下侏罗统天然气气源分析，上三叠统天然气主要来自上三叠统烃源岩，中、下侏罗统天然气主要来自下侏罗统烃源岩。同时，天然气成因分析表明，中、下侏罗统部分天然气为煤型气，由于中、下侏罗统主要为腐泥型烃源岩，上三叠统主要为腐殖型烃源岩，所以中、下侏罗统天然气中的这部分煤型气来自上三叠统烃源岩。

3.3　川　南　地　区

川南地区(川南气区)位于四川盆地南部，西以井研、仁寿一线为界，北以资阳、内江、大足、合川、涪陵等地为界，东以大娄山为界，南以珙县、叙永等地为界(图 2-2)，涉及永川、宜宾、泸州、内江等市县，面积近 $4 \times 10^4 km^2$。该区油气资源丰富，发育了丹凤场、合江、界市场、大塔场、阳高寺、纳溪、南井、隆昌、自流井、威远等重要气田，是四川盆地气田较为发育的地区。该区内发育了多套产气层系，主要分布在陆相的上三叠统地层与海相的中三叠统、下三叠统、下二叠统、上二叠统、上震旦统等地层。由于该区构造抬升强烈、地层剥蚀严重，在川南的很多地区已出露侏罗系地层(翟光明，1989)。因此，该区陆相致密碎屑岩地层，天然气成藏条件相对较差，油气藏(田)仅分布在上三叠统地层中，且气藏的数目较少、规模较小。

3.3.1 天然气基本特征

3.3.1.1 组分特征

川南地区须家河组天然气以烃类气体为主，主要产层中天然气烷烃组分含量平均值均大于 97%，显示出烷烃组分在川南地区天然气组分构成中的绝对优势；须二段与须四段部分天然气含少量 H_2S 气体；上三叠统各段天然气中非烃含量较低，天然气干燥系数主要分布在 0.9 左右，干燥系数最高的须四段也仅为 0.91，整体表现为湿气的特征。从主要产层中烷烃气的构成特征来看，甲烷占绝对优势，甲烷在天然气中的含量主要为 85%～90%，其次为乙烷、丙烷，这三类烷烃气构成了研究区天然气的主体，其中须二段中这三类烷烃气平均含量虽为最低，但是它们在天然气中的平均体积分数仍高达 96.38%，而在埋深更浅的须四段、须六段这三类烷烃气含量更高，平均含量分别为 97.20% 与 96.49%。相对于这三类主要烷烃气，丁烷、戊烷及其他更重的烷烃气含量则很低(表 3-18)。对比纵向上各主要产气层系天然气组分特征，不论是甲烷含量、乙烷含量、丙烷含量、总烃含量及干燥系数都没有明显的渐变规律。各项组分参数平均值的最大值与最小值主要出现在须二段与须四段，而须六段天然气组分特征参数则介于须四段与须二段之间。对于来自同一类烃源岩的天然气，通常甲烷含量、重烃含量、总烃含量、干燥系数等参数与埋深具有一定的渐变规律，如随埋深增加，成熟度逐渐增大、甲烷含量随之增加、重烃含量不断降低、干燥系数不断增大(川西地区上三叠统天然气具有类似的组分特征参数变化规律)。所以根据川南地区须家河组组分特征纵向变化规律，可以推断出研究区天然气可能并不完全来自上三叠统须家河组煤系烃源岩。同时，须二段、须四段天然气含有一定的 H_2S 气体，而须六段天然气中并不含该气体(表 3-19)，说明须家河组天然气中可能有来自下伏海相烃源岩的贡献。

表 3-18　川南地区 T_3x^2—T_3x^6 天然气组分统计表

组分 ＼ 层位	T_3x^6	T_3x^4	T_3x^2
CH_4/%	84.66～93.13 88.16(6)	86.4～98.39 90.56(12)	81.87～93.25 85.6(13)
C_2H_6/%	3.48～7.95 6.42(6)	0.58～8.69 4.97(12)	4.56～10.57 7.75(13)
C_3H_8/%	0.61～2.93 1.90(6)	0.04～3.95 1.85(12)	0.98～3.69 2.93(13)
C_{1-3}/%	89.37～99.1 96.49(19)	96.03～99.02 97.2(22)	93.95～98.79 96.38(18)
总烃/%	89.85～99.49 97.36(19)	96.03～99.42 98.31(22)	94.94～99.61 97.62(18)
H_2S	0	0.15～0.54 0.30(3)	0.04～0.42 0.26(3)
干燥系数	0.88～0.94 0.91(6)	0.86～0.99 0.92(12)	0.84～0.94 0.88(13)

3.3.1.2 碳同位素特征

川南地区上三叠统天然气碳同位素总体表现出 $\delta^{13}C_1 < \delta^{13}C_2 < \delta^{13}C_3$ 的正碳同位素分布规律，体现了研究区天然气有机成因特征(表 3-19)。从纵向上来看，$\delta^{13}C_1$ 值以须四段最大、须六段最低。烷烃气中，甲烷碳同位素对成熟度的继承性最好，天然气成熟度越大，天然气中 $\delta^{13}C_1$ 值越高。从热成熟作用的角度来

讲，埋深最浅的须六段，天然气成熟度最低、$\delta^{13}C_1$值最小，与实际情况相符。但是，从须四段、须二段甲烷碳同位素特征来看，须四段$\delta^{13}C_1$值大于须二段，与热成熟作用不符。造成须二段、须四段天然气$\delta^{13}C_1$值差异的原因可能是须四段有更多的来自下伏海相地层埋深更大的油型气的加入，须四段天然气具有须家河组天然气最低的$\delta^{13}C_2$值也说明了须四段可能有更多的油型气加入。

表3-19　川南地区上三叠统天然气碳同位素统计表

层位	$\delta^{13}CH_4$/‰	$\delta^{13}C_2H_6$/‰	$\delta^{13}C_3H_8$/‰
T_3x^6	$\dfrac{-43.1\sim-38.5}{-40.25(8)}$	$\dfrac{-29.8\sim-26.5}{-28.33(8)}$	$\dfrac{-23.3\sim-26.9}{-24.63(4)}$
T_3x^4	$\dfrac{-39.39\sim-32.28}{-37.03(11)}$	$\dfrac{-33.81\sim-26.08}{-29.69(11)}$	$\dfrac{-28.65\sim-23.18}{-25.94(10)}$
T_3x^2	$\dfrac{-40.2\sim-36.78}{-38.53(8)}$	$\dfrac{-29.6\sim-27.84}{-28.59(8)}$	$\dfrac{-27.6\sim-26.75}{-27.17(4)}$

根据戴金星(1992)提出的煤型气与油型气甲烷碳同位素值与天然气成熟度值R^o($\delta^{13}C_1$-R^o)关系式，分别计算川南地区须家河组天然气成熟度值R^o_a(按煤型气$\delta^{13}C_1$-R^o关系式计算R^o)、R^o_b(按油型气$\delta^{13}C_1$-R^o关系式计算R^o)。从按煤型气计算成熟度结果(表3-20)来看，天然气成熟度值普遍较小，很多样品成熟度值均小于0.5%，按油型气计算结果天然气成熟度值普遍较高，甚至有部分样品成熟度超过4%，显然这两类方法计算的天然气成熟度均与须家河组天然气特征及须家河组地层地质背景不符。所以，川南地区须家河组天然气不是单纯的某一类有机成因气，而应该是油型气与煤型气的混合。

表3-20　川南地区须家河组天然气甲烷碳同位素计算成熟度R^o值

井号	R^o_a	R^o_b	井号	R^o_a	R^o_b	井号	R^o_a	R^o_b
丹2	0.63	2.07	界1	0.46	1.56	音10	0.42	1.44
丹2	0.68	2.20	包浅4	0.46	1.55	界6	0.46	1.55
包27	0.41	1.40	界6	0.44	1.51	音17	0.39	1.34
包浅1	0.39	1.34	音27	0.49	1.64	音10	0.51	1.71
丹2	0.63	2.07	音27	0.45	1.52	界6	0.46	1.55
包浅1	0.67	2.18	威东9	0.24	0.88	包浅4	0.46	1.55
包27	0.41	1.40	威东9	0.24	0.87	音27	0.49	1.64
包浅1	0.39	1.34	庙4	0.59	1.95	官8	1.38	4.17
官8	1.38	4.17	音17	0.39	1.34	官3	1.41	4.24
纳14	0.72	2.32	音10	0.51	1.71	威东9	0.24	0.88

3.3.2　天然气成因及气源分析

3.3.2.1　组分特征

虽然川南地区上三叠统天然气总体上甲烷含量与干燥系数均不是很高(表3-18)，但是有部分天然气表现出极高的甲烷含量及干燥系数，同时含有一定的H_2S气体，这些天然气与下伏的下三叠统嘉陵江组和下二叠统阳新统的油型气天然气组成具有十分相似的特征(表3-21)。所以从组分含量特征来看，这些高甲烷含量天然气与下伏海相下三叠统与下二叠统油型气有相同的来源。

表 3-21   川南地区部分天然气组成特征

构造	井号	层位	相对密度	C_1/%	C_2/%	$\lg(C_1/C_2)$	H_2S/(g/m³)
九奎山	阳 67	须家河组	0.57	97.88	0.86	2.06	—
	阳 46	阳新统	0.57	97.96	0.85	2.06	1.81
海潮	海 1	须家河组	0.56	98.78	0.51	2.29	—
纳溪	纳 14	须家河组	0.57	97.98	0.85	2.06	—
	纳浅 2	须家河组	0.56	97.15	0.87	2.05	—
	纳浅 6	须家河组	0.57	97.53	1.51	1.81	—
	纳 28	阳新统	0.57	97.52	0.89	2.04	1.11
合江	合 8	须家河组	0.56	98.67	0.71	2.14	5.48
	合 12	须家河组	0.57	96.45	0.48	2.30	—
	合 9	嘉陵江组	0.56	98.18	0.49	2.30	6.01
	合 25	阳新统	0.58	97.61	0.95	2.01	2.73
塘河	塘 12	须家河组	0.56	98.06	0.56	2.24	—
		嘉陵江组	0.56	98.79	0.59	2.22	—
	塘 16	阳新统	0.56	98.60	0.47	2.32	0.08
大塔场	塔 6	须家河组	0.58	96.18	1.54	1.80	—
	塔 12	阳新统	0.58	97.35	0.25	2.59	0.44
工农场	工 22	须家河组	0.57	96.33	1.83	1.72	1.00
		阳新统	0.58	96.69	0.82	2.07	—

资料来源：潘泉勇，2008

　　从上三叠统不同组分特征天然气甲烷、乙烷、丙烷含量变化关系(图 3-63)来看，川南地区须家河组天然气可以明显地分为两类。第一类天然气中甲烷含量小于 90%，是研究区最主要的天然气，它们的烷烃组分特征表现为 C_1/C_2 值逐渐增大，而 C_2/C_3 值相对变化较小。根据实验模拟干酪根裂解气与油裂解气主要烷烃含量变化特征(Behar et al.，1992)，这部分天然气主要来自干酪根裂解气，天然气中干酪根裂解气主要来自腐殖型干酪根，所以这类天然气主要为煤型气。根据研究区烃源岩发育特征，须家河组发育煤系烃源岩，所以这类天然气主要来自须家河组烃源岩。第二类天然气中甲烷含量大于 90%，在研究区天然气中占一定的比例，这类天然气 C_1/C_2 值变化相对较小，而 C_2/C_3 值变化较大，表现出油裂解气的特征。根据研究区烃源岩发育特征，这部分天然气可能主要为下伏的海相腐泥型烃源岩的贡献，与下三叠统和下二叠统早期油藏的裂解有关。

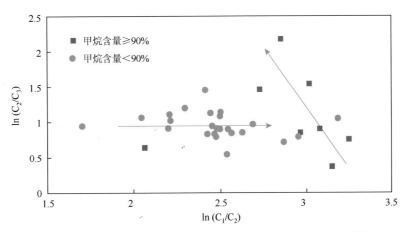

图 3-63   川南地区须家河组天然气 $\ln(C_1/C_2)$ 与 $\ln(C_2/C_3)$ 关系图

3.3.2.2　碳同位素特征

川南地区上三叠统天然气乙烷碳同位素值以大于-28‰为主,表明研究区天然气主要为煤型气。同时,部分天然气乙烷碳同位素小于-28‰,表现出油型气的特征(图 3-64)。煤型气与油型气除乙烷碳同位素有明显差别外,甲烷碳同位素也有一定差异:油型气乙烷碳同位素值较小,甲烷碳同位素值相对较高;煤型气乙烷碳同位素值相对较高,甲烷碳同位素值相对更低(图 3-64)。根据油型气与煤型气中烷烃气碳同位素基本特征,相同成熟度的煤型气甲烷碳同位素值较油型气高,所以研究区油型气来自比煤型气成熟度更高的烃源岩层系。结合研究区烃源岩发育特征可知,研究区须家河组煤型气主要来自须家河组煤系烃源岩,须家河组油型气应来自上三叠统之下埋深更大的地层。

从川南地区上三叠统天然气甲烷含量与碳同位素关系图(图 3-65)来看,研究区甲烷含量较低的天然气同时也具有较低的甲烷碳同位素,这类天然气为成熟阶段煤型气,而研究区甲烷含量较高的天然气,甲烷碳同位素值也较大,这类天然气主要是来自高成熟—过成熟阶段的油型气,所以研究区天然气为混合成因气。

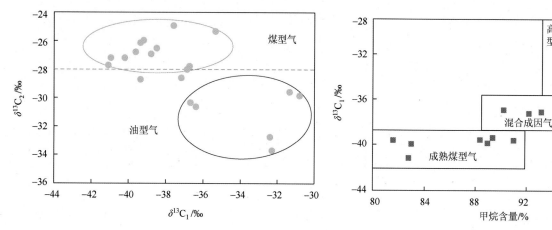

图 3-64　川南地区甲烷、乙烷碳同位素交汇图　　　图 3-65　川南地区须家河组甲烷含量与甲烷碳同位素关系
图(潘泉勇,2008,修改)

从上三叠统部分天然气与下伏海相下三叠统和下二叠统气藏天然气碳同位素特征来看(图 3-66),纳溪气田上三叠统天然气与下三叠统嘉陵江组气藏天然气碳同位素组合特征较为相似,表明纳溪气田上三

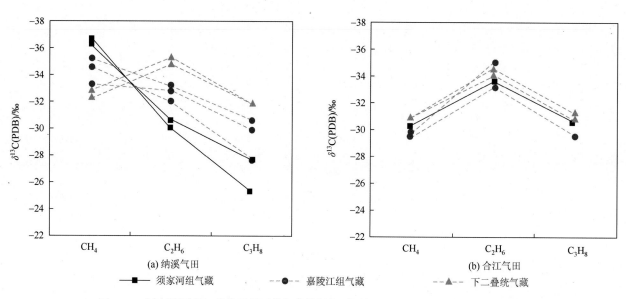

图 3-66　川南地区上三叠统及其下伏气藏烷烃气碳同位素系列特征(戴金星等,2009)

叠统天然气有部分来自嘉陵江组气藏。从合江气田上三叠统与下伏气藏中天然气碳同位素特征来看，合江气田上三叠统天然气与下伏嘉陵江组气藏及下二叠统气藏碳同位素组合特征十分相似，因此合江气田上三叠统部分天然气来自下二叠统气藏。

综合上述对川南地区上三叠统天然气地球化学特征分析，可知研究区天然气中甲烷含量主要为85%～90%，干燥系数主要分布在 0.9 左右，体现了研究区天然气主体为湿气。部分天然气甲烷含量十分高，普遍在 95%以上，干燥系数高，同时含有一定的 H_2S 气体，说明川南地区天然气成因和来源与川西地区、川中地区有明显的差别。研究区天然气碳同位素总体表现为 $\delta C_1 < \delta C_2 < \delta C_3$ 的正碳同位素分布特征，表明研究区天然气主要为有机成因气。该区天然气成因类型以煤型气为主，这类天然气甲烷含量相对较低，天然气成熟度也较低，主要为成熟阶段生成气，天然气主要来自须家河组煤系烃源岩。同时存在一定的油裂解成因油型气，这类天然气甲烷含量普遍较高，天然气成熟度较高，为高成熟—过成熟阶段生成气，天然气主要来自下伏海相下三叠统与下二叠统气藏。

3.4　天然气地球化学特征综合分析

四川盆地陆相致密天然气以烃类气体为主，烃类气体中以甲烷占绝对优势，甲烷含量普遍高于 85%；干燥系数以川西地区最高，以大于 0.95 为主，天然气主要为干气，川中地区与川南地区天然气干燥系数相当，分别为 0.91 与 0.90，主要为湿气。造成川西地区干燥系数大于川中地区与川南地区的主要原因是川西地区地层厚度及埋深均大于川中地区与川南地区，受埋深热成熟作用的影响，故天然气干燥系数更高。除川南地区上三叠统天然气中发现部分天然气含 H_2S 外，四川盆地其他地区陆相天然气均不含 H_2S，说明四川盆地陆相致密碎屑岩天然气主要为陆相成因天然气，仅川南地区上三叠统有部分海相成因天然气。川西地区陆相天然气主要处于成熟与高成熟阶段，川中地区与川南地区上三叠统天然气成熟度分布在成熟与高成熟阶段，以成熟阶段天然气为主，川中地区侏罗系天然气成熟度最低，主要处于成熟阶段。因此，四川盆地陆相天然气成熟度以川西地区最高，其次为川中地区与川南地区上三叠统天然气，川中地区侏罗系天然气成熟度相对最低。四川盆地陆相天然气成因类型主要为干酪根裂解成因煤型气，川西地区须二段有少量油裂解成因油型气，川中地区侏罗系天然气主要为油型气，由干酪根裂解生成，川南地区上三叠统部分天然气为油裂解成因气。四川盆地陆相致密天然气气源关系为（表 3-22）：上三叠统天然气主要来自上三叠统煤系烃源岩，仅川西地区须二段少量油型气来自须一段腐泥型烃源岩，川南地区上三叠统部分油型气来自下伏海相下三叠统与下二叠统气藏；川西地区侏罗系及白垩系天然气主要来自上三叠统烃源岩，川中地区侏罗系天然气主要来自下侏罗统烃源岩（表 3-22）。

表 3-22　四川盆地陆相致密天然气地球化学特征

参数	川西地区	川中地区	川南地区
干燥系数	0.95	0.91	0.90
天然气类型	干气	湿气	湿气
H_2S	无	无	有
天然气成熟度	成熟—高成熟	J：成熟 T_3：成熟，部分高成熟	成熟，部分高成熟
天然气成因	煤型气，须二段有少量原油裂解油型气	J：干酪根裂解油型气，少量煤型气 T_3：煤型气	煤型气，部分为原油裂解油型气
天然气来源	上三叠统煤系烃源岩，少量油型气来自须一段偏腐泥型烃源岩	J：侏罗系腐泥型烃源岩，少量来自上三叠统煤系烃源岩 T_3：上三叠统煤系烃源岩	上三叠统煤系烃源岩，部分来自下三叠与下二叠气藏

4　四川盆地致密碎屑岩储层特征

四川盆地陆相致密碎屑岩地层储集层较为发育，自下而上主要分布在上三叠统的须家河组、下侏罗统的自流井组、中侏罗统千佛崖组与沙溪庙组、上侏罗统遂宁组与蓬莱镇组以及下白垩统。上三叠统碎屑岩储层厚度及分布总体相对稳定，相对而言川西地区储层厚度略大于四川盆地其他地区(杨晓萍等，2005)。侏罗系储层分布面积广，发育层系多，与烃源岩及盖层组合关系较好(蒋裕强等，2010)。下白垩统储层仅分布在川西坳陷的局部地区。

4.1　储层基本特征

4.1.1　岩石学特征

4.1.1.1　侏罗系

1. 蓬莱镇组

蓬莱镇组储层以细砂岩、粉砂岩为主，岩石类型主要为岩屑砂岩，其次为长石岩屑砂岩、岩屑长石砂岩和岩屑石英砂岩(图4-1)。碎屑成分以石英为主，岩屑次之，长石含量较少，胶结物以方解石为主，有少量白云石、硬石膏，偶见硅质、沸石。基质(泥质)含量一般较低；胶结类型以孔隙式为主，或接触-孔隙式，个别为基底-孔隙式；分选好—中等；磨圆度多为次棱角状，次圆、棱角状少量。

2. 遂宁组

遂宁组储层以岩屑砂岩为主，次为长石岩屑砂岩。岩石普遍含钙，含钙砂岩占总砂岩的59.62%。碎屑组分中石英平均含量为66.07%；岩屑平均含量为27.45%；长石平均含量为6.48%。胶结物以方解石为主，平均含量为10.09%；次为硬石膏，少量白云石；碎屑颗粒分选以好为主，部分中等；磨圆度绝大部分为次棱角状，少部分为棱角-次棱角状。胶结类型以孔隙式为主(占80%以上)，次为孔隙-接触式及接触式。川西地区与川东北地区具有不同的物源及物源区性质(图4-2)。

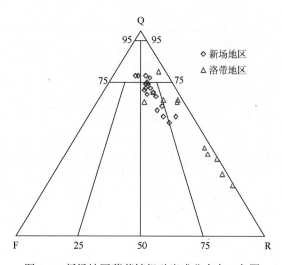

图4-1　新场地区蓬莱镇组砂岩成分命名三角图

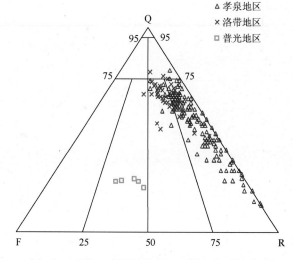

图4-2　孝泉—洛带及普光地区遂宁组砂岩成分命名三角图

3. 沙溪庙组(上、下沙溪庙组)

沙溪庙组以中-细粒岩屑长石砂岩为主,次为长石岩屑砂岩,少量岩屑砂岩(图 4-3)。石英平均含量为51%,普光地区石英含量一般小于 40%,具有贫石英的特点。岩屑成分复杂,主要有泥岩岩屑、砂岩岩屑等沉积岩岩屑,以及中酸性侵入岩和喷出岩岩屑、变质岩岩屑等。胶结物有方解石和少量硅质。胶结类型以孔隙式或接触式为主,分选中等—好,磨圆度以次棱角状为主。

4. 千佛崖组

储层以细粒长石岩屑砂岩为主,次为岩屑长石砂岩和岩屑砂岩(图 4-4)。砂岩成分中石英一般为 35%～60%(最高为 95%),长石含量较高,一般为 8%～20%(最高为 24%),主要为斜长石和钾长石,中等风化程度为主,少量呈深度风化。岩屑一般为 5%～35%(最高为 48%),以变质岩类岩屑为主,其次为沉积岩类岩屑,火成岩岩屑含量较少。分选好,磨圆度为次圆至次棱角状,硅质胶结为主,少量钙质,胶结类型为接触式。

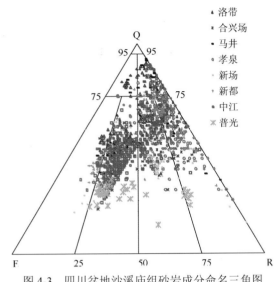

图 4-3　四川盆地沙溪庙组砂岩成分命名三角图

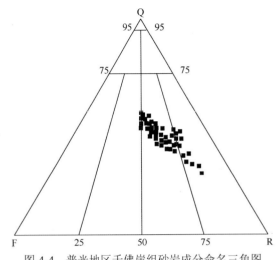

图 4-4　普光地区千佛崖组砂岩成分命名三角图

5. 自流井组(白田坝组)

1)大安寨段

储层岩性主要为微-亮晶介壳灰岩、泥微晶灰岩。介壳主要为瓣鳃类,多呈不规则碎片,磨蚀作用和重结晶作用强烈,普遍含泥质条带。

2)珍珠冲段

底部为厚层块状砾岩、砂砾岩、含砾砂岩;中下部以细-中粒岩屑砂岩、岩屑石英砂岩为主,石英砂岩少量。砂岩中碎屑成分变化较大,石英占 20%～85%,岩屑占 15%～60%,长石普遍少于 1%;岩屑成分中以沉积岩为主,平均约占 66%,其次为变质岩,火成岩少量。碎屑颗粒以细粒为主,中粒、粉粒少量,分选中等,次棱角状,钙质孔隙式胶结。岩石成分成熟度、结构成熟度均较低,反映物源较近。

就四川盆地而言,侏罗系储层岩具有以下规律:纵向上,珍珠冲段以岩屑砂岩为主,其次为岩屑石英砂岩;千佛崖组以长石岩屑砂岩为主;沙溪庙组以岩屑长石砂岩为主;遂宁组以岩屑砂岩为主;蓬莱镇组与遂宁组相似,以岩屑砂岩为主。横向上,川北地区和川东北地区与川西地区相比,珍珠冲段岩屑含量高,且以沉积岩岩屑为主,而沙溪庙组具富长石贫石英的特点,反映了物源区和物源区性质的不同,这也是造成孔隙特征具差异性的重要原因。

4.1.1.2　须家河组

四川盆地须家河组储集层为一套成分成熟度较低而结构成熟度较高的陆源碎屑岩,成分成熟度较低表现在石英含量较低,而长石、岩屑含量较高,成分成熟度指数一般为 1.5～4,少数可达 6～7。碎屑颗粒分选、磨圆较好,杂基含量较少(申艳,2007;谢继容等,2009),结构成熟度较高。根据薄片鉴定资料（表4-1），各组分特征如下。

表4-1　四川盆地须家河组碎屑岩组分统计表

含量　　　组分	石英/%	长石/%	岩屑/%				杂基/%
			火成岩	变质岩	沉积岩	岩屑总量	
一般	30～70	1～15	2～40	1～30	1～30	8～60	0～15
最低	15	0	0	0	0	0	0
最高	88	16	57	54	57	79	20
平均	58	8	12.25	7.14	2.06	21	2.50

资料来源：戴朝成，2011

　　碎屑颗粒由石英、长石和岩屑组成。须家河组储层石英含量最低仅15%，最高可达88%，一般为30%～70%，平均含量为58%。石英颗粒在偏光显微镜以单晶石英为主［图4-5(a)］，表面干净，有少量多晶石英和燧石。另外含有少量来自变质岩区的强波状消光的石英。

　　长石含量在不同地区差别较大，最高为16%，在部分薄片中未见长石颗粒，但其一般为1%～15%，平均为8%。总体上具有长石含量较低的特点，这主要与长石的溶蚀和蚀变有关，被溶蚀的长石一般为0%～5%。镜下观察长石主要以钾长石为主，其次为聚片双晶斜长石，另含少量微斜长石和条纹长石。长石常发生黏土化和绢云母化，在须家河组常见长石被方解石选择性交代［图4-5(b)］。

　　岩屑含量较高，最低为0%，最高为79%，一般为8%～60%，平均为21%。岩屑组分复杂，火成岩、变质岩、沉积岩三大类岩石均有［图4-5(c)～(e)］，具有分区性分布特点，如川西地区北部以火成岩岩屑为主，川西地区中部以沉积岩岩屑为主，川西地区南部以变质岩岩屑为主，川中地区前陆隆起岩屑含量相对较低，一般以变质岩岩屑为主。

 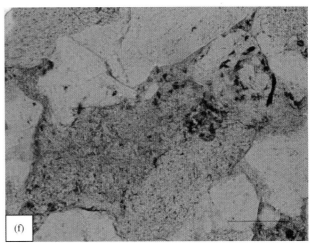

图 4-5 须家河组碎屑颗粒和填隙物(戴朝成，2011)

(a)安居 1 井，2168.79m，须四段，蓝色铸体，正交偏光，单晶石英和少量的多晶石英，含有酸性岩浆岩岩屑和钙质岩屑，酸性岩浆岩岩屑被溶蚀，部分单晶石英有次生加大；(b)安居 1 井，2168.79m，须四段，染色薄片，单偏光，具有一定定向性和波状消光的多晶石英，可见长石被方解石交代，千枚岩形成假杂基；(c)广安 102 井，2199.85m，须四段，蓝色铸体，单偏光，基性岩浆岩岩屑；(d)安居 1 井，2226.36m，须四段，蓝色铸体，10×(+)，白云母和千枚岩形成明显的假杂基，长石可见明显裂纹；(e)广安 101 井，2273.21m，须四段，4×(+)，碳酸盐岩岩屑，少量的钙质胶结，石英见裂纹；(f)广安 138 井，2304.62m，须四段，蓝色铸体，20×(-)，溶孔中充填的伊利石

填隙物包括杂基及胶结物，砂岩中的杂基主要由黏土矿物组成，薄片鉴定主要为伊利石和绿泥石等[图 4-5(f)]，含量一般为 0.1%～15%，最大可达 20%，平均值为 2.5%，总体上以杂基含量较低和分布不均匀为主要特点；常见的胶结物主要有两类，其一为方解石粉晶，于川西地区中部的须四段砂岩中最发育(吕正祥，2005)，含量为 8%～15%，一般发育有方解石胶结物的砂岩中孔隙大多数被完全充填；其二为石英，在须二段、须四段和须六段砂岩中广泛发育，多呈次生加大边形式出现，含量为 2%～8%，这是须家河组砂岩致密化的重要原因。此外，在次生孔隙中常见次生高岭石充填物，含量高的部位可达 2%～3%。

须家河组储层岩石中含有较多的塑性岩屑，如变质岩岩屑和泥页岩岩屑等，这些岩屑在压实作用过程中，部分受挤压进入邻近的孔隙空间，形成假杂基，对储层孔隙造成强烈破坏。

四川盆地须家河组砂岩储层以须二段和须四段为主，两个岩性段砂岩类型在盆地的不同部位有所不同，具有分带性分布规律(图 4-6)，如在川西地区北部以岩屑砂岩为主，中部为岩屑砂岩与长石砂岩混合区，南部以岩屑长石砂岩为主，而在川中地区前陆隆起为长石岩屑砂岩与岩屑石英砂岩混合区。在纵向上，岩石类型的变化总体上比较小，只是岩屑含量，特别是碳酸盐岩岩屑在北部地区有明显增多的变化趋势。

1. 须二段

川西坳陷北、中部地区须二段储层岩石类型主要为岩屑砂岩，少量长石岩屑砂岩[图 4-7(a)]。具有石英和长石含量低的特点，石英和长石含量平均值分别为 53% 和 5%，岩屑含量较高，平均达 30%，岩屑中以沉积岩和火成岩岩屑为主，平均达 20% 以上。杂基含量平均值为 2%。该区石英、长石含量特低，物源主要来自龙门山古陆北段，具有近物源的特点。

川西坳陷南部地区须二段储层岩石类型主要为长石岩屑砂岩，其次为岩屑长石砂岩和岩屑石英砂岩，少量长石石英砂岩和岩屑砂岩[图 4-7(b)]。薄片观察岩屑主要为碳酸盐岩岩屑和变质岩岩屑，长石颗粒以钾长石为主，石英平均含量为 65%、长石平均含量为 8%、岩屑平均含量为 9%，杂基含量为 2.45%。该区以石英含量高、岩屑含量低为特征，物源主要来自龙门山古陆南段和康滇古陆。

四川盆地前陆斜坡及前陆隆起带岩石类型主要为长石岩屑砂岩，少量岩屑砂岩、岩屑石英砂岩和长石石英砂岩[图 4-7(c)]。石英平均含量为 61%、长石平均含量为 10%、岩屑平均含量为 17%，岩屑以酸性岩浆岩岩屑和变质岩岩屑为主，该区以长石含量高、碳酸盐岩岩屑和杂基含量很低为特征，物源可能来自康滇古陆和黔中古陆。

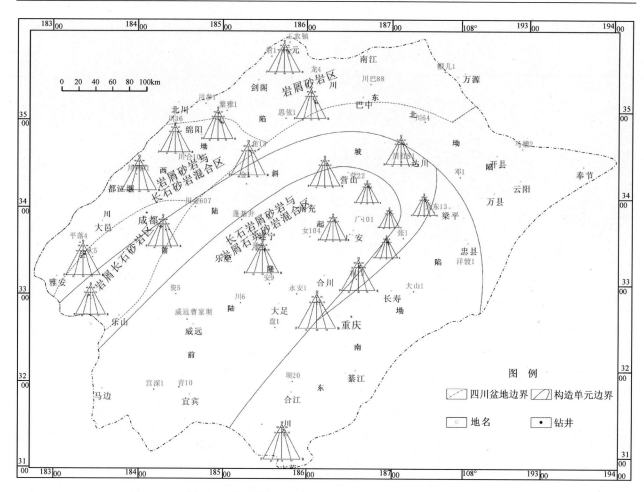

图 4-6　四川盆地须家河组岩性分区图(戴朝成，2011)

川东北坳陷带地区野外剖面样品较少，根据固军坝、石冠寺、樊哈和七里峡四条野外剖面薄片样品分析，岩石类型以岩屑砂岩为主，少量长石岩屑砂岩［图 4-7(d)］。石英平均含量为 55%、长石平均含量为 6%，岩屑平均含量为 25%，具有长石含量低而岩屑含量高的特点，岩屑中以变质岩屑为主，平均值高达 14%。杂基含量相对盆地内其他区域明显偏高，平均值达 7.5%。总体反映物源来自大巴山古陆，具近物源的特点。

2. 须四段

川西坳陷带北部和中部地区岩石类型主要为岩屑砂岩［图 4-8(a)］，而在江油中坝地区、彭山狮山剖面等局部地区主要为岩屑石英砂岩。总体上石英和长石含量很低，石英平均含量为 46%、长石平均含量为 2%；岩屑平均含量为 36%，岩屑以火成岩岩屑和碳酸盐岩岩屑为主；杂基平均含量为 4%。岩石组分分布极不均一，老关庙构造关 5 井须四段取心段为砾岩，不含石英、长石，颗粒全为沉积岩岩屑，且以碳酸盐岩岩屑为主，杂基和方解石胶结含量高，储层物性差。广元须家河组剖面须四段砂岩石英含量很低，在 50%以下，长石含量也少，一般为 1%~3%，岩屑含量高，主要为火成岩岩屑和碳酸盐岩岩屑，杂基和方解石胶结物含量也较高。须家河组剖面须四段主要为砾岩，其岩性特征类似于关 5 井砾岩，砾石主要为碳酸盐岩，并含有大量杂基和方解石胶结物。彭州狮山剖面的砂岩为中细粒，分选中等，次圆状；石英含量为 60%，燧石含量为 8%，长石少见，碳酸盐岩岩屑含量为 15%，少量千枚岩岩屑；钙质胶结明显，少量绿泥石充填在孔隙中或交代燧石和碳酸盐颗粒，少量黏土杂基。颗粒整体接触紧密，少见孔隙，为岩屑石英砂岩。中坝构造中 72 井须四段取心段为中、细砂岩，石英含量很高，为 60%~70%，长石含量一般为 1%，不含杂基，岩屑以火成岩岩屑为主，大量高岭石胶结物是其显著特征，同时储层物性好。从有限的几口井物性分析资料来看，储层物性较差，孔隙度一般在 5%以下，只有中 72 井物性较好，平均孔隙度达 8.51%，因此可以推断川西地区北部须四段岩性可以广元须家河剖面为代表，即石英、长石含量很低，岩屑含量高，主要为碳酸盐岩岩屑和火成岩岩屑，物源来自龙门山古陆北和中段。

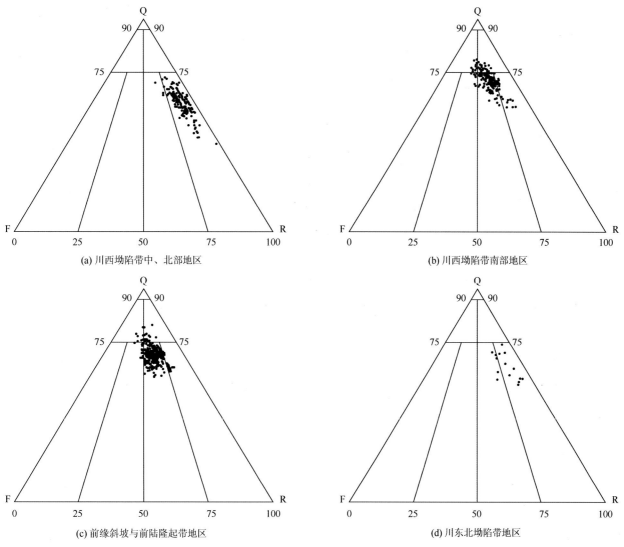

图 4-7　四川盆地不同区带须二段砂岩成分三角图(戴朝成，2011)

　　川西坳陷带南部地区须四段岩石类型主要为岩屑砂岩［图 4-8(b)］。与须二段相比，石英、长石含量明显降低，石英平均含量为 54%、长石平均含量为 5%，岩屑平均含量为 33%，岩屑以火成岩岩屑和碳酸盐岩岩屑为主。杂基平均含量为 4%。物源主要来自龙门山古陆南段。

　　前陆斜坡及前陆隆起带须四段储层岩性主要为长石岩屑砂岩、岩屑长石砂岩、长石砂岩，可见长石石英砂岩、岩屑砂岩和少量岩屑石英砂岩［图 4-8(c)］。石英平均含量为 64%、长石平均含量为 12%，岩屑平均含量为 15%，岩屑中以火成岩岩屑为主，其次为变质岩岩屑，沉积岩岩屑相对较少，杂基平均含量为 2%。须四段砂岩成分成熟度和结构成熟度都较高，成分成熟度指数［石英/(长石+岩屑)］一般为 2.5～3。从粒度上来看，储层主要以中粒、细-中粒砂岩为主，其次为中-粗砂岩，少量为粉砂岩。川南地区须四段以石英含量较高，变质岩岩屑较多为特征，而康滇古陆、黔中古陆主要是再旋回碎屑母岩区，也有部分变质母岩，因此其物源可能来自康滇古陆和黔中古陆。

　　川东北坳陷带岩石类型为岩屑砂岩［图 4-8(d)］。石英长石含量很低，平均含量分别为 48%和 3%，岩屑平均含量为 40%，岩屑以火成岩岩屑和变质岩岩屑为主，大多数样品不含碳酸盐岩岩屑，杂基普遍含量较高，平均含量为 7%。另外在须四段底部发育大套硅质砾岩。

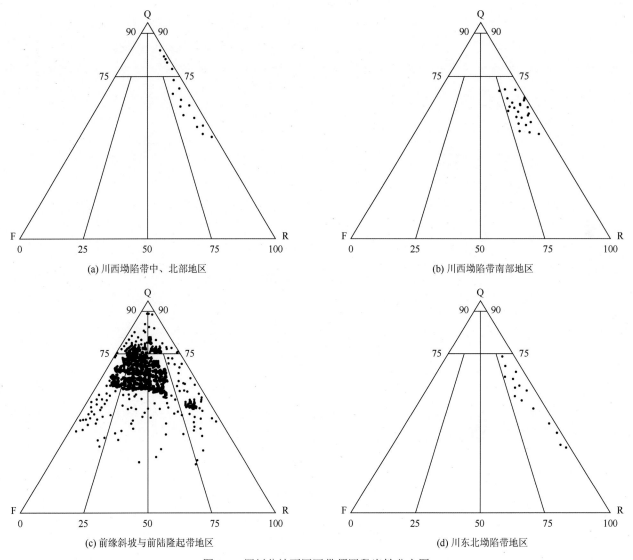

(a) 川西坳陷带中、北部地区　　　　　　　(b) 川西坳陷带南部地区

(c) 前缘斜坡与前陆隆起带地区　　　　　　(d) 川东北坳陷带地区

图 4-8　四川盆地不同区带须四段岩性分布图

3. 须六段

整个四川盆地须六段取心资料较少，取心井主要集中在川南地区，但川南地区野外剖面较多。根据川南地区 4 口钻井取心资料和 9 条野外剖面 50 个薄片样品分析，岩石类型以长石岩屑砂岩为主，次为岩屑石英砂岩，少量岩屑砂岩和纯石英砂岩，石英砂岩类多集中分布在须六段上部。总体上，川南地区须六段石英含量较高，平均为 63.00%；长石含量中等，平均为 8.02%；岩屑含量较低，平均为 14.5%。岩屑以火成岩岩屑为主，其次为变质岩岩屑，沉积岩岩屑很少，杂基含量较低，平均为 1.96%，物源主要来自黔中古陆。

4.1.2　成岩作用

4.1.2.1　主要成岩作用类型

1. 压实、压溶作用

研究区机械压实作用整体表现为较强—很强，但是在不同骨架成分的砂岩中，所表现出来的特征差异较大。对于侏罗系，碎屑组分岩屑含量高，具富岩屑、贫石英的砂岩类型中，特别是岩屑类型为泥岩岩屑、千枚岩岩屑和片岩岩屑的塑性岩屑，抗压实能力较弱，碎屑颗粒多呈线性接触，岩石中常见的塑性矿物及岩屑发生弯曲变形［图 4-9(a)］。川西地区蓬莱镇组储层压实作用较弱，但对于软质颗粒发育的储集层段，压实特征明显，是使储层物性变差的较为重要的成岩作用之一。

川西坳陷须家河组砂岩经历了较强的物理成岩作用和较弱的化学成岩作用。对比川西坳陷须家河组两个主要的储集段可知，虽然须二段和须四段埋藏深度的差值很大，但压实作用对须二段和须四段孔隙度的影响是非常类似的。压溶作用中等—强，其基本特点为垂向上碎屑间以点-线接触为主，而侧向上碎屑间则以线-凹凸接触为主，点及缝合接触次之，说明侧向上的压溶作用强于垂向上的。由于强烈的压实、压溶作用，使碎屑间原生粒间孔隙有不同程度的损失，无论是对原生孔隙的保存，还是对后期与溶蚀作用有关的次生孔隙发育，都为不利因素［图 4-9(b)］。

图 4-9　压实、压溶作用

(a)压实作用强烈，黑云母受压弯曲变形，呈飘带状，川孝 603 井，照片宽度 3.1mm，2623.45m，J₂x；(b)中细粒长石砂岩,压实、压溶作用强，碎屑间呈线-凹凸接触，云母呈揉皱充填孔隙(C)，固军坝-19-2

2. 胶结作用

研究区胶结作用类型丰富，沙溪庙组长石砂岩中普遍发育坏边绿泥石胶结物、浊沸石胶结物，千佛崖组岩屑砂岩中发育方解石胶结物，珍珠冲段石英砂岩中发育环边泥粉晶菱铁矿，须家河组岩屑长石砂岩中常见环边绿泥石薄膜胶结物、紧贴碎屑物表面分布的菱面体状菱铁矿粉晶等，都属于具双重性质的胶结作用。

1) 碳酸盐矿物的胶结作用

川西坳陷须家河组和川东地区合川碳坝剖面须家河组砂岩中碳酸盐胶结物的研究结果表明，碳酸盐胶结物的平均含量高达 5.46%，占胶结物总量的 78%，是数量上第一的自生矿物。碳酸盐胶结物的主要类型包括方解石［图 4-10(a)～(c)，图 4-11(c)、(d)］、白云石［图 4-10(a)、(b)、(d)，图 4-11(a)］，其中须四段以方解石为主，须二段以白云石为主。在侏罗系各层段砂岩中，方解石胶结作用普遍发育，可分为连晶方解石和粒状镶嵌方解石两种［图 4-11(b)］。

图 4-10　碳酸盐矿物的胶结作用一

(a)充填白云石和方解石，茜素红染色变红的为方解石，未变色的为白云石，箭头所指为白云石，大邑 2 井，4581.36m，须三段，铸体薄片，单偏光，照片对角线长为 1.72mm；(b) I -1 正交偏光照片；(c)广泛充填方解石，茜素红染色变红，丰谷 21 井，3480.73m，须四段，铸体薄片，单偏光，照片对角线长为 1.72mm；(d)白云石交代长石，茜素红染色未变色，大邑 2 井，4952.92m，须二段，铸体薄片，单偏光，照片对角线长为 0.86mm

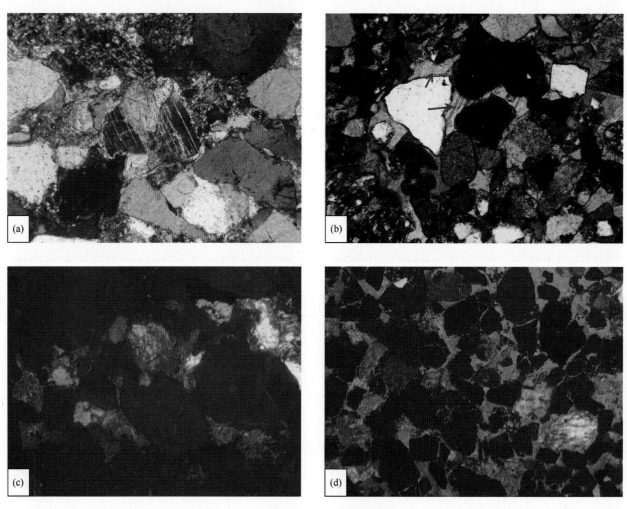

图 4-11　碳酸盐矿物的胶结作用二

(a) I -4 的正交偏光照片；(b)方解石连晶胶结，胶结作用强烈，天全沙坪剖面，J_3sn，照片宽度 1.2mm；(c)广泛的方解石胶结作用，岩石中大多数的方解石占据长石溶解空间且具相对较亮的阴极发光，发蓝光的长石残晶表明被溶长石为钾长石，大邑 2 井，4976.25m，须二段，阴极发光照片，短边长 3.3mm；(d)广泛的方解石胶结作用，岩石中大多数的方解石占据长石溶解空间且具相对较亮的阴极发光，发蓝光的长石残晶表明被溶长石为钾长石，大邑 2 井，4651.37m，须三段，阴极发光照片，短边长 3.3mm

2) 自生石英(硅质)的胶结作用

自生石英在四川盆地碎屑岩层系砂岩中比较普遍，但其强弱差异大。川西地区蓬莱镇组储层的石英次生加大和粒间充填胶结并不普遍，在沙溪庙组砂岩中，自生石英发育程度中等。

在自流井组珍珠冲段石英砂岩中，由石英次生加大形成岩石的再生胶结结构，构成了非常致密的沉积石英岩岩石类型，原生粒间孔消失殆尽［图 4-12(a)］。须家河组砂岩中大多数硅质胶结物以围绕碎屑石英边缘生长的方式存在［图 4-12(b)～(d)，图 4-13(a)、(b)］，加大部分常由多个具相同光性方位的石英组成，这些石英最终连接成一个大的晶体形成"加大边"并堵塞一部分孔隙，但仍有相当数量的硅质胶结物以分散的微晶形式存在，它们存在于长石溶解形成的次生孔隙中，这种现象在须四段尤其显著［图 4-13(c)～(f)］，显示长石的溶解是硅质胶结物的重要物质来源之一。

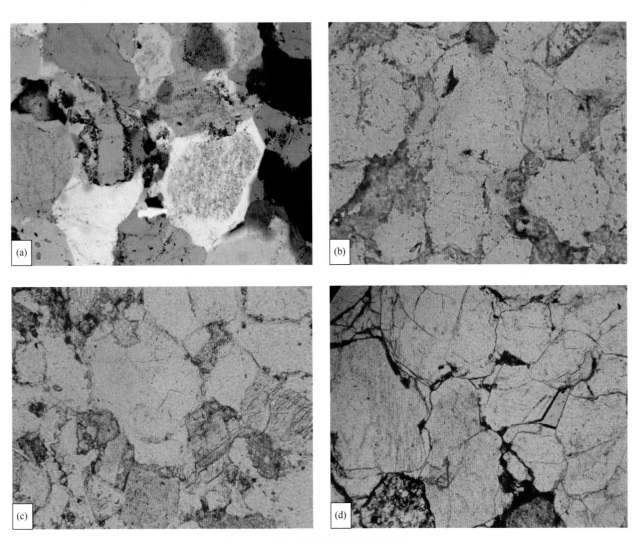

图 4-12 自生石英(硅质)的胶结作用一

(a)细-中粒泥质岩屑石英砂岩，粒间硅质局部充填粒间孔，形成石英Ⅱ～Ⅲ级加大边，10×10(+)，岩屑薄片，关 8 井，3192m，J₁z；(b)石英次生加大，丰谷 21 井，3480.3m，须四段，铸体薄片，正交偏光，照片对角线长为 1.72mm；(c)石英次生加大被白云石自形晶干涉，白云石的菱形晶面较完整，说明白云石胶结早于石英次生加大，大邑 2 井，4962.06m，须二段，铸体薄片，正交偏光，照片对角线长为 0.86mm；(d)广泛发育石英次生加大，堵塞原生孔隙，川东合川剖面，436.34m，须家河组下亚段，铸体薄片，单偏光，照片对角线长为 1.72mm

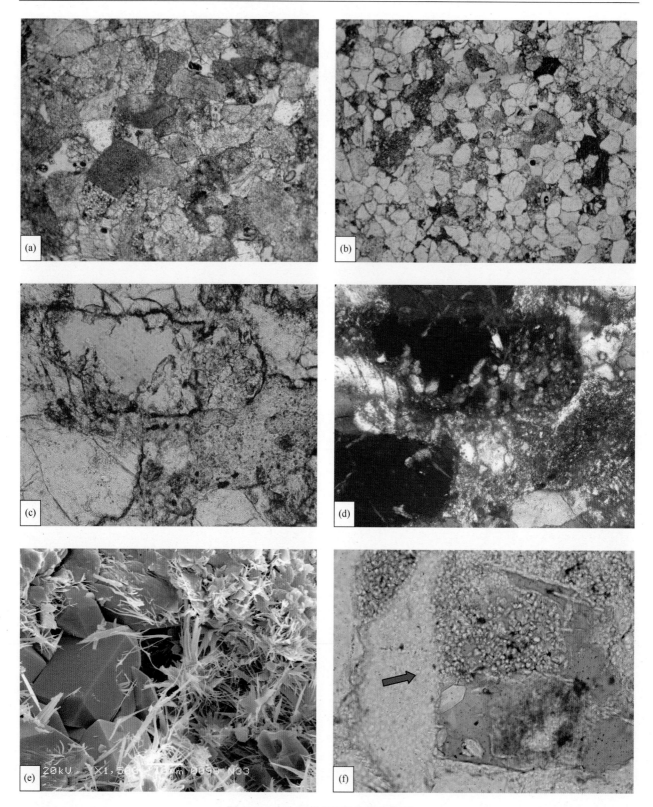

图 4-13　自生石英(硅质)的胶结作用二

(a)钙屑砂岩中原生孔隙发育，颗粒边缘保存完好，因碳酸盐岩岩屑为刚性颗粒，抗压实能力较强，原生孔隙得以保存，丰谷 21 井，3774.84m，须四段，铸体薄片，单偏光，对角线长 1.72mm；(b)溶蚀铸模孔广泛发育，灌县信手剖面，地表样品，须二段，铸体薄片，单偏光，对角线长 4.3mm；(c)长石铸模孔，孔内充填石英及高岭石，川东合川剖面，108.69m，须家河组上亚段，铸体薄片，单偏光，照片对角线长为 0.86mm；(d)图版Ⅱ-1 的正交偏光照片；(e)充填于粒间孔隙中的毛发状伊利石及自生石英晶体，川孝 568 井，3412.35m，须四段，扫描电镜照片；(f)长石溶解空间中沉淀的自生高岭石，高岭石较富晶间孔，有自生石英和高岭石伴生(蓝色箭头所指)，川孝 565 井，3549.53m，须四段，铸体薄片，单偏光，对角线长 0.375mm

3) 自生黏土矿物的沉淀作用

自生高岭石、自生绿泥石和自生伊利石是川西坳陷地区最为重要的三种自生黏土矿物类型 [图 4-10(a)、(b)，图 4-14(a)～(d)]。须二段比须四段具有更高的自生绿泥石含量；高岭石在川西坳陷地区具有非常低的含量，须四段平均含量为 0.71%，须二段不存在高岭石；伊利石是孝-新-合地区须家河组含量最高的黏土矿物，就岩石中的含量而言，须四段显著多于须二段。川西地区蓬莱镇组局部储集层段的绿泥石胶结比较普遍，镜下常见针叶状或花朵状绿泥石绕碎屑颗粒表面呈栉壳状生长，并在其表面形成绿泥石环边薄膜；沙溪庙砂岩中，绿泥石、伊利石主要以孔隙衬垫式和球形集合体形式充填于孔隙边缘或孔隙中间，为最早期的胶结物。

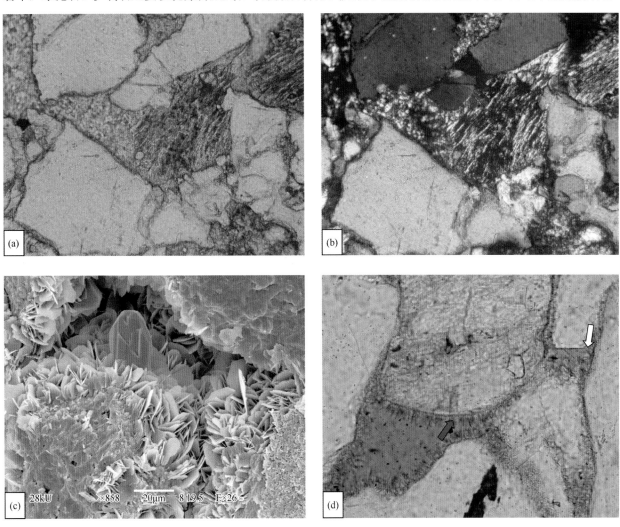

图 4-14 自生黏土矿物的沉淀作用

(a) 粒间高岭石集合体及溶蚀孔中平行网状伊利石集合体，新 11 井，3575.31m，须四段，铸体薄片，单偏光，对角线长 0.86mm；(b) 图版Ⅵ-1 的正交偏光照片，注意书页状的高岭石干涉色较高(箭头所指)，可能发生伊利石化；(c) 叶片状绿泥石集合体及次生钠长石晶体竞争生长并充填于粒间孔隙中，绿泥石膜厚接近 20μm，见残余粒间孔，新 11 井，5018.015m，须二段，扫描电镜照片；(d) 以孔隙衬里方式产出的自生绿泥石，由定向的和近于等厚的纤状绿泥石构成，大多数颗粒接触处没有绿泥石，右下部为溶解的长石，其绿泥石包膜尚存，川高 561 井，4992.9m，须二段，铸体薄片，单偏光，对角线长 0.28mm

4) 浊沸石及其他矿物胶结

四川盆地的川中地区、川东北地区沙溪庙组砂岩普遍含浊沸石胶结物 [图 4-15(a)、(b)]，其含量一般为 5%～8%，最高可达 18%(卢文忠等，2004；杨晓萍等，2005)。浊沸石胶结物具非常发育的柱状解理，其形成时间较早(大致为早成岩 B 期)。在川中地区，储层中大量的浊沸石胶结物和长石颗粒属易溶组分，在有机酸作用或油气运聚过程中被溶蚀形成浊沸石溶孔，构成沙溪庙组砂岩储层主要储集空间。

除以上主要的胶结物外，在四川盆地侏罗系砂岩中还发育硬石膏、钠长石等胶结物 [(图 4-15(c)、(d)]。

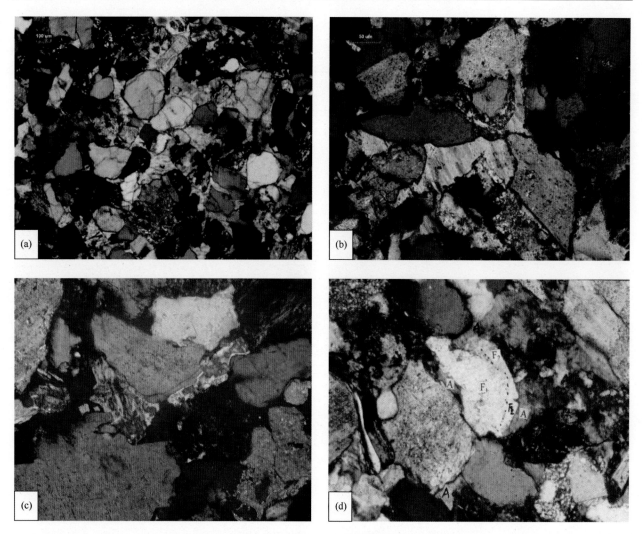

图 4-15　浊沸石及其他矿物胶结

(a)浊沸石胶结，正交偏光，50×，铁山，J₂s；(b)浊沸石胶结物，正交偏光，200×，马 1 井，1695～1700m，J₂s；(c)长石加大—硬石膏胶结，正交偏光，20×5，L655，1818.27m；(d)细-中粒长石砂岩：长石碎屑(F1)次生加大边(F2)形成之后余下的孔隙被浊沸石(A)充填，渡 21 井，1379.22～1379.30m

3. 溶蚀作用

总体来说，须家河组和自流井组珍珠冲段中的碎屑岩储层溶蚀作用偏弱，以形成粒间微孔—小孔为主，粒内溶孔不发育。沙溪庙组中储层溶蚀作用差异大，以弱溶为主，在浊沸石胶结的长石砂岩中形成微孔—小孔，主要以长石、岩屑被溶蚀现象产出，但存在局部地区局部层段溶蚀作用较强的现象(图 4-16)。

溶蚀作用是蓬莱镇组砂岩储层的重要成岩作用之一，特别是对于次生孔隙的形成起着十分重要的作用，可分为早、晚两期。早期为长石、石英、岩屑等碎屑颗粒边缘或表面溶蚀，形成扩大的粒间溶孔、粒内溶孔、溶缝，后被方解石、(硬)石膏等胶结物充填；晚期溶蚀可能与油气运聚有关，主要表现为长石、岩屑和部分前期形成的胶结物遭受溶蚀，进一步开启扩大前期剩余孔隙，形成扩大粒间溶孔、粒内溶孔、铸模孔、溶缝、胶结物内溶孔，大部分成为进气的有效孔隙。

4. 表生成岩作用

研究区 J₁z 中砂岩曾经历过古地表环境下的氧化、溶蚀和淋滤作用，表现为介屑石英砂岩中菱铁矿胶结物发生褐铁矿化。在温泉 3 井地区，下、上沙溪庙组曾一度发生构造抬升和遭遇剥蚀，剥蚀面之下的砂岩孔渗性比未经历此作用的砂岩要好得多，因此，识别古剥蚀界面，应该是预测界面之下可能发育有优质储层的一个重要标志。

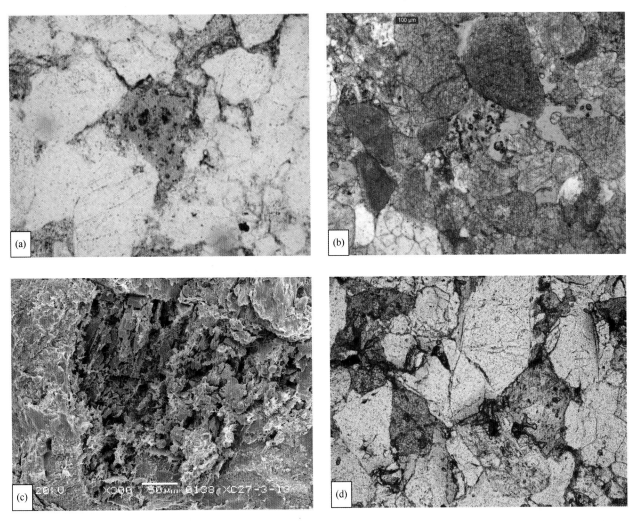

图 4-16　溶蚀作用

(a)中-细粒泥质岩屑石英砂岩，岩屑溶蚀较彻底，形成铸模孔，但含量在整个岩石中很少，零星分布，20×5(−)，龙 14 井，3096.76m，J₁z；(b)丰谷 21 井，3776.7m，碳酸盐岩岩屑的溶蚀作用(单偏光，×10)；(c)新场 27 井，3671.13m，钾长石颗粒沿解理溶蚀破碎，片丝状伊利石附着于颗粒表面(SEM，×300)；(d)川合 127 井，长石溶蚀(单偏光，×20)

5. 其他成岩作用类型

除上述影响储层形成发育的主要成岩作用外，研究区碎屑岩还发育其他几种成岩作用。主要有高岭石化蚀变作用，出现在千佛崖组和自流井组砂岩储层中；破裂作用，形成构造缝、成岩缝和微缝三种裂缝，构造缝以下沙溪庙组和上沙溪庙组中的平面共轭剪切裂缝和剖面共轭剪切裂缝较为发育并最为常见，在川西地区遂宁组发育早成岩晚期压实阶段由差异压实作用形成的成岩缝；交代作用常见的有碳酸盐化、浊沸石化、硅化、泥晶菱铁矿化等。

4.1.2.2　主要储层段成岩作用序列

1. 蓬莱镇组

川西新场地区蓬莱镇组储层经历了埋藏早成岩 A 期，最高成岩演化阶段为埋藏早成岩 B 期，后因抬升剥蚀，该储层现正处于退变生成岩期(图 4-17)。

2. 遂宁组

遂宁组地层中砂岩的成岩变化划分为同生期、早成岩 A 期、中成岩 A～B 期几个阶段(图 4-18)。

3. 沙溪庙组

沙溪庙组储层各成岩期次成岩序列如图 4-19 所示。

成岩作用类型
准同生
早成岩
中成岩
A
B
A
B
压实
绿泥石栉壳状胶结
硅质胶结次生加大
早期溶蚀
方解石胶结及交代
硬石膏胶结及交代
高岭石胶结
伊利石化
晚期溶蚀
进方
各成岩期主要的孔隙类型及进气期的孔隙
粒间孔 微孔
剩余粒间孔 微孔
溶蚀孔缝 粒间孔
剩余粒间孔、溶蚀粒间孔、溶缝、铸模孔、微孔、扩大粒间溶孔
孔隙演化
孔隙度/%
30
20
10

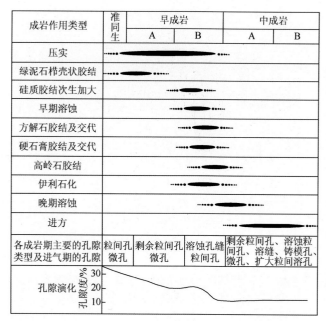

图 4-17　川西坳陷蓬莱镇组成岩作用序列

成岩作用类型
同生期
早成岩期
中成岩期
A
B
A
B
铁泥膜
硬石膏的沉淀
机械压实作用
同期火山物质的水化
铝硅酸盐的水化
硅质胶结物的沉淀
无铁方解石胶结物沉淀
自生菱形无铁白云石形成
有机酸进入
原生粒间孔溶蚀扩大粒缘缝形成
长石高岭石化
长石、岩屑溶解
粒间孔内自生石英生长
含铁方解石生长

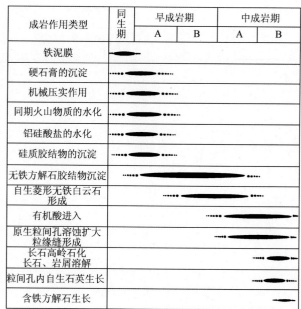

图 4-18　川西坳陷遂宁组成岩作用序列

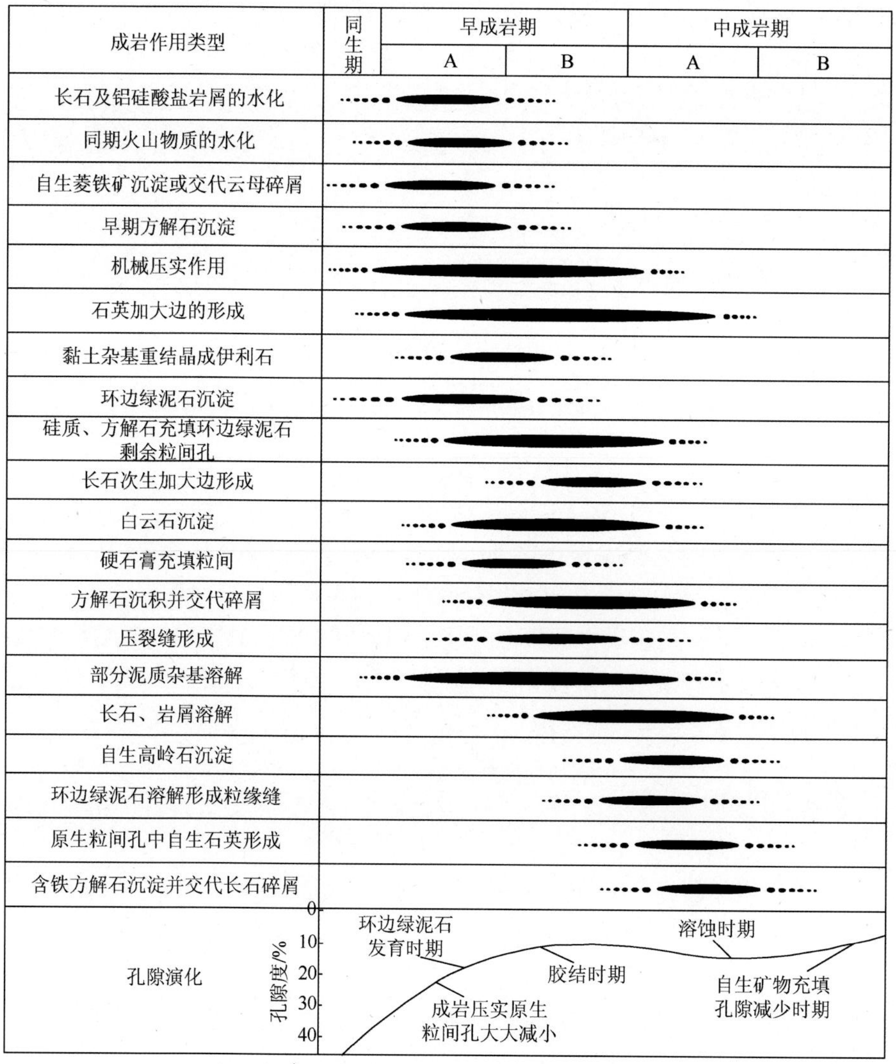

成岩作用类型
同生期
早成岩期
中成岩期
A
B
A
B
长石及铝硅酸盐岩屑的水化
同期火山物质的水化
自生菱铁矿沉淀或交代云母碎屑
早期方解石沉淀
机械压实作用
石英加大边的形成
黏土杂基重结晶成伊利石
环边绿泥石沉淀
硅质、方解石充填环边绿泥石剩余粒间孔
长石次生加大边形成
白云石沉淀
硬石膏充填粒间
方解石沉积并交代碎屑
压裂缝形成
部分泥质杂基溶解
长石、岩屑溶解
自生高岭石沉淀
环边绿泥石溶解形成粒缘缝
原生粒间孔中自生石英形成
含铁方解石沉淀并交代长石碎屑
孔隙演化
孔隙度/%
0
10
20
30
40
环边绿泥石发育时期
成岩压实原生粒间孔大大减小
胶结时期
溶蚀时期
自生矿物充填孔隙减少时期

图 4-19　川西坳陷侏罗系沙溪庙组成岩作用序列图

4. 须家河组

川西坳陷地区须家河组储层砂岩的成岩历史较为复杂，不同层段有不同的成岩模式。须四段上亚段存在较为活跃的早成岩阶段的酸性流体，因而早成岩阶段有较多的不稳定长石的溶解、高岭石的沉淀和 H^+ 的储备，造成中成岩 A～B 期会更发育钾长石与高岭石，形成自生伊利石，钾长石将全部溶解而高岭石剩余，次生孔隙相对发育(图 4-20)。须四段中、下亚段和须二段，早成岩阶段显著缺乏活跃的酸性流体，不稳定长石的溶解和高岭石的沉淀有限，中成岩 A～B 期钾长石与高岭石的反应程度有限，高岭石较早消耗殆尽，大量的钾长石没有溶解，次生孔隙也相对不发育(图 4-21)。另外，对于须二段地层来说，发育以孔隙衬里的自生绿泥石地层的成岩模式与不发育孔隙衬里的自生绿泥石地层不同，因而有两种端元(发育和不发育绿泥石端元，大多数情况介于这两个端元之间)成岩模式［图 4-22(a)、(b)］。

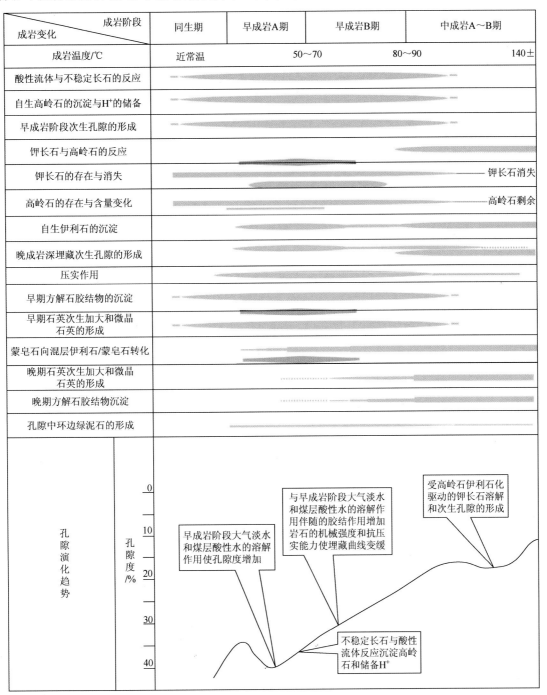

图 4-20 川西坳陷须四段顶部砂岩成岩序列与孔隙演化图

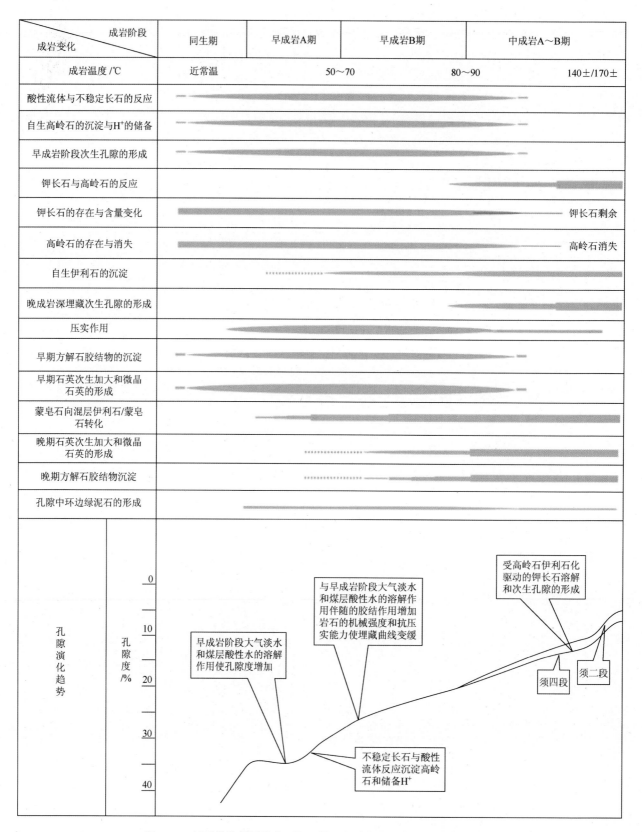

图 4-21　川西坳陷须四段中下部及须二段砂岩成岩序列与孔隙演化图

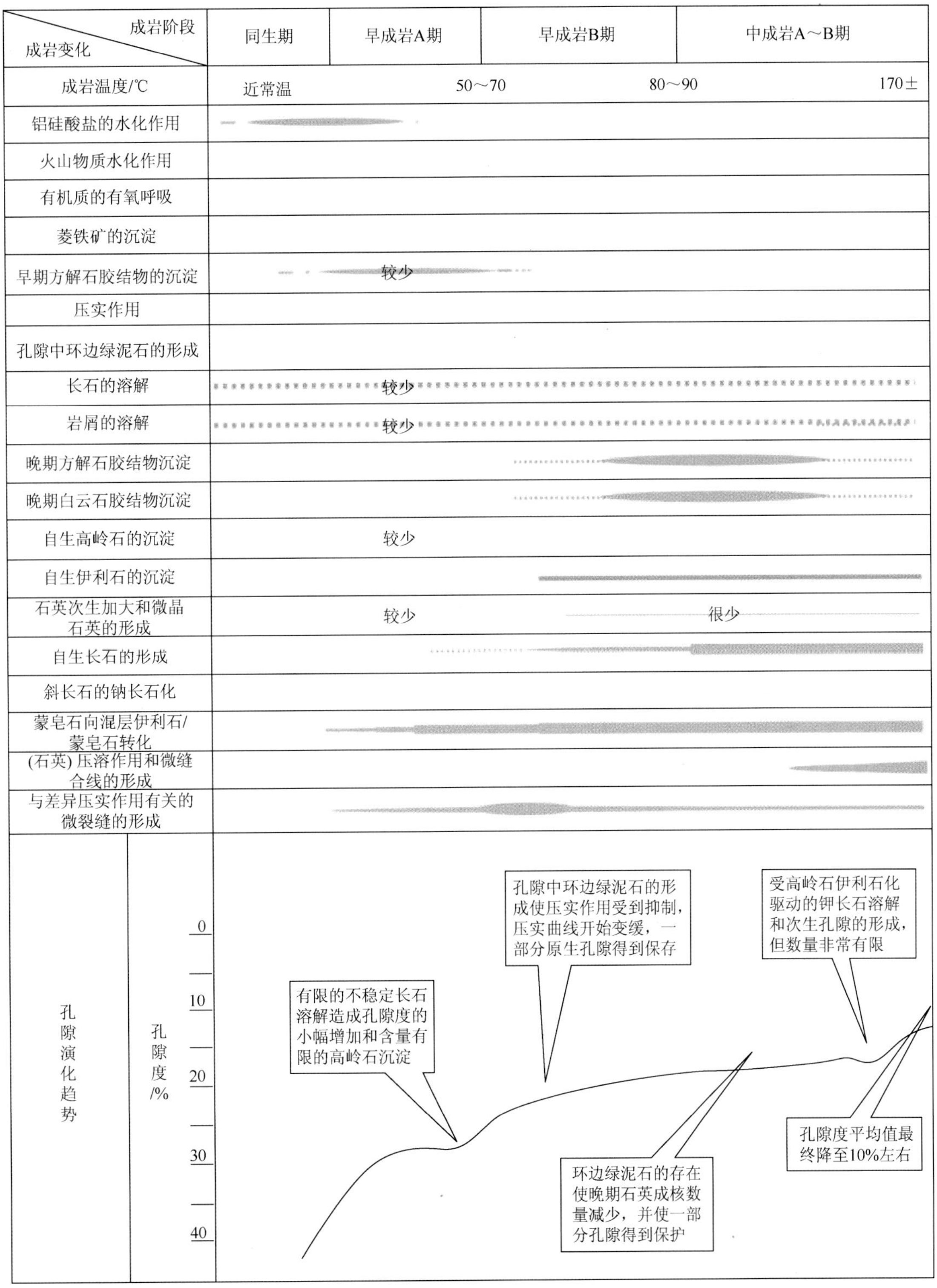

成岩变化 ＼ 成岩阶段	同生期	早成岩A期	早成岩B期	中成岩A～B期
成岩温度/℃	近常温	50～70	80～90	170±
铝硅酸盐的水化作用				
火山物质水化作用				
有机质的有氧呼吸				
菱铁矿的沉淀				
早期方解石胶结物的沉淀		较少		
压实作用				
孔隙中环边绿泥石的形成				
长石的溶解		较少		
岩屑的溶解		较少		
晚期方解石胶结物沉淀				
晚期白云石胶结物沉淀				
自生高岭石的沉淀	较少			
自生伊利石的沉淀				
石英次生加大和微晶石英的形成	较少		很少	
自生长石的形成				
斜长石的钠长石化				
蒙皂石向混层伊利石/蒙皂石转化				
(石英)压溶作用和微缝合线的形成				
与差异压实作用有关的微裂缝的形成				

孔隙演化趋势　　孔隙度/%

0
10
20
30
40

有限的不稳定长石溶解造成孔隙度的小幅增加和含量有限的高岭石沉淀

孔隙中环边绿泥石的形成使压实作用受到抑制，压实曲线开始变缓，一部分原生孔隙得到保存

受高岭石伊利石化驱动的钾长石溶解和次生孔隙的形成，但数量非常有限

环边绿泥石的存在使晚期石英成核数量减少，并使一部分孔隙得到保护

孔隙度平均值最终降至10%左右

(a) 发育孔隙衬里自生绿泥石的须二段地层

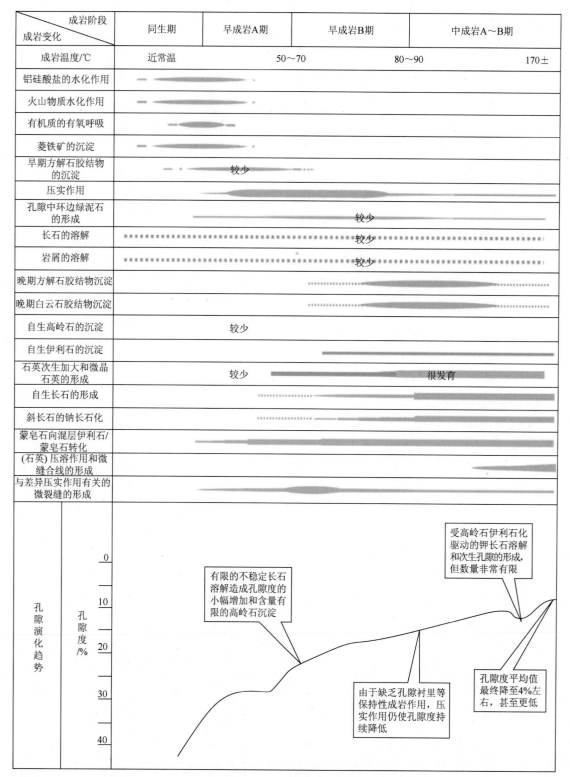

(b) 缺乏较厚孔隙衬里自生绿泥石的须二段地层

图 4-22　川西坳陷地区砂岩的成岩模式、成岩序列与孔隙演化途径

4.1.3　储集空间特征

4.1.3.1　主要储集空间类型

四川盆地陆相致密碎屑岩储集岩的孔隙有原生孔隙和次生孔隙两类，其中原生孔隙为残余原生粒间

孔隙，次生孔隙主要有粒间溶孔、粒内溶孔、铸模孔、杂基溶孔、贴粒孔(缝)和黏土矿物晶间微孔；裂缝有构造缝、破裂缝、溶蚀缝和解理缝(图4-23、表4-2)。

表4-2　四川盆地 T_3x—J 储集岩孔隙类型及组合特征

地层 ＼ 孔隙类型	储层孔隙类型	储层孔隙类型与组合
J_3p	(1) 剩余原生粒间孔：常见； (2) 次生粒间溶孔：易见—发育，以易见为主； (3) 粒内溶孔：易见； (4) 粒内微孔：易见； (5) 铸模孔：偶见； (6) 破裂缝：易见—发育	溶孔-裂缝型为主
J_2s	(1) 剩余原生粒间孔：常见，面孔率为2%～3%； (2) 次生粒间溶孔：易见—发育，以易见为主； (3) 粒内溶孔：易见； (4) 粒内微孔：易见； (5) 铸模孔：偶见； (6) 粒间微孔：少见，长石边缘被溶形成； (7) 破裂缝：易见—发育	(1) 裂缝-溶孔型； (2) 溶孔-裂缝型为主，浊沸石成岩相区
J_1z	(1) 粒间微孔易见，由泥基蚀变成高岭石或长石边缘被溶形成； (2) 破裂缝易见	溶孔-裂缝型
T_3x	(1) 次生粒间溶孔：泥基被溶形成，易见； (2) 粒间微孔：泥基蚀变成高岭石或被溶形成，易见； (3) 粒内溶孔：易见； (4) 破裂缝：易见—发育	溶孔-裂缝型

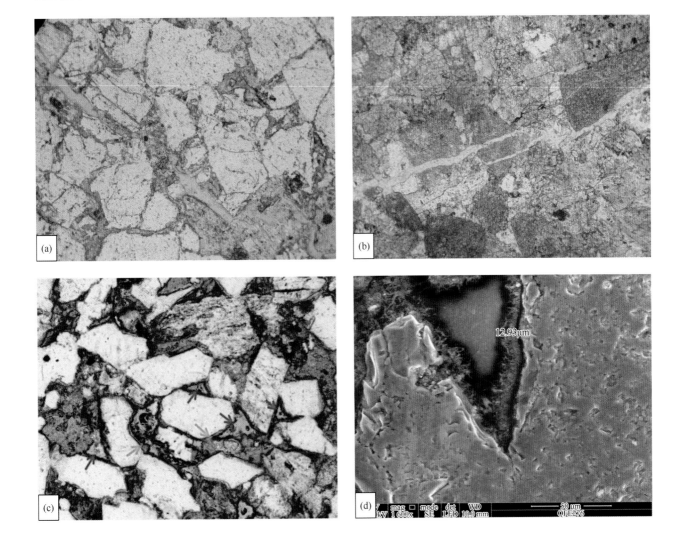

图 4-23　主要储集空间类型

(a)裂缝使长石裂开，溶解作用沿裂缝发育，大邑 2 井，4607.76m，须三段，铸体薄片，单偏光，对角线长 1.72mm；(b)钙屑砂岩中裂缝切穿碳酸盐岩岩屑颗粒，说明碳酸盐岩岩屑为刚性易碎颗粒，丰谷 21 井，3760.87m，须四段，铸体薄片，单偏光，对角线长 1.72mm；(c)原生粒间孔隙发育(红色箭头)，呈三角形，绿泥石环边胶结(绿色箭头)，川孝 603 井，2625.2m，照片宽 1.2mm，J_2x；(d)残余原生粒间孔周围发育绿泥石环边，SEM，川孝 603 井，2732.77m，J_2x；(e)岩石局部发育网状溶破裂缝(全貌)；岩石发育网状贴粒缝，五宝场-2-2，长边长 2.25mm(−)，细-中粒长石砂岩；(f)细粒长石岩屑砂岩中破裂缝，单偏光，照片宽 3.1mm，普光 107-1h，3356.03m，J_1z

　　川西洛带地区遂宁组砂岩以粒间孔、粒内溶孔、微溶缝为主要孔隙结构组合特征，其中以粒间孔为主要孔隙类型，各井平均面孔率最大值为 5.96%，最小值为 0.96%，平均值为 3.53%；其次为粒内孔和微溶缝，平均值分别为 0.39%和 0.91%；此外还发育有少量的铸模孔，平均面孔率不到 0.1%；川西洛带地区沙溪庙组普遍发育原生粒间孔，以龙 651 井中最为发育，深度为 1930.47~2313.44m，贡献面孔率为 2%~15%，平均面孔率为 7.42%。次生孔隙有粒间溶孔、粒内溶孔、铸模孔、黏土矿物及组分内微孔、破裂缝及溶缝，以粒间溶孔、粒间溶扩孔和长石、云母粒内溶孔、铸模孔最为常见。孝泉地区下沙溪庙组砂岩孔隙特别发育，剩余粒间孔大小为 40~750μm，面孔率为 3%~10%，一般为 5%~7%；溶蚀粒内孔约占总孔隙的 10%，大小为 20~50μm；晶间孔约占总孔隙的 5%；铸模孔约占 3%，大小为 200~600μm。新场地区上沙溪庙组砂岩的储集空间主要为孔隙，部分层段可见有层间隙或少量其他裂隙，孔隙宽度平均为 66.16μm，主要为大孔，中孔次之。

　　须家河组储层砂岩孔隙构成包括如下三种主要的储集空间类型：原生孔隙［图 4-12(d)，图 4-13(a)、(d)］，次生孔隙［图 4-13(c)~(e)，图 4-14(a)、(b)］，微裂隙(缝)［图 4-23(a)、(b)］。根据统计，次生孔隙是川西坳陷须家河组储层砂岩的主要储集空间类型，大致占储集空间的 68%，原生孔隙仅占储集空间的 24%，微裂隙(缝)对面孔率的贡献很小，仅占储集空间的 8%(图 4-24)。

4.1.3.2　孔隙结构特征

1. 白垩系

白垩系砂岩样品孔隙喉道(简称孔喉)半径普遍小于 0.5μm，孔喉分选系数大于 2，对应微孔喉、差孔喉分选储层。砂岩的孔隙度、渗透率与中值压力(P_{c50})、中值半径(R_{c50})、分选系数(SP)、歪度(SK)之间具较好的相关关系。总的来说，孔隙度、渗透率大的样品对应低中值压力、大中值半径、差孔喉分选、粗歪度。

2. 蓬莱镇组

蓬莱镇组砂岩平均中值半径为 0.2μm，平均孔喉分选系数为 2.1，表现出微孔喉、差孔喉分选的特征。相对孝泉—丰谷地区而言，成都凹陷样品具有相似的中值半径和较差的孔喉分选，溶蚀孔隙贡献较大。砂岩的孔隙度、渗透率与中值压力、中值半径之间具较好的相关关系(图 4-25)，而与分选系数、歪度和变异系数相关性较差。总体上，储渗性好的样品对应低中值压力、大中值半径、差孔喉分选、粗歪度。

但也存在部分渗透性较好(渗透率＞1mD①)的样品对应高中值压力和小中值半径,表明这些样品中存在裂缝,且裂缝对孝泉—丰谷地区砂岩的影响强于成都凹陷。

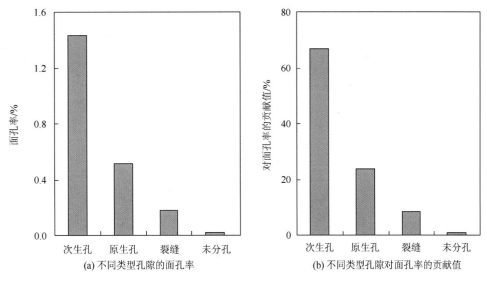

(a) 不同类型孔隙的面孔率 (b) 不同类型孔隙对面孔率的贡献值

图 4-24 川西坳陷须家河组储层砂岩孔隙构成状况

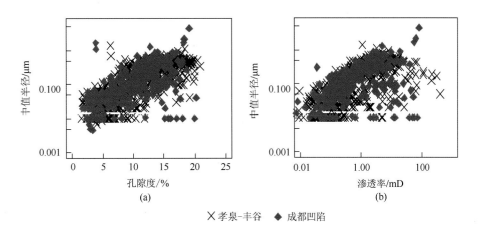

✕ 孝泉-丰谷 ◆ 成都凹陷

图 4-25 蓬莱镇组砂岩孔隙度、渗透率与中值半径关系图

3. 遂宁组

遂宁组砂岩平均中值半径为 0.028μm,平均孔喉分选系数为 3.6,属于纳米—微孔喉、极差孔喉分选储层。对于裂缝不发育的样品,孔隙度、渗透率与中值压力和中值半径之间具较好的相关关系,但与分选系数、歪度和变异系数相关性较差。

4. 上沙溪庙组

上沙溪庙组砂岩最大连通孔喉半径平均为 0.27μm,中值半径平均为 0.03μm,平均孔喉分选系数为 2.2,属于纳米—微孔喉、差孔喉分选储层。物性与孔隙结构参数之间的相关性较差(图 4-26)。与孝泉—丰谷地区、南北构造带和梓潼地区比较,成都凹陷样品具较高中值压力和较小的中值半径,孔隙结构相对较差。同时,由于成都凹陷样品裂缝欠发育,导致样品渗透性较差。龙门山推覆带样品孔隙度较小,却具有较低中值压力和较大中值半径,孔隙结构、渗透性相对较好。

川中地区公山庙沙一段砂岩具较好的孔隙结构(赵永刚等,2006),砂岩平均中值压力为 11.88MPa,

---

① 1mD=0.986923×10⁻¹⁵m²,毫达西。

中值半径为 0.163μm，孔喉连通性较川西地区好。因此，尽管沙一段砂岩孔隙度较低，却具有较高渗透率。

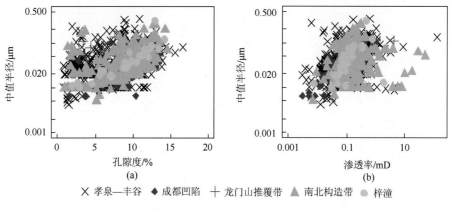

图 4-26　上沙溪庙组砂岩孔隙度、渗透率与中值半径关系图

5. 下沙溪庙组

下沙溪庙组砂岩最大连通孔喉半径平均为 0.4μm，中值半径平均为 0.05μm，平均孔喉分选系数为 2，孔隙结构好于上沙溪庙组，属于纳米—微孔喉、差孔喉分选储层。孔隙度、渗透率与中值半径相关性较好，与分选系数、歪度和变异系数之间的相关性较差。总体上，物性较好的样品同时具有较好的孔隙结构。

6. 须四段

须四段砂岩平均最大连通孔喉半径为 0.41μm，中值半径平均为 0.04μm，平均孔喉分选系数为 2.3，孔隙结构与沙溪庙组类似，属于纳米—微孔喉、差孔喉分选储层。孔隙度与孔隙结构参数之间的相关性较差（图 4-27），表明样品孔隙结构差异较大。部分孔隙度较小的样品具有较低中值压力和较大的中值半径，孔隙结构和渗透性较好，可能成为有效储层。反之，部分孔隙度较大的样品具较高中值压力和较小中值半径，喉道欠发育，孔隙连通性差。因此，在对影响储层质量的地质因素进行研究时，不仅需要研究孔隙发育的控制因素，还需要对影响孔隙结构好坏的地质因素进行研究。

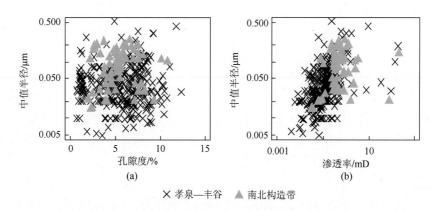

图 4-27　须四段砂岩孔隙度、渗透率与中值半径关系图

7. 须二段

须二段砂岩平均中值半径为 0.04μm，平均孔喉分选系数为 2.25，孔隙结构与须四段类似，属于纳米—微孔喉、差孔喉分选储层。孔隙度与孔隙结构参数之间的相关性较差（图 4-28），样品孔隙度不能反映样品孔隙结构的好坏。

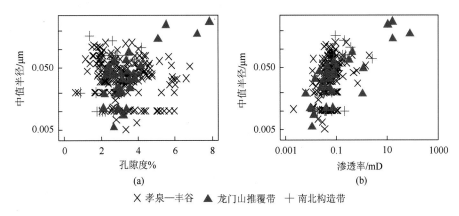

× 孝泉—丰谷　　▲ 龙门山推覆带　　＋ 南北构造带

图 4-28　须二段砂岩孔隙度、渗透率与中值半径关系图

4.1.4　储层物性特征

四川盆地上三叠统—白垩系碎屑岩储层总体物性特征(图 4-29)显示砂岩孔隙度普遍小于 10%，属于

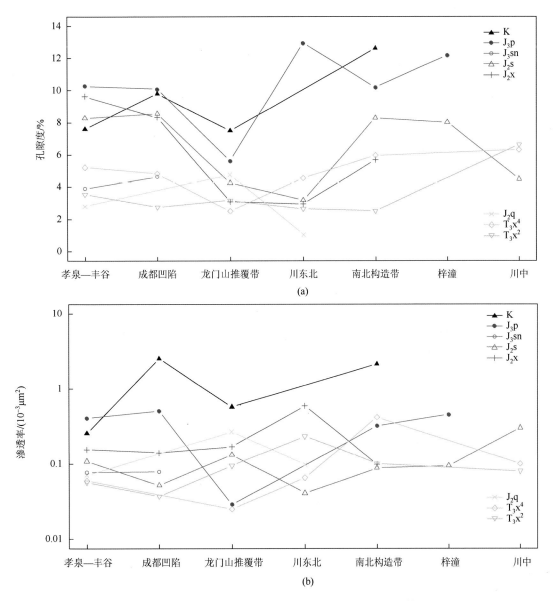

图 4-29　四川盆地上三叠统—白垩系储层平均孔渗分布特征

中低-低孔储层。随着地质年代由老至新，砂岩孔隙度总体上呈现由低到高增大的趋势，与通常的认识一致。纵向上，白垩系、蓬莱镇组砂岩孔隙度分别为9.6%±4.7%（平均值±标准偏差）和10.2%±4.4%，属于中-中低孔储层；遂宁组以细粒砂岩为主，孔隙度仅为4.6%±2.1%，属于低-特低孔储层；沙溪庙组砂岩孔隙度为8.5%±3.5%，为中-低孔储层；千佛崖组砂岩孔隙度较小，仅为1.8%±2%，对应特低孔储层；须四段、须二段砂岩孔隙度分别为5.1%±2.9%和3.5%±1.9%，属于低-特低孔储层。平面上，蓬莱镇组、沙溪庙组砂岩在孝泉—丰谷、成都凹陷表现出较好的储集性，南北构造带、梓潼地区次之，龙门山推覆带、川东北地区、川中地区最差；千佛崖组砂岩在龙门山推覆带具较高孔隙度，孝泉—丰谷地区次之，川东北地区最差；须四段砂岩在南北构造带、川中地区具较好的储集性，孝泉—丰谷次之，龙门山推覆带最差；须二段砂岩在川中地区具较高的孔隙度，其他地区则差别不大。

除白垩系砂岩（平均渗透率为1.68mD）外，其他层段渗透率普遍小于0.5mD，对应致密-超致密储层。与孔隙度类似，随着地质年代从老至新，大部分层段砂岩渗透率呈现增大趋势。但在部分地区、层段可见例外。下沙溪庙组砂岩渗透率（平均为0.121mD）普遍高于上沙溪庙组（平均为0.096mD）和遂宁组砂岩（平均为0.066mD），龙门山推覆带千佛崖组具有较沙溪庙组高的渗透率，南北构造带须四段渗透性好于蓬莱镇组和沙溪庙组。平面上，蓬莱镇组在成都凹陷具最佳渗透性，孝泉—丰谷、梓潼、南北构造带次之，龙门山推覆带最差；上沙溪庙组在川中地区具最好渗透性（平均为3.1mD），龙门山推覆带、孝泉—丰谷、梓潼、南北构造带次之，成都凹陷、川东北地区最差；下沙溪庙组在川东北地区具最好渗透性，孝泉—丰谷、成都凹陷次之，南北构造带最差；千佛崖组在龙门山推覆带具较好渗透性；须四段在南北构造带具较高渗透率（平均为0.41mD），其次是川中地区，龙门山推覆带最差；须二段在川东北地区具较高渗透率，其次是川中地区、龙门山推覆带和南北构造带，孝泉—丰谷、成都凹陷最差。

样品孔渗关系及孔隙结构特征显示白垩系、蓬莱镇组和下沙溪庙组砂岩孔渗相关性较好，裂缝相对不发育；上沙溪庙组砂岩孔渗相关性中等，部分样品中裂缝发育；千佛崖组、须四段和须二段砂岩孔渗相关性差，裂缝较发育。

4.1.5 储层分类评价

在通常的储层分类评价中，一般采用孔隙度作为评价指标确定有效储层并对储层进行分类评价。在孔隙结构相对简单、孔渗相关性较好的地区，评价结果与实际生产情况有较好的匹配性。但是，对于孔隙结构复杂、孔渗相关性差的储层，以孔隙度为基础的评价结果通常与实际生产状况具较大差异。因此，本书选择能够综合反映储层储渗能力、运聚能力和产出能力的渗透率作为储层分类评价的指标。本书将砂岩储层分为三类：较好储层、中等储层和非储层。其中，以储层下限区分非储层和中等储层，并采用累计储集能力-累计渗透能力交会图法（改进的Lorenz交会图法）确定对应较好储层的物性参数界线值。

根据四川盆地上三叠统—白垩系砂岩常规物性和孔隙结构特征研究，既存在裂缝相对不发育、孔渗相关性较好的储层类型，如蓬莱镇组、下沙溪庙组砂岩，也存在裂缝发育、孔渗相关性差、孔隙结构复杂的砂岩储层，如上沙溪庙组、须四段、须二段砂岩。针对后者特点，本书提出一个合理的储层分类评价研究流程：

(1) 分析储层质量影响因素，剔除非储集类岩石；

(2) 建立渗透率与孔隙结构-孔隙度复合参数相关关系，剔除包含裂缝样品；

(3) 采用多种方法确定储层渗透率下限；

(4) 根据砂岩孔隙结构建立多种孔渗定量关系，确定不同类型储层的孔隙度下限；

(5) 提出储层分类评价标准。

4.1.5.1 储层下限确定方法

确定储层下限的方法有多种（万玲等，1999；肖思和等，2004；姜振强等，2008；李幸运等，2008），包括统计分类法、最小流动孔喉半径法、孔渗交会法、渗透率应力敏感法、束缚水膜厚度法、分布函数曲线法、产能系数法、单层试气法、平面径向渗流产量公式计算法等。本书选取三种基于统计学的方法，包括统计分类法、最小流动孔喉半径法以及经验统计法，进行储层下限的求取。这些方法相互验证，力求使确定的物性下限能够综合反映储层的实际情况。为了尽可能反映基质储层的特征，下限求取过程中，剔除了包含裂缝的样品。

4.1.5.2 储层下限确定

1. 蓬莱镇组

根据蓬莱镇组储层累计储、产能丢失情况，按照累计产能丢失 5%确定孝泉—丰谷、成都凹陷的渗透率下限为 0.57mD 和 1.02mD。根据砂岩孔渗关系，对应的孔隙度下限分别为 10.9%和 12.1%。

采用最小流动孔喉半径法计算的孝泉—丰谷、成都凹陷的孔喉半径下限为 0.07μm 和 0.08μm，对应孔隙度下限为 9.2%和 8.9%，渗透率下限为 0.25mD 和 0.3mD。

统计分类法确定的孝泉—丰谷、成都凹陷的孔隙度下限为 7.8%和 7.6%，渗透率下限为 0.3mD 和 0.2mD。

综合以上结果，并参照实际测试和生产情况，确定蓬莱镇组储集下限：孔隙度为 8%，渗透率为 0.3mD，中值孔喉半径为 0.08μm。

蓬莱镇组砂岩累计储集能力与累计渗透能力交会图(图 4-30)显示，在累计储集能力 80%附近有一明显拐点，对应样品孔隙度 14.6%。可以看出孔隙度大于 14.6%的样品对储层储集能力贡献为 20%左右，但对产能的贡献却可高达 70%，对应相对优质储层。

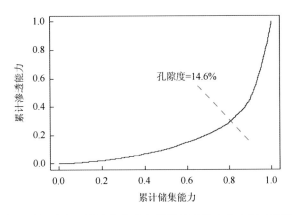

图 4-30 成都凹陷蓬莱镇组砂岩累计储集能力与累计渗透能力交会图（孔隙度从小到大排序）

2. 遂宁组

根据成都凹陷遂宁组储层孔隙度、渗透率累计频率及累计能力丢失曲线，确定渗透率下限为 0.063mD，对应孔隙度下限为 4.85%。

统计分类法确定孔隙度下限为 4.2%，渗透率下限为 0.041mD。

采用最小流动孔喉半径法求得的孔喉半径下限为 0.05μm，对应孔隙度为 5.3%，渗透率为 0.075mD。

综合以上结果及实际测试和生产情况，确定遂宁组储层下限：孔隙度为 4.2%，渗透率为 0.06mD，中值孔喉半径为 0.04μm。

遂宁组砂岩累计储集能力与累计渗透能力数据显示，孔隙度大于 7.5%的样品对储层储集能力贡献为 20%左右，但对产能的贡献可达 65%，对应较好类型储层。

3. 上沙溪庙组

根据上沙溪庙组砂岩的物性和孔隙结构特征，本书采用提出的储层分类评价研究流程对储层进行研究。

储层质量影响因素研究表明低泥质、低钙质中粒砂岩和细粒砂岩为主要的储集岩。因此，储层分类评价研究主要针对这些砂岩开展。经验统计法和统计分类法确定渗透率下限为 0.06mD，对应孔隙度下限为 6%。

采用最小流动孔喉半径法求得的孔喉半径下限为 0.04μm。渗透率与孔喉半径间具较好的正相关关系。同时，由于样品中微裂缝和孔隙度大小的影响，对应相同中值半径，渗透率仍然可以相差 1 个数量级（图 4-31）。大量研究成果表明，影响样品渗透率的因素包括孔隙度、孔隙结构和微裂缝（Purcell，1949；Swanson，1981；Katz，1986；Pittman，1992）。根据 Purcell 提出的渗透率计算模型（Purcell，1949），基质渗透率与毛管压力和孔隙度关系密切。因此，通过建立渗透率与毛管压力–孔隙度复合参数（中值半径×孔隙度）关系（图 4-31），可以剔除包含裂缝的样品，提高中值半径和渗透率之间的相关性。根据渗透率与中值半径的相关关系，确定渗透率下限为 0.14mD。为了进一步明确所求渗透率下限的合理性，我们对 47 个渗透率小于 0.14mD 以及中值半径大于 0.04μm 的样品的物性数据进行逐个观察。其中有 19 个样品孔隙度大于 10%，表明渗透率下限偏高。如果将渗透率下限定在 0.09mD，在 21 个中值半径大于 0.04μm 以及渗透率小于 0.09mD 的样品中，孔隙度大于 10%的样品仅有 1 个。因此，将渗透率下限设定在 0.09mD。

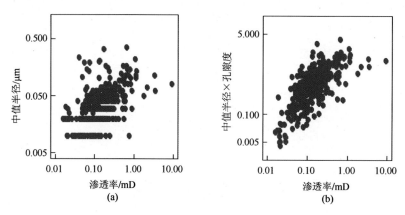

图 4-31　上沙溪庙组储层渗透率与中值半径、中值半径×孔隙度关系图

根据砂岩孔隙结构，建立不同类型砂岩孔渗关系（图 4-32）。其中，类型 1 为中值半径大于 0.1μm 的砂岩，类型 2 为中值半径为 0.04~0.1μm 的砂岩，类型 3 为中值半径小于 0.04μm 的砂岩。由此确定三类砂岩的孔隙度下限分别为 9%、6%和 5%。

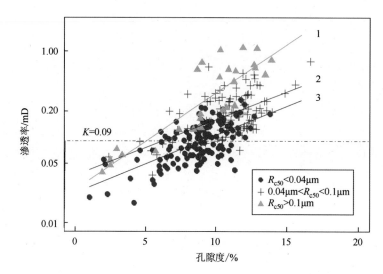

图 4-32　上沙溪庙组三类储层孔隙度与渗透率关系图

砂岩累计储集能力与累计渗透能力数据显示，上沙溪庙组储能主要来自孔隙度为 8%～13% 的样品（占 55%），产能主要来自渗透率大于 0.4mD 的样品。渗透率大于 0.4mD 的样品对储能贡献仅占 12%，但对储层产能的贡献可达 50%，对应较好类型储层。

4. 下沙溪庙组

综合三种方法确定下沙溪庙组储层渗透率下限为 0.09mD，孔隙度下限为 8%。

砂岩累计储集能力与累计渗透能力数据表明，孔隙度大于 13.5% 的样品对储层储集能力贡献为 35% 左右，但对产能的贡献可达 75%，对应较好类型储层。

5. 须四段

针对须家河组砂岩低孔渗、孔隙结构复杂、裂缝发育、非均质性强的特点，采用提出的研究流程开展储层分类评价研究。

研究发现砂岩常规物性和孔隙结构与砂岩粒度及组成关系密切。须四段中主要的储集岩类包括低钙、中粒、粗粒砂岩以及高钙屑含量砂岩。采用经验统计法和统计分类法对这些砂岩进行分析，确定渗透率下限分别为 0.072mD 和 0.055mD，对应孔隙度下限为 4.2% 和 4.7%。

最小流动孔喉半径法求得的孔喉半径下限为 0.04μm。通过建立渗透率与毛管压力-孔隙度复合参数（中值半径×孔隙度）关系，剔除含裂缝样品，并建立基质岩石中值半径与渗透率关系（图 4-33）。根据渗透率与中值半径相关关系，确定渗透率下限为 0.075mD。图 4-33 显示有 9 个样品渗透率小于 0.075mD，且中值半径大于 0.04μm。其中孔隙度大于 6% 的样品有 4 个，表明确定的渗透率下限略偏高。因此，将渗透率储集下限设定在 0.05mD。

根据砂岩的孔隙结构建立不同类型砂岩的孔渗关系（图 4-34），由此确定三类砂岩孔隙度下限分别为 6.8%、4.2% 和 2.3%。

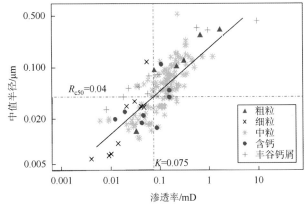

图 4-33 须四段渗透率与中值半径关系图
（剔除含裂缝样品）

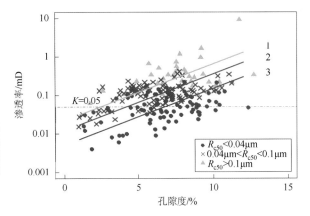

图 4-34 须四段三类砂岩孔渗关系图

须四段砂岩累计储集能力与累计渗透能力交会图（图 4-35）显示，储层储能主要来自孔隙度小于 10% 的样品，产能主要来自渗透率大于 0.4mD 的样品。孔隙度大于 10.2% 的样品对储能贡献仅为 8%，但对产能的贡献却可高达 65%，对应相对优质储层。

6. 须二段

须二段砂岩常规物性和孔隙结构与砂岩粒度及组成关系密切。低钙、中粒、粗粒砂岩构成须二段主要的储集岩。采用经验统计法和统计分类法对这些砂岩样品进行分析，确定渗透率下限分别为 0.029mD 和 0.045mD，对应孔隙度下限分别为 2.8% 和 2.6%。

采用最小流动孔喉半径法计算的孔喉半径下限为 0.03μm。与须四段储层类似，由于样品中微裂缝和孔隙度大小的影响，对应同一中值半径，渗透率相差较大。我们采用相同方法建立渗透率与毛管压力-孔

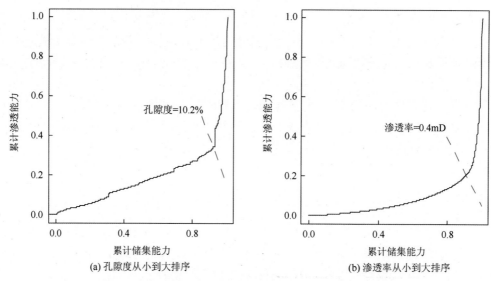

图 4-35　须四段砂岩累计储集能力与累计渗透能力交会图

隙度复合参数(中值半径×孔隙度)关系,剔除含张开缝样品,并建立基质岩石中值半径与渗透率关系。因为须二段砂岩中普遍存在微细裂缝,且孔隙度与孔隙结构相关性极差,导致剔除张开缝样品的渗透率与中值半径之间的相关性仍然相对较差(R^2=0.29)。前期的研究指出须二段砂岩孔隙度下限为 2%～4%,根据孔隙度介于此范围样品的渗透率与中值半径相关关系(R^2=0.52),确定渗透率下限为 0.04mD。在 22个渗透率小于 0.04mD 且中值半径大于 0.03μm 的样品中,孔隙度大于 2.5%的仅有 5 个,表明将渗透率储集下限定在 0.04mD 比较合理。

根据砂岩的孔隙结构建立三类砂岩的孔渗定量关系(图 4-36),由此确定砂岩的孔隙度下限分别为3.8%、2.6%和 1.5%。

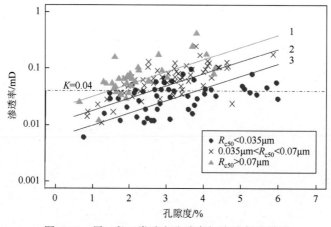

图 4-36　须二段三类砂岩孔隙度与渗透率关系图

须二段砂岩累计储集能力与累计渗透能力交会图(图 4-37)显示样品孔隙度较低,储层 95%的储能来自孔隙度小于 6%的样品。渗透率大于 0.26mD 的样品对储层储能贡献小于 10%,但对产能贡献超过 50%,对应相对优质储层。

4.1.5.3　储层分类评价标准

本书以能够表征储层储渗能力、运聚能力、产出能力的渗透率为基本评价指标,根据砂岩的岩石学特征、物性特征、孔隙结构特征、确定的储层下限以及较好类型储层对应的物性特征,将碎屑岩储层分为三类(表 4-3)。

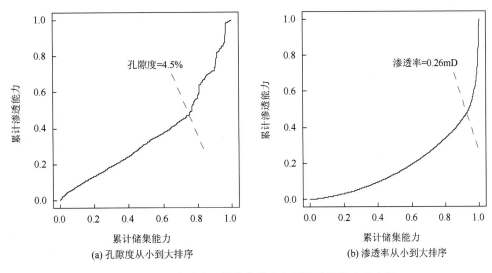

(a) 孔隙度从小到大排序　　　　　　(b) 渗透率从小到大排序

图 4-37　须二段砂岩累计储集能力与累计渗透能力交会图

表 4-3　四川盆地碎屑岩储层分类评价标准

| 层位 | 类别 | 孔隙度% | | | | 渗透率/mD | R_{c50}/μm | 评价 |
		1	2	3	总体			
J₃p	I	>14.5				>3	>0.4	较好
	II	8～14.5				0.3～3	0.08～0.4	中等
	III	<8				<0.3	<0.08	非储层
J₃sn	I	>7				>0.3	>0.15	较好
	II	4.2～7				0.06～0.3	0.04～0.15	中等
	III	<4.2				<0.06	<0.04	非储层
J₂s	I	>11	>14	>16	>13	>0.4	>0.07	较好
	II	5～11	6～14	9～16	8～13	0.09～0.4	0.04～0.07	中等
	III	<5	<6	<9	<8	<0.09	<0.04	非储层
J₂x	I	>13				>0.5	>0.09	较好
	II	8～3				0.09～0.5	0.04～0.09	中等
	III	<8				<0.09	<0.04	非储层
T₃x⁴	I	>8.5	>10.2	>12.5	>10.5	>0.4	>0.09	较好
	II	2.3～8.5	4.2～10.2	6.8～12.5	5～10.5	0.05～0.4	0.04～0.09	中等
	III	<2.3	<4.2	<6.8	<5	<0.05	<0.04	非储层
T₃x²	I	>5.5	>6.5	>7.8	>6.5	>0.3	>0.08	较好
	II	1.5～5.5	2.6～6.5	3.8～7.8	3～6.5	0.04～0.3	0.03～0.08	中等
	III	<1.5	<2.6	<3.8	<3	<0.04	<0.03	非储层

Ⅰ类储层：较好类型储层，发育一定厚度可以形成稳产工业气藏，裂缝发育情况下可以获得高产气流。此类储层数量较少，在砂岩中比例一般小于 10%，对储层储能贡献较小（通常小于 20%），但对产能贡献较大（通常大于 50%）。成都凹陷蓬莱镇组、遂宁组具一定数量此类储层（16%左右），对储能贡献为 25%左右，对产能的贡献可达 70%以上，以细粒岩屑长石砂岩、长石岩屑砂岩、岩屑石英砂岩为主。下沙溪庙组中此类储层数量较多（18%～25%），对储层储能、产能贡献分别可达 40%和 70%以上，以中粒长

石岩屑砂岩、岩屑长石砂岩为主。须四段中此类储层分布较少(5%左右)，主要见于丰谷地区钙屑砂岩中，对储层储能贡献较小(7%)，但对产能贡献较大(55%)。成都凹陷、梓潼地区上沙溪庙组、孝泉—丰谷地区须二段中少见此类储层(小于5%)，对储能、产能的贡献均小于5%。

Ⅱ类储层：中等类型储层，属于有效储层类型，在储层污染小、裂缝发育的情况下可以获得工业产能。此类储层构成了四川盆地碎屑岩储层的主体，在砂岩中所占比例通常大于30%，对储层储能贡献较大(50%～80%)，对产能贡献一般为20%～60%。遂宁组、下沙溪庙组中此类储层对储能和产能的贡献较小，分别为40%和20%左右，上沙溪庙组中此类储层分布较广(46%)，对储能和产能的贡献较大(60%)。蓬莱镇组、须四段中多见此类储层，对储能贡献较大(65%)，但对产能贡献相对较小(30%)。须二段中大部分储能和产能来自此类储层(70%)。

Ⅲ类储层：非储层，储层不具储集能力。此类砂岩分布较广，在砂岩中可占40%～60%，对储层储能贡献一般小于20%，对产能贡献一般小于10%，以粉砂岩、砾岩、含钙、含泥砂岩为主。

4.2　相对优质储层形成机理

4.2.1　相对优质储层发育的主要地质因素

影响储层发育的因素包括沉积作用、成岩作用、构造作用等。其中储层的原始物质组成和结构是影响其物性特征的最关键因素，决定初始孔隙的发育程度以及成岩作用的类型和演化走向。

(1)砂岩物性与沉积微相密切相关。不同沉积环境具不同的水动力条件，所形成的岩石类型、粒径大小、分选性、磨圆度、杂基含量和岩石组分等均有差异，从而导致不同沉积环境下储层物性有很大差别。四川盆地陆相致密碎屑岩储层主要分布在三角洲平原、前缘(水下)分流河道、河口坝砂岩中，分流间湾、前三角洲泥夹远砂坝、席状砂、滨湖砂坪储渗性较差(图4-38、图4-39)。分流河道和河口坝砂岩沉积时水动力作用较强，泥质杂基含量低，颗粒分选较好，储层初始物性好。

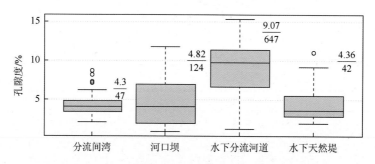

图4-38　上沙溪庙组砂岩孔隙度与沉积微相关系图

图中数据：平均值/样品数

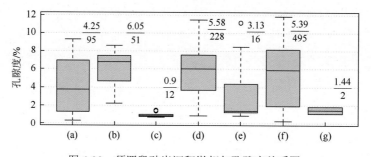

图4-39　须四段砂岩沉积微相与孔隙度关系图

(a)辫状主河道；(b)分流河道；(c)分流间湾；(d)河口坝；(e)前三角洲泥夹远砂坝；(f)水下分流河道；(g)席状砂

(2)蓬莱镇组、遂宁组优质储层以中-细粒结构为主，沙溪庙组和须家河组中分选好、泥质含量低的中粗粒砂岩具较好的储渗性，粉砂岩、砾岩物性较差(图4-40、图4-41)。

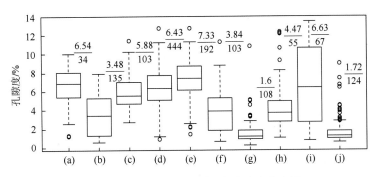

图4-40　须四段不同类型砂岩孔隙度分布图

(a)粗粒砂岩；(b)细粒砂岩；(c)中粒长石岩屑砂岩；(d)中粒岩屑砂岩；(e)中粒岩屑石英砂岩；(f)含钙、泥砂岩；(g)粉砂岩、砾岩；
(h)丰谷地区含钙钙屑砂岩；(i)丰谷地区钙屑砂岩；(j)其他地区钙屑砂岩

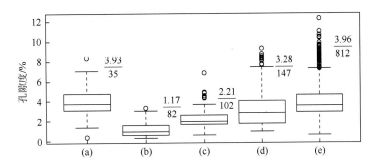

图4-41　须二段不同类型砂岩孔隙度分布图

(a)粗粒砂岩；(b)粉砂岩；(c)含钙砂岩；(d)细粒砂岩；(e)中粒砂岩

(3)储层物性与碎屑组分关系明显。根据计算，压实作用导致的孔隙度损失占原始孔隙度的 55%～75%，压实作用是造成砂岩孔隙破坏的最主要因素。高石英、高长石、高碳酸盐岩岩屑、低软性颗粒砂岩抗压实能力较强，表现出较好的储集性(图4-42)。

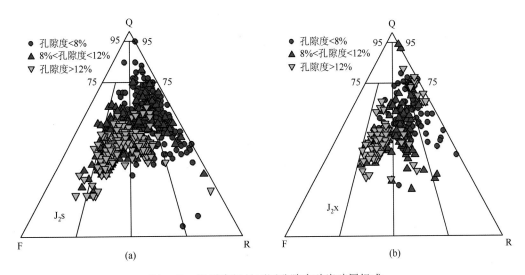

图4-42　沙溪庙组具不同孔隙度砂岩碎屑组成

(4)胶结作用是控制储层发育的另一重要因素。根据统计，砂岩中自生矿物含量平均为 13%～18%，在部分钙屑砂岩中可达 27%,胶结作用破坏的孔隙度占原始孔隙度的 25%～35%。当胶结物含量超过 10% 时,储层面孔率都在 5% 以下(图 4-43)。但各种胶结物类型对储层物性的影响是不相同的:硅质胶结物和方解石胶结物对储层物性的破坏最显著,特别是大量的方解石胶结物充填了粒间孔隙,虽然可大大地增强岩石的抗压实强度,相应地降低了压实系数,但被保存的粒间孔隙自身又被方解石胶结物强烈充填,致使孔隙度近于完全消失。砂岩中碳酸盐胶结物含量与岩石粒度有一定关系,粒度较细砂岩通常具有相对较高碳酸盐胶结物含量。

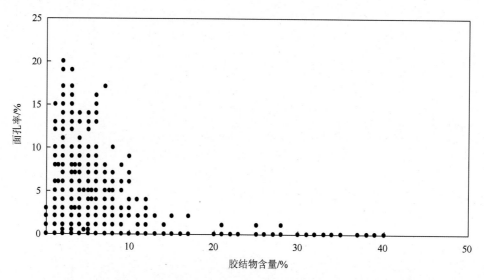

图 4-43　四川盆地须家河组储层胶结物含量与面孔率关系(戴朝成,2011)

黏土矿物对孔隙具有双重作用。一方面,黏土矿物抗压实能力较低以及对孔隙的充填,导致砂岩孔隙减少。同时,黏土矿物的多期生长还会堵塞喉道,导致渗透率大幅度降低。另一方面,以衬垫形式产出的绿泥石可以抑制自生石英的形成(Billault et al.,2003;黄思静等,2004;Berger et al.,2009;吕正祥和刘四兵,2009)和化学压实作用的进行(Pittman and Lumsden,1968;Fisher et al.,2000;Worden and Morad,2003),对砂岩,特别是埋深大、石英含量高的须二段砂岩孔隙的保存具有明显积极作用。但是,绿泥石衬边对储层的积极作用与它们的赋存方式及厚度关系密切(黄思静等,2004)。大量具较大厚度的绿泥石会堵塞喉道,导致渗透率迅速降低以及绿泥石微孔中束缚水饱和度增加。高岭石胶结物本身虽然占据了一定的孔隙空间,但它是表生溶蚀作用的产物,溶蚀形成的孔隙空间大于高岭石体积。其他胶结物由于含量很少,对储层物性影响不大。

(5)溶蚀作用发育,可以明显改善储层储渗性。溶蚀作用是形成和扩大储集空间的重要成岩作用,它可发生在成岩作用的各个时期,但晚成岩阶段由有机质成熟引起的溶蚀作用对储集空间的形成具有特别重要的影响。

溶蚀孔、洞、缝的发育,主要是中成岩阶段 A 期有机质成熟过程中排出的酸性有机热液(为羧酸或短链脂肪酸、草酸和醋酸等多功能团有机酸的混合物)溶蚀不稳定矿物(如长石、云母、黏土和碳酸盐矿物)和岩屑组分(如泥岩岩屑、板岩岩屑、浅变质岩岩屑、火山岩岩屑和碳酸盐岩岩屑等)的结果。在川东北地区,由溶蚀作用增加的孔隙主要发育于须家河组、自流井组和千佛崖组砂岩储层中。而下、上沙溪庙组砂岩储层中富含浊沸石胶结物和胶结结构保存完好的地质特征(浊沸石为一类在酸性介质条件下极易溶解的硅酸盐矿物),证明此两地层单元的地层水始终保持在较强—强碱性状态,基本上未遭受晚成岩阶段 A 期的酸性有机热液溶蚀作用,因此对次生孔隙的发育非常不利,此原因是川北地区及川东北地区下、上沙溪庙组砂岩储层以发育剩余原生粒间孔为主,储集物性明显差于川中地区和川西地区沙溪庙组砂岩储层的重要原因之一。

川西地区遂宁组砂岩在成岩中-晚期，下伏地层中有机质氧化，脱羟基作用产生少量有机酸和 CO_2 进入砂体中时，岩石的固结作用已非常明显，机械压实，胶结物充填逐渐被差异压实破裂和溶解作用取代，酸性溶液很难在致密的砂岩中运移，只能通过区域上的大构造裂缝或砂泥岩中的微破裂缝作为通道向上运移进入砂岩粒间孔中，对石英、长石边缘进行溶蚀而改善砂岩的储集物性。由于在有机质成熟的早期，酸性较弱，溶解作用仅对原生粒间孔周边碎屑溶蚀，而且长石溶蚀强度大于石英，造成原生粒间孔有弱溶蚀扩大。此外，酸性溶液在通过碎屑接触处时对泥质膜产生溶蚀，造成碎屑间粒缘缝，这些扩溶孔和粒缘缝对改善本区砂岩物性起了重要作用。在酸性孔隙水溶蚀碎屑的同时，部分钾长石发生高岭石化。局部粒间孔中出现了单晶或晶簇状自生石英充填在粒间孔中，这种自生石英的生成，对储集发育虽然是不利因素，但对储层物性的损害非常有限。

而在川西地区沙溪庙组储层砂岩中，溶蚀作用明显地改善了储层的储集性能。该区砂岩原始孔隙由于强烈的机械压实作用而基本消失，但在特定的成岩环境下由于有机酸性水对岩石中各种易溶矿物溶蚀，形成了超低孔渗背景下存在的相对连通孔渗体。储层由原始孔隙度仅为 3%～5% 的致密砂体，改善为孔隙度为百分之十几的有效储集层，溶蚀作用可使平均孔隙度提高 2%～8%，溶解作用中等偏强（李建林等，2007）。JS24、JS31、JS32 砂体由于溶解作用的改造，从浅至深产生了大量次生溶蚀孔隙，形成了高孔高渗、中孔中渗储集层。

尽管须家河组砂岩长石溶解是非常有限的，但在某些特定的地层间隔，仍然存在较多的长石溶解作用。根据统计，次生孔隙对沙溪庙组面孔率的贡献可达 58.5%（吕止祥和卿淳，2001），对须四段和须二段面孔率的贡献可达 65% 和 57%（李嵘等，2011）。次生孔隙对储层孔隙的贡献超过原生孔隙，构成相对优质储层中主要的储集空间类型。研究表明次生孔隙的发育主要受区域渗透性、易溶组分含量、主要溶蚀期所处古构造位置以及裂缝发育程度的影响。

①易溶组分含量与溶蚀强度的关系

四川盆地储层溶蚀作用的基础是组成储层砂岩的组分，根据大量的薄片鉴定资料，四川盆地储层中被溶组分主要是长石，少见岩屑被溶蚀，碳酸盐胶结物基本无溶蚀现象。据 Meshri(1986) 的研究，无论是碳酸还是有机酸，在相同的条件下，均优先溶解长石。

从酸碱度分析，适合长石溶解的 pH 范围要比碳酸盐宽，特别是在 pH 极高的情况下，长石的溶解基本不依赖于氢离子浓度，但在这种情况下碳酸盐则表现为沉淀（Surdam et al.，1989）。碳酸盐矿物的溶解度总是随温度的增高而降低，在有机质成熟过程中所产生的酸性水或有机酸的高峰时期，须家河组地层的埋深已超过 4000m，在这样大的深度和相对应的温度条件下，碳酸盐矿物极难溶蚀。

从总体上看，储层砂岩中易溶组分含量越多，溶蚀强度越大，储层中易溶矿物主要是长石和火山岩岩屑，因而溶蚀强度与长石和火山岩岩屑含量之间有密不可分的相关性，即长石和火山岩岩屑含量越多，溶蚀越强，储层次生孔隙越发育。

②残余原生粒间孔隙保存状况

岩石必须具备一定量的残余原生粒间孔隙，这样溶蚀流体才有可流动空间，才能对岩石中的易溶组分产生溶蚀，也有利于溶蚀物质的带走，不至于溶蚀流体中的某些矿物组分过早达到饱和状态而发生沉淀。在杂基、塑性岩屑含量多的砂岩中，压实作用使粒间孔隙过早消失，溶蚀流体失去流通通道，早期大量方解石胶结物也会完全堵塞粒间孔隙，在这种情况下，溶蚀流体会绕道而行，沿孔渗好的部位运移。因此，粉-细粒砂岩、钙质砂岩和含大量千枚岩、板岩和泥页岩岩屑的砂岩溶蚀作用一般很弱。

③酸性溶蚀流体来源与溶蚀强度的关系

四川盆地储层溶蚀作用有两种类型，即埋藏溶蚀和近地表溶蚀，以前者为主，对孔隙的贡献最大。埋藏溶蚀作用的产生主要与有机质成熟过程中产生的酸性水或有机酸热液有关，其次为深部流体对储层的溶蚀作用。四川盆地烃源岩镜质体反射率 R^o 为 1.0%～1.6%，最大可达 2%，有机质处于成熟—高成熟阶段。在有机质成熟过程中，干酪根热裂解能形成大量的 CO_2，降低了地层水的 pH，使其成为酸性水，或形成大量的有机酸（Surdam et al.，1989）。这种酸性水或有机酸随泥岩的压实而进入相邻的砂岩中，使砂岩中的某些组分产生强烈溶蚀而形成大量的粒间溶孔、粒内溶孔和铸模孔，并对原有粒间孔进行改造和溶蚀扩大。由于溶蚀的酸性流体或有机酸主要来源于有机质的成岩演化，有机质越丰富的地区，产生的酸性流体就越多，溶蚀强度也就越高。泥质烃源岩厚度以前渊凹陷带最大，次为前陆斜坡及前陆隆起带，煤层厚度也有同样的分布规律。因此，在前渊凹陷带酸性流体最丰富，次为前陆斜坡及前陆隆起带，其他地区酸性流体相对贫乏。在其他条件相同的情况下，酸性流体丰富的地区次生溶蚀孔隙发育程度往往高于酸性流体欠丰富的地区。

④溶蚀作用与构造运动的关系

四川盆地须家河组砂岩储层的溶蚀作用主要与两期构造运动有关：其一为古表生期近地表的大气淡水溶蚀作用，该期构造运动主要表现为龙门山造山带的逆冲推覆和构造隆升作用，使前陆冲断带和前陆隆起带地层在局部地区抬升至地表附近而受到大气淡水的强烈溶蚀作用；其二为中、晚成岩期深埋藏过程的有机酸热液溶蚀作用，该期构造运动主要表现为前渊凹陷带的强烈沉降和烃源岩的成熟和地层深处有机酸热液的排出，相对近地表大气淡水溶蚀作用，源自地层深处的有机酸热液对储集砂岩的溶蚀效果要强得多，可形成较丰富的各类溶蚀孔隙，但同时又形成高岭石胶结物，占据一定的孔隙空间。

(6)破裂作用是改善储层储渗能力的积极因素。裂缝对中深层储层，尤其是上三叠统须家河组低-特低孔、特低渗砂岩储层意义重大。相对而言，蓬莱镇组、下沙溪庙组储层对裂缝的依赖程度较小。须家河组高孔、渗储层主要位于丰谷地区钙屑砂岩中，砂岩具较好的孔隙结构，孔隙连通性好，属于孔隙型储层。但是，大部分须家河组砂岩基质渗透率则普遍小于 0.5mD，以Ⅱ类储层为主。根据统计，须四段孔隙度大于7%的样品中渗透率小于 0.1mD 的占40%，渗透率小于 0.2mD 的占65%；须二段孔隙度大于4%的样品中有 30%渗透率小于 0.1mD，渗透率大于 1mD 的样品中普遍发育裂缝。此外，须二段孔隙度极低，裂缝不仅可以大大提高储集岩的渗滤能力，还可以提供部分储集空间。根据薄片资料统计，孝泉—丰谷地区须二段砂岩中裂缝对面孔率的贡献可达 10%～20%(李嵘等，2011)。同时，裂缝发育也有利于溶蚀作用的进行。虽然裂缝的发育对储层储集空间改善意义不大，但裂缝能大大提高储集岩的渗滤能力，因此，裂缝的发育程度往往决定了储层产能，对在致密—超致密砂岩中形成高产气藏具有关键性作用。在川东北地区的几个有利油、气聚集成藏的构造带中，须家河组和沙溪庙组砂岩储层中的裂缝是否存在及其发育程度，是决定此两个层位中砂岩储层是否具备天然气产能潜力和勘探、开发前景的先决条件。气藏的生产数据也证实了这一点(表4-4)。

表4-4　四川盆地须家河组部分构造典型井岩心裂缝线密度与产能数据表

构造部位	井号	层位	统计岩心长/m	裂缝条数/条	裂缝密度条/m	产能/(10⁴m³/d)	备注
大兴西	5	须二段	89.47	189	2.11	2.46	产水 63.35m³/d
中坝	3	须二段	18.68	54	2.9	16.37	产油 7.3t/d
九龙山	9	须二段	13.5	8	0.593	4.03	产水 9m³/d
	13	须二段	34.47	72	1.922	15.94	
平落坝	1	须二段	97.84	377	3.85	35.03	—
	2	须二段	176.94	1089	6.15	60.77	
	3	须二段	220.56	686	3.11	13.03	
	5	须二段	199.31	64	0.32	1.73	
	2	须四段	22.75	83	3.65	22.6	
合兴场	127	须二段	66.97	294	4.39	7.823	—

资料来源：戴朝成，2011

类似的情况广泛地出现在川北地区、川西地区、川西南地区、川南地区和川中地区等相当或不同层位的中生代油、气藏中，也即已知众多油、气藏中的碎屑岩储层，极大部分具有双重介质性质，主要属于孔隙—裂缝型储层，次为裂缝-孔隙型储层，部分为单一介质裂缝型储层。显而易见，裂缝在改善储层的孔渗性和油、气聚集成藏的过程中，起着非常关键的作用。

不同层段优质储层形成主控因素见表 4-5。

表 4-5 优质储层形成主控因素

层段	优质储层形成主控因素
J_3p	三角洲前缘河口砂坝或三角洲平原分流河道、细粒、高石英、高长石、低岩屑、低钙质、低泥质、低硬石膏、埋藏早期古构造高位置
J_3sn	多套水下分流河道、河口坝砂体叠置、细粒、低岩屑、低碳酸盐胶结物、低泥质、发育区域性构造缝或微细成岩缝
J_2s	水下分流河道或河口坝、中粒、高长石、低石英、低岩屑、低碳酸盐胶结物、低泥质、裂缝相对发育、埋藏早期古构造高位置
J_2x	分流河道(特别是主体部位)、中粒、高长石、低岩屑、低石英、低黏土矿物、低碳酸盐胶结物、微裂缝相对发育、埋藏早期古构造高位置
T_3x^4	钙屑砂岩：古地貌较高部位(相对低势能区)、砂岩/地层高(相对开放环境)、中粒、较好分选磨圆、高碳酸盐岩岩屑含量、低碳酸盐胶结物含量、埋藏早期古构造高位置 非钙屑砂岩：水下分流河道或河口坝、中粒或粗粒、高石英、高长石、低岩屑、低黏土矿物、低碳酸盐胶结物、溶蚀期古构造高位置、裂缝发育
T_3x^2	水下分流河道或河口坝、中粒或粗粒、高石英、高长石、低岩屑、低黏土矿物、低碳酸盐胶结物、溶蚀期古构造高位置、裂缝发育

4.2.2 深埋藏砂岩相对优质储层水岩作用及次生孔隙形成机理

4.2.2.1 问题的提出

长石是碎屑岩地层中最为常见的骨架颗粒，也是对化学成岩作用最为敏感的矿物，其对碎屑岩次生孔隙的贡献高于其他任何组分，很多砂岩中次生孔隙的形成都是长石溶解的结果(Surdam et al.，1984，1989；Surdam and Crossey，1987；Ronald and Pittman，1990；黄思静等，2003)。对于四川盆地深埋藏的须家河组致密砂岩尤其如此。

在孔隙的构成中，次生孔隙是四川盆地须家河组最重要的孔隙类型，而长石的溶解是四川盆地须家河组次生孔隙形成的最重要机制[图 4-44(a)]，对于须四段来说尤其如此。阴极发光结果显示，研究区须四段储层原始长石含量可达 5%以上，那么须四段顶部应有 5%左右的长石被完全溶解[图 4-44(b)]。须二段长石的溶解同样主要发生在其顶部靠近泥岩层的部位，其次是发生在一些裂缝附近或原生粒间孔隙保存较好的岩石中[图 4-45(a)]，须二段目前长石含量的平均值约 7.69%，由长石溶解提供的次生孔隙不足 1%，大量长石保存完整[图 4-45(b)]。这显示四川盆地须家河组不同层段中长石的溶解机制存在区别，这与长石自身溶解沉淀过程中的热力学机制有关，与二者不同的物源背景有关，也与二者埋藏过程中所经历的水岩机制不同有关。

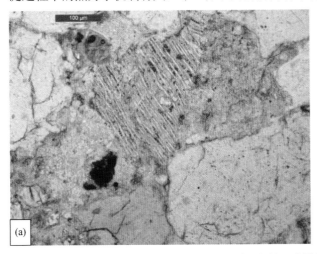
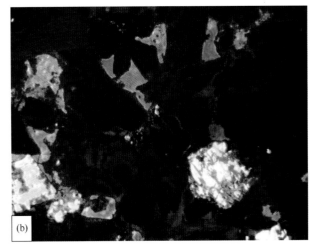

图 4-44 须四段长石溶蚀作用阴极发光和单偏光照片

(a)川孝 560 井，3521.226m，须四段，长石沿解理缝溶蚀孔，长石溶蚀残余清晰可见，铸体薄片，单偏光，×20；(b)新 5 井，3661.4m，须四段，方解石胶结物占据长石溶解空间，岩石具显著较大的负胶结物孔隙度，说明长石的溶解发生在有效压实作用前很早的成岩阶段，从该视域估计，被溶解的长石可能占岩石的 15%以上，一部分被溶长石的残晶具较强的蓝色阴极发光，阴极发光照片，×20

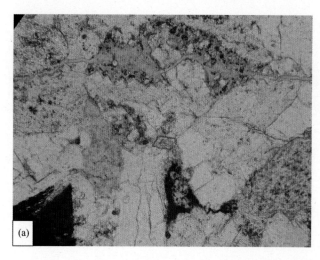

图 4-45　须二段长石溶蚀作用显微照片

(a)裂缝,沿裂缝发育粒内溶蚀孔隙,孔隙中充填少量网状自生伊利石,同一颗粒远离裂缝的部分溶蚀孔隙不很发育,新 11 井,4756.95m,须二段,铸体薄片,单偏光,对角线长 0.86mm;(b)大量长石保存完整,并未经受溶蚀作用,新 11 井,4758.53m,须二段,铸体薄片,单偏光,对角线长 4.3mm

　　除了孔隙构成上的差异,研究区须二段和须四段无论是地层水化学性质或是储层的岩石学、矿物学等特征,须二段和须四段均呈现较为明显的差异。就研究区须二段和须四段地层水 K^+ 含量的对比来看(表 4-6、表 4-7),须二段地层水具有显著较高的 K^+ 含量(为须四段的 3.3 倍)和 K^+/Cl^-。须二段埋藏深度更大(比须四段约深 1000m),然而其 $\delta^{18}O$ 值反而更为偏负(表 4-6、表 4-7)。从储层的岩石学、矿物学特征(表 4-8)来看,须二段具有显著较高的长石含量(须四段、须二段长石含量分别为 1.73%和 12.74%)和自生白云石含量,硅质胶结物含量同样相对较高;须四段则具有显著较高的自生方解石含量和相对较高的黏土矿物含量(表 4-8)。值得注意的是,黏土矿物的构成中,高岭石主要分布在须四段顶部一个深度非常有限的范围内,大多数仅限于须四段上亚段,而在须二段中其含量基本为 0(表 4-8、图 4-46)。

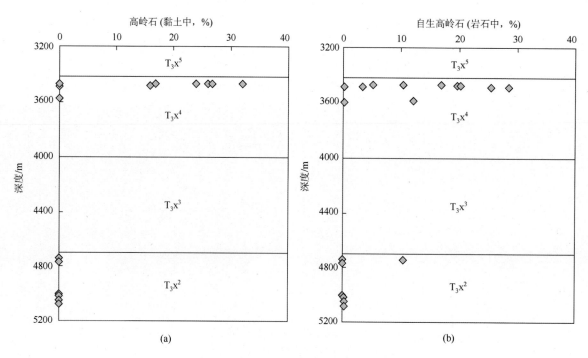

图 4-46　新 11 井储层砂岩黏粒高岭石含量纵向变化情况

表4-6　川西地区上三叠统须二段地层水离子含量与氢氧同位素特征

分析日期	井号	深度/m	层位	阳离子/(mg/L)				阴离子/(mg/L)				总矿化度/(mg/L)	水型	pH	K⁺/H⁺	δD/‰	δ¹⁸O/‰
				K^+	Na^+	Ca^{2+}	Mg^{2+}	Cl^-	SO_4^{2-}	HCO_3^-	Br^-				K^+/H^+	δD/‰	$\delta^{18}O$/‰
2008/2/27	川高561*	4921~4995		80.72	2593	1084.59	130.28	6101.42	<10	79.57	46.25	10090.33		6	4.91	−57	−4.5
2010/9/8	川高561	4921~4995		206.4	6286	1664.24	479.59	12930.75	207.43	175.85		22246.37		6.37	5.68		
2010/9/8	川合137	4589~4636.87		691	31550	2373.3	518.67	52412.64	122.65	311.74		88403.76		6.1	5.94		
2010/9/8	大邑1	5065~5128		977.11	18383.77	1905.62	519.33	32351.01	211.3	520.68		60510		6.5	6.49		
2010/9/8	大邑101	4857.1~4958.1		1290.322	30806.63	1504.79	264.252	50054.12	124.5	458.04		97100		6.4	6.51		
2010/9/8	大邑102	4901~5032		1225.34	30002.58	1483.13	205.31	48240.16	14.4	673.05		87590		6.5	6.59		
2008/2/26	联150*	4743~4910		13.91	596.7	71.62	1.86	1091.31	<10	159.13	6.1	1934.98		6	4.14	−50	−10
2010/9/8	联150*	4743~4910		12.7	632	121	2.17	1124	0	166	34.3	2107.75		6.14	4.24		
2010/9/8	新10	4820~4906	T_3x^2	187.9	5280	587.17	198.94	9482.55	100.42	271.77		16359.63		6.85	6.12		
2008/2/26	新2	4796.5~4815		1002.8	30504	2731.94	136.53	51258.5	11.52	278.48	788.5	85928.52	$CaCl_2$	6.5	6.50	−45	−2.7
2010/9/8	新2	4796.5~4815		1636	36880	1703.52	703.4	65860.62	17.29	287.76		107094.4		7.02	7.23		
2010/9/8	新201	4717.41~5207.02		1728.87	34005.62	3398.43	302.37	63746.35	33.6	452.02		121800		6.2	6.44		
2010/9/8	新202	4838.9~5086.89		1668.12	33015.01	2475.36	270.71	57893.28	52.8	377.84		109500		6.2	6.42		
2008/2/26	新3	4916.03~4945.03		974	29296	1425.34	279.27	54400.15	32.1	214.83	823.5	86673.37		6.3	6.29	−48	−4.5
2010/9/8	新301	5414.89~5441.89		1925.43	36834.27	3124.46	290.26	63554.02	19.2	1234.05		112800		6.4	6.68		
2008/2/26	新853*	5042~5056		42.15	1420.5	139.16	41.57	2447.18	<10	119.35	15.9	4211.77		6	4.62	−53	−10.6
2010/9/8	新853	5042~5056		1309	35540	1334.34	781.55	63964.11	<10	143.88		103083.4		7.57	7.69		
2008/2/26	新856	4433~4751		1041	32612	1683.52	242.03	59526	<10	175.05	980.5	95295.26		6	6.02	−38	−1.2
2010/9/8	新856	4433~4751		1483	36760	1539.44	682.08	63877.91	14.82	255.78		104622.6		7.19	7.36		
T_3x^2平均值*				1156.42	28517.06	1928.97	391.62	49970.14	65.47	388.72	864.17	86600.48		6.54	6.53	−43.67	−2.8
标准海水				390.00	10900.00	410.00	1310.00	19700.00	2740.00	152.00	65.00	35000.00		8.10	0	0	0

*由于低矿化度数据主要为凝析水，基本未参与水岩相互作用过程，因此，平均值未包括低矿化度的数据点

表4-7 川西地区上三叠统须四段地层水离子含量与氢氧同位素特征

分析日期	井号	深度/m	层位	阳离子/(mg/L)				阴离子/(mg/L)				总矿化度/(mg/L)	水型	pH	K⁺/H⁺	δD/‰	δ¹⁸O/‰
				K^+	Na^+	Ca^{2+}	Mg^{2+}	Cl^-	SO_4^{2-}	HCO_3^-	Br^-						
2010/9/8	川丰563	3737~3748		342.2	16985	3258.16	973.39	32801	261.76	191.84		54947.02		6.67	6.20		
2008/2/27	川孝93	3585~3442		799.2	26864	3837	15.51	51754.55	25.52	79.57	678	83458.19		6	5.90	-38	-1.9
2008/2/27	丰谷1	3270~3450		80.7	20388	4220.7	414.89	38443.88	13.17	119.35	69.45	63687.15		6	4.91	-46	0.1
2010/9/8	联116	3949~3969.9		268.5	22583	3914.48	824.18	41378.4	94.66	191.84		69310.38		6.6	6.03		
2011/1/26	新10	3775~3888		199	24445	3707	382	44030	183	314	919.8	74270		5.96	5.26		
2011/3/10	新10	3775~3888		412	27496	4988	476	53382	0	418	946	89061		6.15	5.76	-53	1.4
2011/4/29	新10	3775~3888		390	26571	4644	532	49843	241	381	1077	83794		5.93	5.52		
2011/6/2	新10	3775~3888		377	24986	4181	441	46007	127	277	1131	77549		5.79	5.37		
2011/7/20	新10	3775~3888	T_3x^4	320	24900	3220	271	44952	109	554	1019	75069	$CaCl_2$	6.15	5.66		
2011/7/20	新11	3551~3580		364	20212	2979	233.5	37054	312		1025	61680.5		6.33	5.89		
2010/9/8	新21-1H	4325.3~4913.9		707.77	15354.73	4581.14	320.79	28931.02	141.3	760.32		51980		6.6	6.45		
2011/2/23	新21-1H	4325.3~4913.9		343.9	26519	4187	478	51335	141	375	1264	84344.9		6.04	5.58	-54	1.7
2011/7/20	新21-1H	4325.3~4913.9		353	25819	3845	427	48660	135	326	1081	80685		5.97	5.52		
2010/9/8	新22	3860.01~3908.01		136.1	21470	4031.08	774.45	40861.17	403.34	263.78		68175.06		6.35	5.48		
2008/2/27	新884	3366~3386.4		197.5	29336	7039.62	325.71	54896.2	27.16	159.13	153.1	91986.75		6	5.30	-46	0.5
2011/3/10	新9	3666~3671		283	12716	2250	172	24232	0		351	39656		6.13	5.58	-55	-2.7
2011/2/23	新场22	3860~3908		394	24548	4348	406	47945	118	314	1057	79072		5.67	5.27		
2011/7/20	新场22	3860~3908		340	22205	4321	396	43358	124	332	999	72009		5.94	5.47		
T_3x^4平均值				350.44	22966.54	4086.23	436.86	43325.79	136.50	316.05	840.74	72263.05		6.13	5.62	-48.67	-0.15
标准海水				390.00	10900.00	410.00	1310.00	19700.00	2740.00	152.00	65.00	35000.00		8.10		0	0

表 4-8　川西地区上三叠统须家河组储层碳、氧同位素和 X 射线衍射以及岩石学特征

井号	井深/m	层位	胶结物类型	碳、氧同位素/‰		全岩 X 射线衍射/%							黏土 X 射线衍射/%				骨架颗粒含量/%			胶结物含量/%			
				δ¹³C	δ¹⁸O	黏土总量	石英	正长石	斜长石	长石总量	方解石	白云石	伊利石 I	伊蒙(I/S)	高岭石 K	绿泥石 C	石英	长石	岩屑	白云石	方解石	石英	高岭石
新 10	4851.34	T₃x²	白云石	-0.38	-12.87	7.1	80.2	3.4	8.3	11.7	0	1	71	0	0	29	60	7.5	26	5	0	0.1	0
新 10	4853.56	T₃x²	白云石	2.5	-12.76	9.7	74.2	0	13.4	13.4	0	2.7	73	0	0	27	56.5	8	23.1	10	0	0.6	0
新 10	4855.15	T₃x²	白云石	1.68	-13.55	2.3	80.8	3.5	10.4	13.9	0	3	73	0	0	27	68	8	17.4	5	0	0.6	0
新 10	4932.65	T₃x²	白云石	-0.04	-14.36	3	75.3	10.3	11.2	21.5	0	0.2	27	7	0	66	57	20	18.2	0.5	0	2.5	0
新 10	4937	T₃x²	白云石	2.44	-11.94	1.8	75.9	7.9	14.1	22.0	0.1	0.2	21	0	0	79	61	25	10.2	0.5	0	2.2	0
新 10	4755.72	T₃x²	方解石	0.05	-12.56	4.8	85.2	0	8.4	8.4	0.6	0	85	0	0	15	61	7	19.5	0	8	0.9	0
新 11	4757.765	T₃x²	白云石	0.42	-9.97	8	73.9	0	16.9	16.9	0	1.2	74	0	0	26	51	20	17.3	7	0	1	0
新 11	5070.01	T₃x²	方解石	-1.25	-16.64	4.4	76.1	10.5	8	18.5	0.8	0.2	43	0	0	57	57	17	14	2	7	1	0
新 11	5075.64	T₃x²	方解石	-0.33	-10.88	1.3	76.5	6.6	15.3	21.9	0.3	0	48	0	0	52	34	20	22.5	20	1	0.8	0
川孝 565	5058.73	T₃x²	白云石	0.4	-13.06	4.2	77.8	0	12.8	12.8	0.2	5.0	62	0	0	38	66	9	17	4	0	2	0
川孝 565	5062.08	T₃x²	白云石	1.01	-8.87	8.8	74.4	7.6	7.1	14.7	0.0	2.1	39	0	0	61	57	9	22	10	0	0	0
T₃x²平均值				0.59	-12.50	5.15	78.5	4.15	10.49	14.64	0.2	1.39	56.91	0.58	0	42.5	58.29	12.54	18.93	6	1.33	0.99	0
川孝 568	3404.1	T₃x⁴	方解石	-1.32	-13.61	7.3	90.6	0	0	0.0	1.4	0.7	31	10	39	20	56.7	0	30	2	4	0.3	3
川孝 568	3406.77	T₃x⁴	方解石	-1.2	-13.61	7.1	89.6	0	0	0.0	2.4	0.9	37	5	39	19	64	0	26.5	2	4	1	0.5
新 11	3466.565	T₃x⁴	方解石	-3.47	-15.03	4.5	92.3	0	0	0.0	3.2	0	55	0	27	18	68	0	21.5	0.7	5	0.3	1
新 11	3470.635	T₃x⁴	方解石	-2.93	-14.44	11.1	88.2	0	0	0.0	0.7	0	41	0	24	35	69	4	22.7	0.5	2	0.2	0.3
新 11	3475.67	T₃x⁴	方解石	-3.61	-15.23	1.6	96.5	0	0	0.0	1.9	0	58	0	0	42	68	9.5	13.2	1	8	0.5	2
新 11	3476.835	T₃x⁴	方解石	-2.31	-13.97	3.4	93.4	0	0.7	0.7	2.3	0.2	66	0	0	34	69	0.2	8.8	2	10	0.5	2.5
新 11	3478.9	T₃x⁴	方解石	-3.19	-14.59	16.1	83.4	0	0	0.0	0.3	0.2	58	0	16	26	60.5	0	24.5	0	5	0.2	2.8
新 11	3481.05	T₃x⁴	方解石	-2.44	-13.71	6	93.6	0	0	0.0	0.3	0.1	18	0	0	82	77.5	0	10	1	2	0	0
川孝 565	3547.62	T₃x⁴	方解石	-3.51	-15.29	1.2	96.7	0	1.7	1.7	0.4	0.0	47	0	22	31	70	4	12.5	0	4	2	2.5
川孝 565	3548.17	T₃x⁴	方解石	-2.99	-14.58	5.3	91.8	0	2.6	2.6	0.3	0.0	50	0	26	24	66.5	9.5	19	0	2	0	0
川孝 565	3549.33	T₃x⁴	方解石	-2.75	-14.65	4.7	92.4	0	2.4	2.4	0.5	0.0	40	0	11	49	75	4	9	0	2	2.5	1.5
川孝 565	3558.33	T₃x⁴	方解石	-2.97	-14.59	0.0	93.0	0	6.3	6.3	0.7	0.0	47	0	0	53	59	4	17.5	0	0	2	0
川孝 565	3642.44	T₃x⁴	方解石	-5.43	-16.55	10.3	87.8	0	0.0	0.0	1.9	0.0	58	0	0	42	64	1.5	16	0	7	2	0
川孝 568	3426.1	T₃x⁴	方解石	-0.76	-13.49	7.3	90.8	0	0	0.0	1.5	0.4	36	0	16	48	72	1	20	0	1	2	0
T₃x⁴平均值				-2.78	-14.52	6.14	91.44	0	0.98	0.98	1.27	0.18	45.86	1.07	15.71	37.36	67.09	1.73	17.94	0.66	4.79	0.82	1.15

地层水离子含量主要受控于其原始来源、成岩过程中离子的带进带出、离子的消耗以及补充等。而由于埋藏过程中流体-岩石的相互作用，储层岩石中成岩矿物的含量、构成以及流体的性质等也会在埋藏历史时期发生重要的变化，两者往往呈现此消彼长的对应关系。由此，从长石热力学特征及地层水原始来源的研究入手，分析各种自生矿物和地层水离子之间此消彼长的关系，进而明确相关的水岩相互作用机制，是解决造成须二段、须四段地层水化学和储层岩石学、矿物学等方面差异原因的重要手段，也是进一步明确深埋藏致密砂岩相对优质储层次生孔隙发育机制的有效方法。

4.2.2.2 地层水来源

1. 地层水氢、氧同位素特征

大气降水的氢、氧同位素值随气候、温度、地理环境等的不同而变化很大，但其氢、氧同位素值落点一般位于大气降水线附近。就地层水而言，其受大气降水影响的程度越大、时间越晚，氢、氧同位素距大气降水线越近。海水来源的地层水和大气降水的氢同位素特征有较大差异，可以很好区分二者，氧同位素与围岩会发生同位素交换而变化较大，可以反映水岩反应的程度(Sheppard, 1986；周文斌和饶冰, 1997)。研究区须家河组地层水氢、氧同位素主要呈现如下几个特征。

(1)须二段、须四段、侏罗系地层水基本的线性关系及其与下伏海相地层水(T_1、T_2地层水)在同位素上的显著差别，反映须家河组地层水的原始大气淡水起源(图4-47)，这和研究区基本沉积背景(主要为河成和湖成的沉积)(郑荣才等, 2009)吻合。

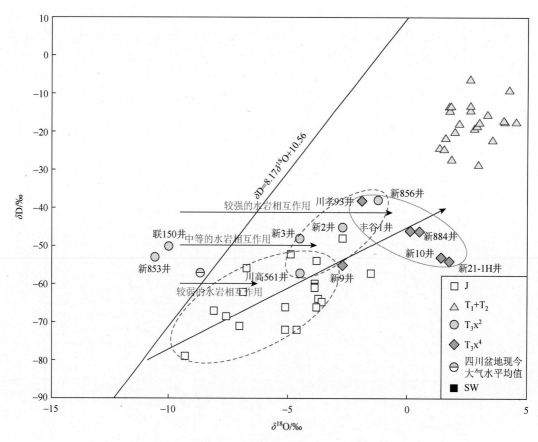

图4-47 川西地区须家河组地层水氢、氧同位素关系

图中分别给出四川盆地大气降水平均值、海水(SW)、上覆侏罗系及下伏中下三叠统(T_1+T_2)地层水的氢、氧同位素值。
数据分别引自林耀庭和熊淑君(1999)，Mccaffrey等(1987)，李巨初等(2001)和尹观等(2008)

(2)须二段地层水 δD 值为$-57‰\sim-38‰$，$\delta^{18}O$ 值为$-10.6‰\sim-1.2‰$，其中两个样品(联150井、

新 853 井)位于大气降水线左边，相对于区域基准值，δD 值略有升高，$\delta^{18}O$ 值基本无变化(图 4-47)。其他样品点位于大气降水线右边，δD 值相对前两个样品基本不变，$\delta^{18}O$ 值增大，表明联 150 井、新 853 井保持了原始来源水的同位素特征，其他井则表现出不同程度的水岩相互作用特征。

(3)相对于须二段，须四段地层水 δD 值较为接近，为$-38‰$～$-55‰$，$\delta^{18}O$ 值则相对偏高，且有四个样品(丰谷 1 井、新 884 井、新 10 井、新 21-1H 井)$\delta^{18}O$ 值为正(图 4-47)。一般而言，地层水埋藏时间越长，其氧同位素的值越大，但就本次研究所取得的数据而言，埋藏较浅的须四段地层水却具有相对更大的氧同位素值，反映须四段地层水经历了相对更强的水岩相互作用。

水-岩封闭体系中，岩石、地层水和胶结物三者氧同位素值的大小取决于水岩的相对比率和地层温度。假设两种极端的情况下，当地层中流体摩尔组分等于零时，胶结物的同位素值反映了岩石的同位素特征；而当流体组分为 1 时，胶结物氧同位素取决于流体的同位素值和矿物与流体的分馏系数。而在流体流动体系中(开放体系)，胶结物中氧同位素的大小取决于岩石中地层水流动速率与水岩交换速率之比，即水岩交换速率越快，水岩反应越充分，胶结物中氧同位素很大程度上反映流体的同位素特征，同样，流体的氧同位素值也更趋近于胶结物的氧同位素特征。因此，不同开放程度的水岩反应体系，地层水中氧同位素特征也是不一样的。须四段地层水的氧同位素相对于须二段更大，反映了须四段地层水中氧同位素和碳酸盐岩胶结物氧同位素交换充分，说明其水岩体系相对开放。这与须四段酸性流体流量大于须二段，溶蚀作用更为强烈的结论是一致的。

2. 地层水 Cl^--Na^+-Br^-组合

海水的蒸发实验证实，在 Cl^--Na^+-Br^- 体系中，随盐类的析出，Cl^- 和 Na^+ 进入矿物晶格中，而 Br^- 则残存在海水中，即使进入埋藏阶段后，成岩作用也不对 Br^- 产生影响，因此，Br^- 可以作为示踪元素，区分地层水的来源、混合及成岩作用(Mccaffrey et al.，1987；Birkle et al.，2002)。须二段和须四段地层水的 Na^+-Br^- 和 Cl^--Br^- 关系有以下特点(图 4-48)。

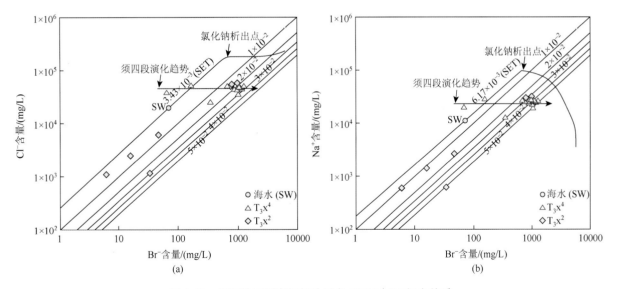

图 4-48　川西地区须家河组地层水 Cl^--Na^+-Br^-组合关系

SET 为海水蒸发曲线；数据引自 Mccaffrey et al.，1987

(1)须四段地层水矿化度最大等于海水的 3.48 倍，但 Br^- 平均含量是海水的 12.93 倍；须二段地层水也具有这一特点，除低矿化度的凝析水外，须二段地层水 Br^- 的平均含量是海水的 13.29 倍(表 4-6、表 4-7)。

(2)须二段数据呈高、低矿化度两组分布，高矿化度点位于近平行的析出线下方，虽然 Br^- 含量已过氯化钠析出点，但 Cl^- 和 Na^+ 含量并未达到析出点；低矿化度地层水的 Br^-/Cl^- 和 Br^-/Na^+ 值分别沿 1×10^{-2} 和 2×10^{-2} 等值线左右分布，与海水的蒸发曲线基本平行，显示这些低矿化度的地层水受到下伏海相地层富 Br$^-$ 流体的影响，这与研究区沉积背景基本吻合。

（3）须四段与须二段地层水差异明显，在地层水 Cl$^-$-Na$^+$ 离子变化很小的情况下，Br$^-$ 含量出现明显增大，Br$^-$/Cl$^-$ 和 Br$^-$/Na$^+$ 值与海水蒸发曲线呈交叉分布，且明显大于须二段地层水的 Br$^-$/Cl$^-$ 和 Br$^-$/Na$^+$ 值（图 4-48），说明须四段地层水中 Br$^-$ 的富集与海相地层关系不大，而是受到了其他富溴流体入侵的影响。

实际上，据 Edmunds（1996）的研究发现，地层水高 Br$^-$ 含量除了与浓缩的海水有关外，大气降水的 Br$^-$/Cl$^-$ 相对海水较高，同时某些植物对溴也有富集作用，这些溴元素可以在有机质成岩演化阶段进入地层水，从而造成高于海水的 Br$^-$/Cl$^-$。早在 1982 年，Graf 即提出，当流体处于异常高压状态的、具有半渗透膜作用的泥页岩中时，泥页岩的反渗透作用（hyperfiltration）可使地层水富集离子（Graf，1982）。因此，溴的富集不仅与海水有关，其更为重要的来源是须家河组的煤层或泥岩层压释水，须二段地层水中 Br$^-$ 的富集除了与浓缩的海水有关外，泥页岩层和煤层压释水同样对其产生了重要的影响。而须四段具有比须二段厚度更大的泥页岩层和煤层，Br$^-$ 的富集显然受到了泥页岩层和煤层压释水更大的影响，这是须四段地层水具有相对更大 Br$^-$/Cl$^-$、Br$^-$/Na$^+$ 值的原因。

综上，我们认为，川西地区须家河组地层水整体表现为大气淡水起源的特征（这与研究区整体的沉积背景、须二段低矿化度地层水氢氧同位素所呈现的淡水特征一致）。在较为早期的成岩阶段，须二段地层水受到了下伏海相地层水入侵的影响（这是须二段低矿化度地层水 Cl$^-$-Na$^+$-Br$^-$ 离子组合平行于海水蒸发曲线分布的重要原因），但此次海相地层水的入侵总体较弱，因为地层水的氢、氧同位素似乎并未受到明显的影响，另外，海相地层水入侵的时间较早，在埋藏成岩过程中，泥页岩及煤层压释水广泛稀释的影响下，淡化了海相地层水入侵的影响。现今地层水是原始来源水经浓缩和水岩相互作用，所呈现的最终状态。

4.2.2.3　长石溶解过程中的热力学特征

在长石的溶解过程中，由于不同长石（钙长石、钾长石和钠长石）热力学习性上的差异，在同等条件下，这些长石的溶解顺序必然有所差异。由于溶解作用发生时间的早晚对于储层后期的保存来说极其重要，因此，从理论上解决不同长石溶解时间的早晚问题值得我们关注，因此，本书在前人研究的基础上，对不同长石在溶解过程中的热力学特征进行了探讨，计算过程参考（黄可可等，2009）的相关文献，计算结果见表 4-9、图 4-49、图 4-50。

表 4-9　不同温度及压力条件下钾长石、钠长石和钙长石溶解形成高岭石反应的 △G 值

温度/℃	压力/MPa	吉布斯自由能增量，△G		
		钾长石→高岭石	钠长石→高岭石	钙长石→高岭石
25	0.1	−43.389	−77.843	−112.06
25	10	−43.723	−78.209	−112.493
25	20	−44.061	−78.577	−112.93
25	30	−44.398	−78.945	−113.367
25	40	−44.734	−79.313	−113.803
40	0.1	−44.497	−77.886	−110.133
40	10	−44.835	−78.255	−110.569
40	20	−45.175	−78.627	−111.01
40	30	−45.516	−78.998	−111.45
40	40	−45.855	−79.368	−111.889
60	0.1	−46.051	−78.069	−107.61
60	10	−46.393	−78.442	−108.052
60	20	−46.739	−78.818	−108.497

温度/℃	压力/MPa	吉布斯自由能增量，$\triangle G$		
		钾长石→高岭石	钠长石→高岭石	钙长石→高岭石
60	30	−47.083	−79.194	−108.941
60	40	−47.427	−79.569	−109.385
80	0.1	−47.693	−78.41	−105.132
80	10	−48.041	−78.788	−105.579
80	20	−48.391	−79.17	−106.029
80	30	−48.74	−79.55	−106.478
80	40	−49.089	−79.929	−106.926
100	0.1	−49.41	−78.898	−102.673
100	10	−49.763	−79.282	−103.125
100	20	−50.119	−79.669	−103.58
100	30	−50.474	−80.055	−104.035
100	40	−50.827	−80.439	−104.488
120	0.1	−51.17	−79.499	−100.139
120	10	−51.53	−79.889	−100.597
120	20	−51.892	−80.282	−101.059
120	30	−52.252	−80.673	−101.519
120	40	−52.611	−81.063	−101.978
140	0.1	−52.937	−80.158	−97.438
140	10	−53.304	−80.555	−97.903
140	20	−53.672	−80.955	−98.371
140	30	−54.039	−81.352	−98.838
140	40	−54.404	−81.748	−99.303
150	0.1	−53.805	−80.468	−95.945
150	10	−54.175	−80.869	−96.415
150	20	−54.547	−81.272	−96.887
150	30	−54.917	−81.673	−97.356
150	40	−55.285	−82.072	−97.825
160	0.1	−54.652	−80.755	−94.344
160	10	−55.026	−81.16	−94.818
160	20	−55.402	−81.567	−95.293
160	30	−55.776	−81.972	−95.767
160	40	−56.148	−82.374	−96.238
180	0.1	−56.206	−81.19	−90.608

温度/℃	压力/MPa	吉布斯自由能增量，$\triangle G$		
		钾长石→高岭石	钠长石→高岭石	钙长石→高岭石
180	10	−56.59	−81.604	−91.091
180	20	−56.974	−82.019	−91.575
180	30	−57.356	−82.432	−92.056
180	40	−57.735	−82.842	−92.535
200	0.1	−57.202	−80.959	−85.58
200	10	−57.596	−81.384	−86.072
200	20	−57.99	−81.809	−86.566
200	30	−58.38	−82.23	−87.056
200	40	−58.768	−82.648	−87.543

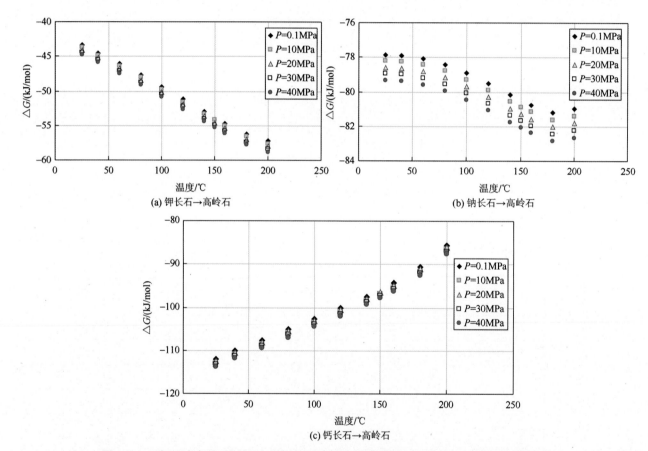

图 4-49　不同压力条件下钾长石、钠长石和钙长石形成高岭石反应的 $\triangle G$ 值随温度变化图

计算结果表明：

(1)相对而言，与钙长石有关的反应在三种长石类型中，具有最低的吉布斯自由能，因此，钙长石相对于其他长石来说具有最差的稳定性，在风化、搬运和早期沉积成岩过程中即可能消耗殆尽，这是在深埋藏沉积岩中(包括研究区须四段地层)难以见到钙长石保存的根本原因。

(2)由于钙长石溶蚀时间很早，对于深埋藏砂岩来说，这些次生孔隙难以在后期的进一步埋藏过程中得到保存，因此，现今储层中次生孔隙与钙长石的关系很小。甚至由于早期溶蚀作用的发生，导致岩石骨架颗粒抗压性能的降低，从而导致更强的压实作用和储层的进一步致密化，这可能是研究区须四段储层致密化的原因之一。

(3)与钾长石有关的反应具有相对最高的吉布斯自由能，同时，随着温度的升高，其吉布斯自由能出现明显的下降，因此，相对于其他长石，钾长石具有相对最高的稳定性，从而使其在早期的沉积成岩过程中得以保存，为晚期溶蚀作用的发生提供物质基础，这是众多深埋藏砂岩储层(包括研究区须四段)物性改善的主要途径。

(4)综合以上三点，我们可以得知，基性长石和碱性长石不同的热力学特性决定研究区须四段砂岩存在两期溶蚀作用，早期溶蚀作用难以保存，较晚期的一期溶蚀作用才是研究区须四段相对优质储层发育的重要因素，在储层致密化过程的研究中，我们将主要考虑这一期的溶蚀作用。

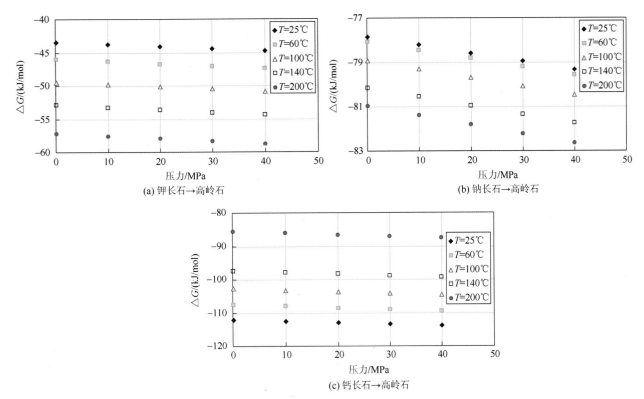

图4-50 不同温度条件下钾长石、钠长石和钙长石形成高岭石反应的$\triangle G$值随压力变化图

当然，长石的溶解不仅仅是热力学方面的问题，还涉及其他多种因素，如流体的pH、系统的开放性、离子的带进带出等，这些不同因素的相互作用才是造成研究区须二段、须四段储层特征和地层水特征出现差异的根本原因。

4.2.2.4　长石溶解沉淀与次生孔隙发育机制

热动力学计算表明，低K^+/H^+和低二氧化硅活性有利于长石的溶解(Aagaard and Helgeson，1983)。多种地质环境可以出现上述条件，在海相碎屑岩沉积环境中，由于海水相对于长石是饱和的，因此，在成岩的最初阶段，长石的保存是可能的，但当有地表水进入时(低K^+/H^+)，长石明显遭受淋漓和溶蚀作用，形成高岭石沉淀(Berger et al.，1997)。虽然高岭石的成因也存在多种假设，但一般认为是由低温条件下地表水或其他酸性流体(有机酸等)对砂岩的冲刷作用形成的［反应式(4-1)～反应式(4-4)］，经常与不整合面相关，其蚀变母体可以是长石和白云母等。

$$2KAlSi_3O_8+2H^++H_2O \longrightarrow Al_2Si_2O_5(OH)_4+4SiO_2+2K^+ \tag{4-1}$$
$\quad$(钾长石)$\qquad\qquad\qquad\qquad$(高岭石)$\quad$(硅质)

$$2NaAlSi_3O_8+2H^++H_2O \longrightarrow Al_2Si_2O_5(OH)_4+4SiO_2+2Na^+ \qquad (4-2)$$

（钠长石）　　　　　　　　（高岭石）　　　（硅质）

$$CaAl_2Si_2O_8+2H^++H_2O \Longrightarrow Al_2Si_2O_5(OH)_4+Ca^{2+} \qquad (4-3)$$

（钙长石）　　　　　　　　（高岭石）

对于钾长石溶解形成高岭石的反应［反应式(4-1)］来说，只要 K^+ 被不断带走，长石就可不断溶解形成高岭石。

而在一定条件下，高岭石将通过如下反应［反应式(4-4)］向伊利石转化：

$$3Al_2Si_2O_5(OH)_4+2K^+ \Longrightarrow 2KAl_3Si_3O_{10}(OH)_2+2H^++3H_2O \qquad (4-4)$$

（高岭石）　　　　　　（伊利石）

而反应式(4-1)和反应式(4-4)可以合并为如下反应：

$$KAlSi_3O_8+Al_2Si_2O_5(OH)_4 \longrightarrow KAl_3Si_3O_{10}(OH)_2+2SiO_2+H_2O \qquad (4-5)$$

（钾长石）（高岭石）　　　　（伊利石）　　　　石英

这样，在封闭体系中，只要体系中仍有钾长石和伊利石同时存在，必然有持续的伊利石化，并且伴随石英的增生，直到两者或其中之一消失［反应式(4-5)］，因此，伊利石化将持续很长时间。

但有关的事实证明，大量伊利石化作用多伴随构造事件，沿构造形成的裂缝分布，K/Ar 测年的数据显示反应持续时间并非很长，这主要是由于开放体系中高岭石的伊利石化与封闭体系有一定差异。针对这种情况，Berger 等(1997)提出另一种伊利石化模式，认为地层水中 K^+/H^+ 活度比(K^+/H^+ activity ratio)控制了伊利石化作用的发生，较高的 K^+/H^+ 可以降低伊利石化的能量门限。当富 H^+ 流体(如有机酸等)进入时，由于地层水中富集 H^+，高岭石伊利石化的能量门限将提高，高岭石也将更容易得到保存，除非这些 H^+ 被消耗(Berger et al.，1997)。从上述模式我们可以得到以下重要结论：与烃源岩距离越近的储层，显然更容易受到富 H^+ 流体的影响，从而更容易保存高岭石。

同时，大量的研究注意到，长石的溶解和相邻泥岩层蒙脱石的伊利石化常处于同一深度层段内，砂岩中长石溶解产生的 K^+ 进入相邻的泥岩层，从而造成泥岩层蒙脱石的伊利石化(Berger et al.，1997；Wilkinson et al.，2001)。这样，长石的溶解速率不仅仅是本身反映动力学问题，而是受到长石溶解-离子迁移速率(K^+)-伊利石化整个三元体系的控制，确切地说是受到上述三个过程中速率最慢过程的控制。当相邻的泥岩出现大量伊利石化的时候，可以为 K^+ 提供充足的沉淀场所，砂岩中长石将大量被溶蚀。蒙脱石的伊利石化也大量发育于砂岩储层中，缺少离子从砂岩到泥岩的反渗透作用可能加快体系中长石的溶解。

对于研究区须四段顶部地层来说，其与上覆须五段煤系烃源岩临近，泥岩中有机酸性流体更易入侵，从而导致地层水中 H^+ 含量升高，K^+/H^+ 降低。同时，长石溶蚀所产生的 K^+ 运移至相邻的泥岩层(虽然我们缺少研究区关于泥岩成岩研究的直接证据，但须四段砂岩单层厚度较薄，砂泥比为 1:1。说明须四段具有充足的 K^+ 迁移场所，须四段长石溶蚀产生的 K^+ 迁移至相邻泥岩层的可能性很大)，使得地层水中没有足够的 K^+(这与前述须四段地层水 K^+ 含量较低是一致的)，从而降低了地层水的 K^+/H^+。由此，须四段顶部地层中，有机酸性流体入侵和 K^+ 的丢失造成地层水具有显著较小的 K^+/H^+，使得高岭石的伊利石化难以发生，是长石基本溶蚀殆尽而高岭石得以保存的重要原因［图 4-51(3)］。

与之不同的是，须四段其他的砂岩段中，与长石溶解伴生的黏土矿物主要为伊利石而缺少高岭石，钾长石和高岭石表现出"同归于尽"的特征(表 4-8)。有理由认为，须四段的其他砂岩段具有与须四段顶部类似的开放的成岩体系，在相对早期成岩过程中，由于体系外 H^+ 的注入，较低的 K^+/H^+ 使得长石溶蚀的同时，高岭石得到保存。而当成岩体系中不再有有机酸性流体注入时(成岩体系进入封闭状态)，体系中钾长石和高岭石的最终状态将取决于此时体系中钾长石和高岭石的摩尔百分比。当两者摩尔百分比为 1 时，钾长石难以保存，高岭石则全部转化为伊利石［图 4-51(5)］。

而对于须二段来说，由于其泥岩发育较少(砂泥比为 3:1)，单层砂岩厚度大，早期长石溶解产生的 K^+ 难以与泥岩层进行有效交换，因此，这些 K^+ 将得到保存，同时体系外 H^+ 难以注入成岩体系中，从而导

致地层水中 K^+/H^+ 活度比保持较高值(图 4-52)，这与须二段地层水中具有显著较高的 K^+ 含量这一特征是一致的。在高的 K^+/H^+ 活度比情况下，反应式(4-4)将一直向右进行，直至高岭石全部转化为伊利石，因此，须二段基本不存在高岭石，而长石得以保存 [图 4-51(4)]。

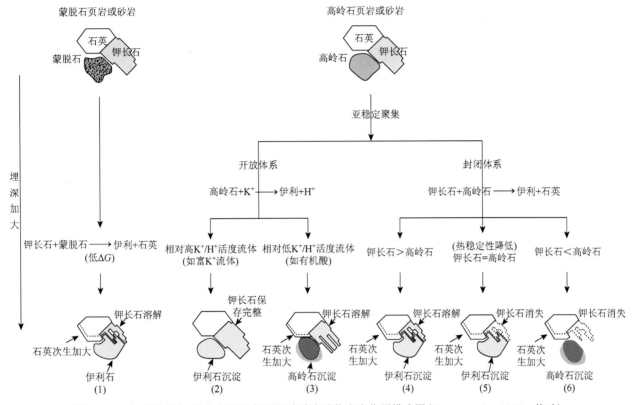

图 4-51　川西地区须二段和须四段主要铝硅酸岩矿物水岩作用模式图(Berger et al.，1997，修改)

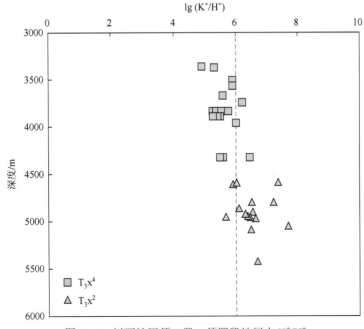

图 4-52　川西地区须二段、须四段地层水 K^+/H^+

另外，当开放体系有外源富 K^+ 流体的入侵时，高岭石的伊利石化将更为容易发生 [图 4-51(2)]。一般认为，石油的充注对伊利石的生长具有明显的抑制作用，但有研究发现，石油的充注并没有抑制伊利石化的生长，相反，由于其阻止储层中 K^+ 的流动性，造成石油充注后储层中伊利石化相对含水层中的更为明显。扩散迁移使得大量 K^+ 从砂岩中进入相邻的泥岩层，但如果有石油的充注，将大大降低 K^+ 的流动性，使得 K^+ 在砂岩中相对富集，从而造成石油充注后的伊利石化（Wilkinson et al.，2001）。这样伊利石化的量和分布将是钾长石、高岭石含量及 K^+ 活动性的函数，泥岩并不是成岩过程中体系封闭性的重要因素，相反是砂岩成岩第一开放对象。同时，也说明通过伊利石测年确定成藏时期存在巨大的风险。

而当地层中含有足够量的蒙脱石时，如下反应也可导致长石的溶解和伊利石化的产生：

$$4.5K^+ + 8Al^{3+} + 蒙皂石 \longrightarrow 伊利石 + Na^+ + 2Ca^{2+} + 2.5Fe^{3+} + 2Mg^{2+} + 3Si^{4+} \tag{4-6}$$

该反应为一低能耗的自发反应（Berger et al.，1997），由于这一过程能有效地移除 K^+，因此，地层中的钾长石会在埋藏成岩过程中持续溶解，直到全部溶解完或蒙脱石全部转化为伊利石为止。研究区须家河组储层中伊蒙混层黏土矿物含量很低，几乎不含蒙脱石，且伊/蒙与深度不具备统计相关性，说明蒙脱石已基本伊利石化 [图 4-51（1）]。

5 四川盆地致密碎屑岩气藏成藏年代

成藏年代研究是成藏动力学研究的重要方面,是认识油气成藏过程、掌握油气成藏机理的重要途径。通过油气成藏年代的研究可以了解含油气盆地油气藏形成的历史,确定油气藏形成的时间,这不仅对研究油气藏的形成及油气藏的分布规律具有重要的理论意义,而且对指导油气勘探也具有重要的实际意义(赵孟军等,2004;张义杰等,2010;刘文汇等,2013)。

传统的油气成藏期分析主要从圈闭形成期、生油期和油气藏饱和压力分析(Levorson,1954;潘钟祥,1986;张厚福,1989)等入手,这些分析手段对多旋回含油气盆地成藏期和成藏史的分析难以达到理想的效果。四川盆地是一个具备多套烃源层、多个烃源区、多期油气生成、多期油气成藏,同时又经历多个构造期调整和破坏的含油气盆地,其天然气成藏年代分析难度巨大。针对它的特殊性,必须采用多种方法结合,即宏观与微观结合、推测-实测对比、地质历史分析结合等多种手段认识其天然气的成藏年代。

5.1 须家河组气藏成藏年代

5.1.1 主力烃源岩生排烃史

烃源岩生烃模式是油气地球化学研究的重要内容之一,国内外学者提出了各类不同的成烃模式(Tissot and Welte,1978;程克明,1990;王铁冠等,1995;肖贤明等,1996;赵长毅,1996)。肖贤明等(1996)系统地分析了中国不同地区煤系烃源岩生烃特征,提出了中国煤系烃源岩的四种成烃模式(图 5-1)。第一类成烃演化模式与Ⅱ型干酪根甚至Ⅰ型干酪根相似,它代表了我国广泛分布的特种煤,以生油为主,在高成熟阶段后,可产出大量天然气。虽然目前我国尚未发现这类成因的煤成油气田,但这类烃源岩在我国聚煤盆地广泛分布。第二类成烃模式液态窗呈双峰型,第一个生烃高峰期在 R^o 为 0.5%左右,第二个生烃高峰期在 R^o 为 1.0%左右。这种模式主要见于我国古近纪含煤盆地,这类油气资源已在我国东南沿海不断发现。第三类成烃模式与Ⅲ型干酪根成烃模式类似,这类成烃模式在我国煤成烃盆地占有相当重要的地位,我国 C—P 煤成烃盆地的煤层(如苏桥、东淮、沁水等盆地)以这种成烃模式为主,如有匹配的圈闭构造,可形成一定规模煤成油气田。第四类成烃模式多见于我国中生代煤盆地,生烃母质以镜质组占绝对优势,以煤型气为主,并伴有一定数量的轻质油。代表性盆地有四川上三叠统、鄂尔多斯瓦窑堡组,准噶尔、塔里木库车及吐哈侏罗系煤层实际上亦属这类成烃模式。

四川盆地上三叠统烃源岩为典型的煤系烃源岩,根据肖贤明等(1996)提出的中国煤系烃源岩成烃模式,其成烃模式为第四类(图 5-1)。这类煤系烃源岩成烃规律表现为 $R^o>0.5\%$ 时,烃源岩进入生烃门限;$R^o>0.7\%$ 时,烃源岩开始进入早期大量生烃阶段;$R^o>1\%$ 时,进入液态烃生烃高峰阶段,气态烃大量生成阶段;$R^o>1.3\%$ 时,烃源岩进入高成熟阶段,主要为湿气生成阶段;$R^o>2.0\%$ 时,烃源岩进入过成熟阶段,生成干气。从生烃模式可以看出,在 $R^o<1\%$ 前,为煤系烃源岩早期生排烃阶段,而当 $R^o>1\%$ 后,为煤系烃源岩大量生排烃阶段。

四川盆地致密碎屑岩天然气主要来自上三叠统煤系烃源岩,其生排烃特征符合中国煤系烃源岩成烃模式的第四类。研究中以川西地区川孝 93 井、川中地区营 S 井、川南地区包 62 井为典型井,分析了四川盆地不同地区上三叠统煤系烃源岩演化特征,结合中国煤系烃源岩成烃模式,对四川盆地上三叠统烃源岩生排烃史特征进行研究。

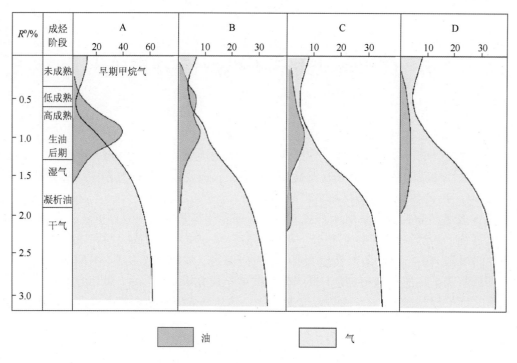

图 5-1　中国煤系烃源岩成烃模式(肖贤明等，1996)

5.1.1.1 川西地区

川西地区须二段烃源岩大致在须四段沉积期达到了生烃门限，进入早期成熟阶段；须五段沉积早期，烃源岩镜质体反射率增大至 0.7%左右，烃源岩进入早期的大量生烃阶段；中侏罗世沉积时期，烃源岩镜质体反射率增大至 1.0%，烃源岩达到液态烃生烃高峰阶段，气态烃也大量生成；晚侏罗世沉积早期，烃源岩镜质体反射率增大至 1.3%，烃源岩进入高成熟阶段，主要为湿气生成阶段；早白垩世沉积时期，烃源岩成熟度增大至 2.0%以上，烃源岩进入过成熟阶段，有一定的干气生成(图 5-2)。所以，须二段烃源岩生烃史表现为须四段至早侏罗世沉积期，烃源岩开始生烃，生烃量逐渐增多；中侏罗世之后烃源岩进入生烃高峰期，该过程持续到白垩世早期。因此，单从烃源岩生排烃史可以推断，须二段气藏早期成藏可能发生在须五段至早侏罗世沉积之间，主要成藏期在中侏罗统至早白垩世之间。

须四段烃源岩大致在中侏罗世沉积时期达到了生烃门限，进入早期成熟阶段；晚侏罗世沉积早期，烃源岩镜质体反射率增大至 0.7%左右，烃源岩进入早期的大量生烃阶段；晚侏罗世沉积晚期，烃源岩镜质体反射率增大至 1.0%，烃源岩达到液态烃生烃高峰阶段，气态烃大量生成；早白垩世沉积末期，烃源岩镜质体反射率增大至 1.3%，烃源岩进入高成熟阶段，主要为湿气生成阶段，目前，须四段烃源岩仍处于该阶段。所以，须四段烃源岩生烃史表现为中侏罗世至晚侏罗世沉积早期，烃源岩开始生烃，生烃量逐渐增多；晚侏罗世晚期烃源岩进入大量生烃期，一直持续到白垩系末期。因此，须四段烃源岩生烃高峰主要发生在晚侏罗世晚期与白垩系沉积期。须五段烃源岩除进入早成熟阶段的时期(晚侏罗世)略晚于须四段烃源岩外，进入其他热成熟阶段的时期与须四段烃源岩一致，所以须五段烃源岩生烃史也与须四段烃源岩类似。因此，单从烃源岩生排烃史可以推断，须四段气藏早期成藏可能发生在中侏罗世至晚侏罗世沉积早期，主要成藏过程可能发生在晚侏罗世晚期与白垩系沉积期。

晚白垩世末期，随着燕山末期—喜马拉雅期大幅度构造抬升运动，上覆地层被剥蚀，地层温度降低。根据干酪根成烃理论，地层温度的降低将使烃源岩有机质进一步裂解成烃作用受到阻碍。此外，当上覆地层负荷减少和地层温度的降低引起孔隙体积膨胀及孔隙流体的冷凝收缩，烃源岩丧失压实排烃与微裂缝排烃机能(陈义才等，2007)，故进入喜马拉雅期后上三叠统烃源岩不再具备生排烃能力。虽然进入喜马拉雅期烃源岩不再生排烃，但是强烈的喜马拉雅运动对整个四川盆地油气藏成藏仍具有重要的意义。强烈的喜马拉雅运动形成了一系列新的断层与圈闭，为油气的成藏提供了新的运移通道与储集场所。同时，强烈的喜马拉雅运动对已形成的上三叠统原生气藏中的天然气有一定的改造作用，部分原生气藏在断裂的沟通作用下，进入与断裂相接或临近的砂体，或沿断裂系统进入新圈闭，重新聚集成藏。因此，喜马拉雅期也是上三叠统油气藏的一个重要成藏期，主要为原生油气藏调整，次生油气藏形成。

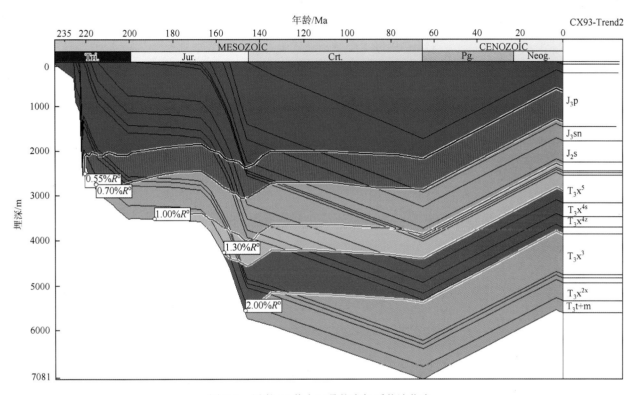

图 5-2 川孝 93 井上三叠统有机质热演化史

5.1.1.2 川中地区

川中地区上三叠统烃源岩在晚侏罗世沉积早期开始达到生烃门限，进入早期成熟阶段，有少量油气生成；晚侏罗世沉积晚期，烃源岩镜质体反射率增大至 0.7% 左右，烃源岩进入早期的大量生烃阶段；早白垩世沉积晚期，烃源岩镜质体反射率增大至 1.0%，烃源岩达到液态烃生烃高峰阶段，气态烃也大量生成；晚白垩世沉积晚期，烃源岩镜质体反射率大于 1.3%，烃源岩进入高成熟阶段，主要为湿气生成阶段。喜马拉雅期，川中地区也主要为油气调整重新成藏期(图 5-3)。因此，根据上三叠统地层埋藏史和热演化史，川中地区上三叠统烃源岩的早期生排烃过程发生在晚侏罗世至早白垩世沉积期间，大量生排烃过程主要发生在晚白垩世沉积阶段(陈义才等，2007)。

5.1.1.3 川南地区

川南地区上三叠统须一段烃源岩进入生烃门限时间最早，在晚侏罗世早期就进入了生烃门限，早白垩世早期进入生烃高峰期，大量生烃发生在早白垩世早期至晚白垩世末期；须三段烃源岩在晚侏罗世中期进入生烃门限，早白垩世中期进入生烃高峰期，大量生烃发生在早白垩世中期至晚白垩世末期；须五段烃源岩在晚侏罗世末期进入生烃门限，早白垩世末期进入生烃高峰期，大量生烃发生在早白垩世末期至晚白垩世末期。喜马拉雅期，川南地区烃源岩停止生烃，该区主要为油气调整重新成藏阶段(图 5-4)。因此，根据川南地区上三叠统埋藏史和热演化史特征，研究区上三叠统烃源岩的早期生排烃过程发生在晚侏罗世沉积阶段，大量生排烃过程主要发生在早白垩世早期至晚白垩世末期。

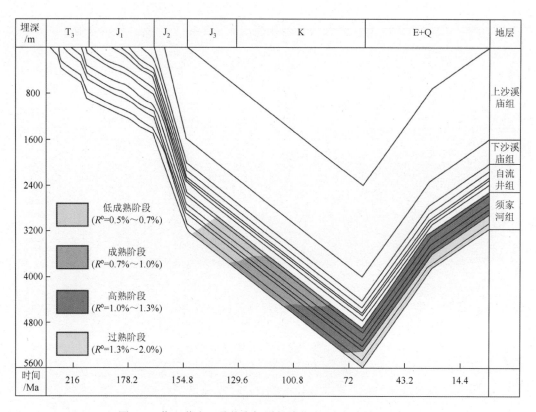

图 5-3　营 S 井上三叠统有机质热演化史(陈义才等，2007)

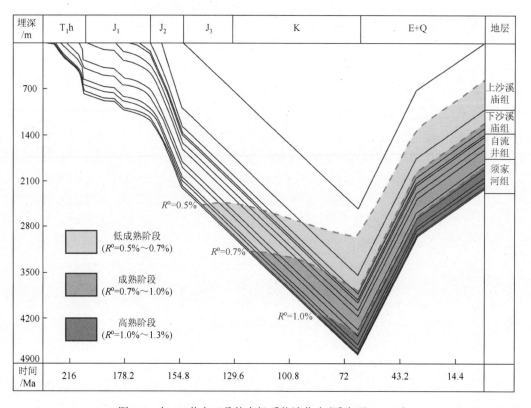

图 5-4　包 62 井上三叠统有机质热演化史(潘泉涌，2008)

5.1.2　包裹体均一温度定年

有机包裹体作为封存在矿物晶穴或裂隙中的原始有机流体，是油气运移聚集过程的原始记录。它的最大特点是可以记录每一期油气运移的特征，而且，这些特征一般不会因后期继承性的叠加改造而消失。因此，有机包裹体在油气藏成藏史研究中具有不可替代的作用。目前，包裹体油藏地球化学在国内外已经广泛运用于油气地质勘探中，并在很多地区或油田取得有意义的成果(赵孟军等，2004；高岗，2007；任战利等，2008)。四川盆地典型钻井包裹体均一化温度数据见表5-1。

其中，川西地区须二段包裹体均一温度分布范围较广，为87.4～220℃，呈连续分布的特征，表明研究区须二段天然气的充注是一个持续过程(表5-1)。

表5-1　四川盆地典型钻井包裹体均一化温度数据表

井号	层位	井深/m	宿主矿物	均一温度/℃	备注
川孝560	须四段	3430.01	粒内孔中石英	90.6	
川孝560	须四段	3520.9	粒间剩余孔中石英	123.6	
川孝560	须二段	4806.8	充填粒间半自形细晶石英	165.2，117.6，87.4	
人邑1	须四段	4637.01	粒间石英	115，132.6，112.4	
大邑1	须四段	3878.05	粒间孔石英	258.2，242.5，240.6，263.7	
川孝560	须四段	3516.68	粒间半自行粉晶石英	263	
川孝560	须二段	4926	充填孔隙石英	164.5，120.3，172.2	
川孝565	须四段	3639.36	充填孔隙石英	126.7，127.4	
川孝565	须四段	3548.82	粒间孔中石英	107.6，325.1，79.5	本次测试数据
川孝565	须二段	4899.24	粒间孔中石英	187.3，153.2，153，202，189.7，128.6，174.2，154.7，131.6	
川丰563	须四段	3512.28	充填孔隙不规则状石英	93.7	
川丰563	须四段	3775.12	方解石交代石英的包体，方解石	175.6，171.6，158.7	
川高561	须二段	4993.54	半自形粉晶石英	135.8～138.5	
川高561	须二段	4995.08	粒内孔石英	183.2	
川高561	须四段	3708.63	可靠次生边石英	145.7，110.2	
川罗562	须四段	4070.52	次生边石英	146.8，116.2，116.5，117.3，118.4	
马深1	须二段	5430.24～5430.33	次生边石英	207.2，235，127.8	
金深1	须二段	4795.37～4795.46	粒间孔中他形石英	138.2，140.5，116.7	
金深1(无气相)	须二段	4780.04～4780.52	粒间孔中石英	115.8	
包浅001-16	须家河组	—	—	130，142	
广安16	须家河组	—	—	79.2，83，127.5，133.4，119.3，102.94，131.8，113，109.5	据徐昉昊等，2012
合川1	须家河组	—	—	120，96，128	
角52	须家河组	—	—	110，96，84	
潼南101	须家河组	—	—	139.9，132.5，135.7，140，120，116.8	
岳2	须家河组	—	—	139.9，132.5，135.7，140，120，116.8	
合川1	须二段	2116.95	石英裂隙	97.5～147.3	
合川3	须二段	2141.72	石英裂隙	92.5～134.5	据陶士振等，2009
包浅001-1	须二段	1775	石英裂隙	78.6～142.8	
包浅001-1	须四段	1587.7	石英裂隙	98.8～138.9	

续表

井号	层位	井深/m	宿主矿物	均一温度/℃	备注
包浅 001-16	须六段	1394.5	石英裂隙	92.3～131.9	
广安 111	须六上段	2150.8	石英裂隙	106.5～145.4	
广安 111	须六段	2195.83	石英裂隙	82.6～114.3	
广安 113	须四段	2356.76	石英裂隙	113.9～136.9	
广安 121	须四段	2230.05	石英裂隙	85.2～121.7	
广安 122	须四段	2431.42	石英裂隙	80.3～113.1	
广安 122	须四段	2412.28	石英裂隙	87.5～148.9	
广安 123	须四段	2455.4	石英裂隙	130.1～136.7	
广安 123	须六段	2164.5	石英裂隙	93.9～145.4	
广安 125	须四段	2555.2	石英裂隙	101.7～135.9	
广安 125	须六段	2533.23	石英裂隙	61.2～136.5	据陶士振等,2009
广安 126	须四段	2400.58	石英裂隙	95.8～131.4	
广安 128	须四段	2323.75	石英裂隙	71.6～117.8	
广安 002-23	须六段	1715.21	石英裂隙	76.9～134.9	
广安 002-43	须六段	1773.2	石英裂隙	108.3～146.5	
角 48	须四段	3087	石英裂隙	87.5～141.5	
角 51	须四段	3154.21	石英裂隙	87.5～110.3	
角 52	须四段	3057.9	石英裂隙	69.5～103.4	
金 31	须二段	3302.5	石英裂隙	92.1～127.5	
莲深 101	须四段	2803.28	石英裂隙	76.5～131.9	
西 13-1	须四段	2445.53	石英裂隙	74.5～97.6	
磨 24	须二段	2176	石英裂隙	108.7～124.9	
潼南 102	须三段	2245	石英裂隙	75.1～141.3	

　　从须二段包裹体均一温度分布直方图(图 5-5)来看,单峰特征明显,主要分布在 100～140℃,根据川西地区地层埋藏史(图 5-2),以及古地温梯度特征(图 5-6),可以得出研究区最主要的成藏期为中晚侏罗世沉积时期,同时在 140～160℃对应另一个相对较高峰,其相应的成藏时期为晚侏罗世至早白垩世沉积时期。部分包裹体均一温度分布在 160～220℃,对应成藏时期为晚白垩世沉积阶段,代表较晚的成藏过程。根据川西地区古地温特征(图 5-6),研究区须二段经历的最大古地温不超过 220℃。因此,这部分均一温度超过 220℃的样品,其均一温度应有其他因素的影响,故不能用于成藏年代分析。

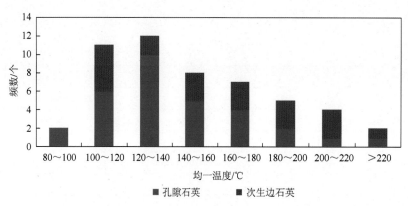

图 5-5　川西地区须二段自生矿物包裹体均一温度直方图

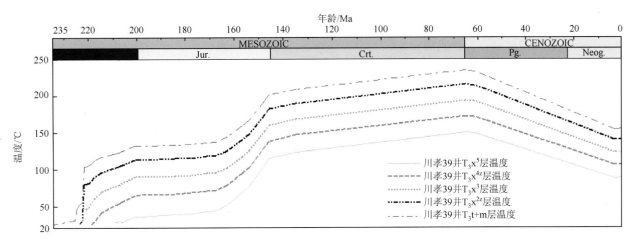

图 5-6 川孝 93 井上三叠统古地温史图

川西地区须四段包裹体均一温度同样呈连续分布的特征,须四段自生矿物包裹体均一化温度主要分布在 100～120℃、120～140℃、160～180℃以及>200℃四个区间(图 5-7),对于前两个区间,依据埋藏史和地温梯度特征(图 5-2、图 5-6),其对应的成藏期分别为晚侏罗世至早白垩世和早—中白垩世沉积时期。在 140—160℃也有一定量的包裹体分布,对应晚白垩世沉积时期,代表晚期成藏过程。而古地温史的研究表明,须四段地层经历的最大古地温不超过 160℃,因此,对于研究区须四段中存在相当多的样品均一温度大于 160℃的情况,应存在其他因素的影响,所以这部分样品不适合用来进行成藏年代的分析。

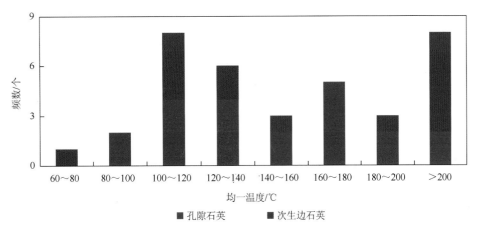

图 5-7 川西地区须四段自生矿物包裹体均一温度直方图

川中地区上三叠统砂岩储层中与气态烃包裹体伴生的盐水溶液包裹体测温数据表明,研究区包裹体均一温度变化范围较大,最低温度仅 60℃左右,最高温度为 150℃左右,平均温度范围为 84.8～133.0℃,这说明研究区油气充注时间长或充注期次多(李云和时志强,2008;陶士振等,2009;徐昉昊等,2012)。

从川中地区上三叠统砂岩储层包裹体均一温度分布特征(图 5-8)来看,研究区包裹体均一温度分布较为集中,主要为 90～130℃。结合川中地区上三叠统地层沉积埋藏史(陶士振等,2009),可知这些包裹体形成时期为晚侏罗世至白垩纪末期,这说明研究区天然气的主要充注时期为晚侏罗世至白垩纪末期,该时期也正是研究区烃源岩排烃期(图 5-3),进一步说明该阶段研究区天然气充注的可能。

从川中不同地区包裹体均一温度分布特征来看,广安 123 井须六段包裹体均一温度主要分布在 95～110℃与 125～150℃,广安 002-43 井须六段包裹体均一温度主要分布在 110～125℃与 140～150℃(图 5-9),

其他地区上三叠统砂岩储层中包裹体均一温度也表现出这种双峰型的分布特征，说明研究区天然气可能存在两个主要的成藏期。根据包裹体均一温度，结合埋藏史推断包裹体形成时期及天然气充注时间，广安 123 井须六段两期包裹体分别形成于 105Ma（K_1）和 72Ma（K_2），广安 002-43 井须六段两期包裹体分别形成于 90Ma（K_2）和≤75Ma（K_2），合川 1 井须二段两期包裹体形成时间分别为 110Ma（K_1）和 75Ma（K_2），合川 3 井须二段的两期包裹体分别形成于 115Ma（K_1）和 82Ma（K_2）（陶士振等，2009）。所以，根据川中不同地区上三叠统包裹体均一温度分布特征及包裹体形成时期，可以推断研究区天然气主要有两期充注，分别发生在早白垩世晚期与晚白垩世。

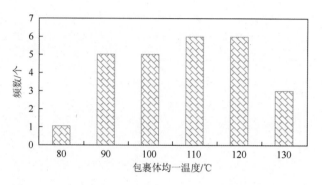

图 5-8　川中地区上三叠统储层包裹体均一温度分布直方图

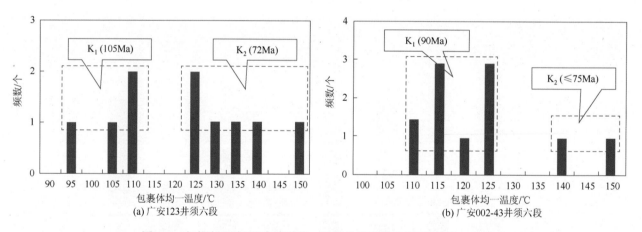

图 5-9　广安地区须六段包裹体均一温度分布柱状图（陶士振等，2009）

徐昉昊等（2012）的研究结果表明川中地区上三叠统主要存在两期油气充注：第一期包裹体均一温度较低，油气充注时间主要分布在 160～140Ma，对应地质时期为晚侏罗世至早白垩世早期；第二期包裹体均一温度较高，油气充注时间主要分布在 95～65Ma，对应地质时期为晚白垩世。

从不同学者关于包裹体对川中地区上三叠统成藏期次的研究结果来看，研究区存在两期主要的成藏是毋庸置疑的，其中可以肯定的一期为晚白垩世，另一期存在一定的争议，争议点是其成藏时间是晚侏罗世至早白垩世早期还是晚侏罗世至早白垩世晚期。

据杨玉祥等（2010）对川南地区井 25 井上三叠统储层包裹体研究，研究区存在两类盐度不同的包裹体，第一类包裹体盐度较低，NaCl 质量分数为 6.6%～8.0%，对应均一温度较高，温度范围为 115～150℃，是与演化程度较高的油气所伴生的包裹体；第二类包裹体盐度较高，NaCl 质量分数为 21.8%～22.1%，包裹体对应均一温度较低，温度范围为 82～102℃，为刚进入大量生烃阶段所生成的包裹体。从井 25 井上三叠统储层与烃类包裹体伴生的盐水包裹体均一温度（图 5-10）来看，包裹体均一温度柱状图中可见 3 个主要峰，对应 3 个温度范围：90～105℃、115～125℃和 130～155℃。结合井 25 井古地温梯度、埋藏史及生烃史对照，可得到井 25 井成藏期次分析结果。

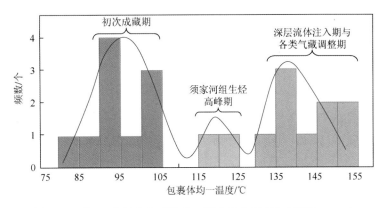

图 5-10 井 25 井盐水包裹体均一温度柱状图(杨玉祥等，2010)

从井 25 井成藏期次分析结果(图 5-11)来看，在白垩系沉积初期，上三叠统地层温度在 90℃ 左右时，上三叠统烃源岩成熟度 R^o 值为 0.5%～0.7%，烃源岩达到了生烃门限，进入早期生烃阶段，生烃量相对较小。但是该阶段地层埋深较浅，储层压实作用相对较弱，原生孔隙保存较好，该阶段生成的烃类可优先占据储层原生孔隙，进行早期运聚成藏。在白垩系沉积晚期，上三叠统地层温度为 115～125℃，烃源岩成熟度 R^o 值为 1.0%～1.3%，烃源岩已达到生烃高峰期，进入大量生烃阶段，因此该阶段为川南地区上三叠统的主要成藏期(杨玉祥等，2010)。埋藏史恢复结果表明，井 25 井上三叠统地层经历的最高温度为 130℃ 左右。但是，井 25 井上三叠统储层中有一定数量的包裹体均一温度分布在 130～155℃，明显超过了上三叠统地层所经历的最大温度。因此，这部分高温包裹体应是由于深部高温流体侵入的结果。这与上述低盐度包裹体推测的存在高演化油气充注的结果一致。同时，气源关系也证实上三叠统地层中确实存在深部流体来源。由此可见上三叠统储层接受了深层流体的贡献，推测可能发生在喜马拉雅运动期，即四川盆地普遍存在的天然气重新分配与调整期。因此，高温流体对应这一成藏期。

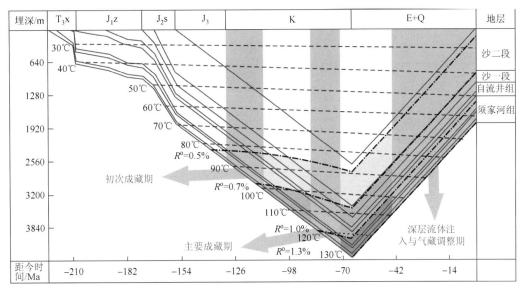

图 5-11 井 25 井成藏期次分析图(杨玉祥，2010)

5.1.3 封盖条件及储盖层演化

根据对我国 14 个储量大于 $100×10^8 m^3$ 的天然气藏的统计，区域盖层中泥质岩有 13 个，占 93%；膏盐岩有 1 个，占 7%。直接盖层中泥质岩有 11 个，占 79%；膏盐岩有 3 个，占 21%。由此可见，我国天然气盖层主要是泥质岩(邓祖佑等，2000)。

川西地区须家河组地层砂泥岩叠置发育，这些泥页岩厚度大，在平面上分布稳定，为储层发育提供了良好的封闭条件。须四段上亚段最主要的区域盖层为须五段泥页岩，该层段在全区分布稳定，厚度大多在200m以上，平均厚度为295m左右（图5-12），同时该层段泥页岩在地层中所占比例一般在50%以上，平均达到了57.6%，且这些泥页岩突破压力较高，达7.1~8.7MPa（沈忠民等，2010），根据泥岩突破压力评价盖层封盖能力标准，泥岩突破压力大于6.8MPa即为最好的盖层（邓祖佑等，2000），须五段泥岩属于优质盖层（表5-2）。

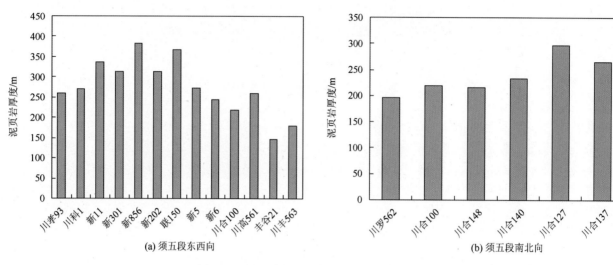

图 5-12　川西地区单井须五段泥页岩厚度对比

表 5-2　川西地区须家河组泥岩突破压力

井号	井深/m	层位	岩性	突破压力/MPa
川孝 565	3548.8	须四段	泥岩	13.95
川孝 565	4900.3	须三段	泥岩	10.19
川孝 565	5065.5	须二段	泥岩	11.54
川合 137	4633.2	须二段	泥岩	11.93
大邑 1	3887.72	须四段	泥岩	13
大邑 1	3881.22	须四段	粉砂质泥岩	13
马深 1	4584.73	须四段	粉砂岩泥岩	14
马深 1	4585.03	须四段	泥岩	11
马深 1	5118.37	须三段	粉砂质泥岩	15
马深 1	5120.46	须三段	页岩	14
金深 1	3876.82	须三段	泥岩	7
金深 1	3280.8	须四段	泥岩	7
金深 1	3214.31	须四段	粉砂质泥岩	9

数据来源：罗啸泉和宋进，2007

　　须四段下亚段最直接的盖层为须四段中亚段泥页岩。在研究区，须四段中亚段泥页岩发育稳定，平均值达到了200m以上（图5-13），这些泥岩的突破压力主要分布在7~14MPa（表5-2），是优质的天然气盖层。同时，须四段下亚段发育有极其致密的砾岩层，也可作为研究区储层的直接盖层，为天然气的保存提供了良好的保证。

　　须二段储层的区域盖层是须三段泥岩，研究区须三段泥岩平均厚度为420m左右（图5-14），其中泥页岩所占厚度（泥地比）均大于50%，这些泥页岩层连续分布在整个川西地区，而且它们的突破压力较高，达7~15MPa，可以称为优质盖层。同时，加上侏罗系泥岩盖层的累积叠加效应，川西地区上三叠统地层的封盖能力是比较好的，对该区的油气保存十分有利。

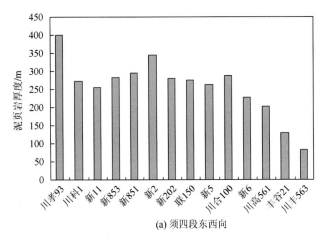

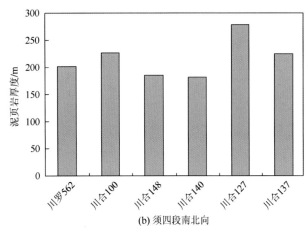

图 5-13　川西地区单井须四段泥页岩厚度对比

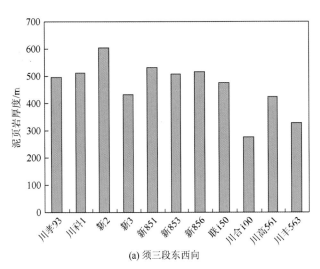

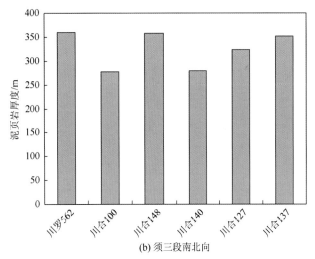

图 5-14　川西地区单井须三段泥页岩厚度对比

川西地区侏罗系地层泥砂比较高，即使是砂岩相对发育的蓬莱镇组和沙溪庙组，其泥砂比一般可以达到 1.11～3.97（王世谦等，2001），加之遂宁组区域盖层和白垩系灌口组膏盐岩盖层分布较广，使得川西地区侏罗系天然气保存条件较好。下白垩统之上广泛分布的上白垩统灌口组膏盐岩，作为下白垩统直接盖层，有利于下白垩统天然气的保存。

另外，从川西地区上三叠统与侏罗系地层水资料（表 5-3）来看，川西地区须家河组地层水矿化度高（12346.28～109094.38mg/L），地层水水型为 $CaCl_2$ 型。$CaCl_2$ 型水分布于区域水动力相对阻滞区，在纵向水文地质剖面上具深层交替停滞状态特征，地下水处于还原环境，反映储层封闭的良好条件，对烃类聚集成藏与赋存非常有利。所以，川西地区地层水特征反映该区地层封闭性较好，有利于油气保存。

表 5-3　川西地区部分有代表性地层水样品离子基本特征

井号	层位	总矿化度/(mg/L)	水型	pH
新 2	T_3x^2	109094.38	$CaCl_2$	7.02
新 853	T_3x^2	105083.36	$CaCl_2$	7.57
新 856	T_3x^2	106622.58	$CaCl_2$	7.19
新 10	T_3x^2	16359.63	$CaCl_2$	6.85

续表

井号	层位	总矿化度/(mg/L)	水型	pH
川合 137	T_3x^2	88403.76	$CaCl_2$	6.1
川高 561	T_3x^2	22246.37	$CaCl_2$	6.37
川丰 563	T_3x^4	54947.02	$CaCl_2$	6.67
联 116	T_3x^4	69310.38	$CaCl_2$	7.6
新 22	T_3x^4	68175.06	$CaCl_2$	6.35
川孝 601	J_2s	24694.16	$CaCl_2$	7.83
孝遂 1	J_2s	12346.28	$CaCl_2$	6.29

从川西地区现今盖层条件来看，研究区盖层条件优越。但天然气成藏是一个动态变化过程，在成藏过程中，储、盖层物性特征与烃源岩演化、运移条件变化等的配置状况研究十分重要。储、盖层"动态"研究即是指对储、盖层空隙空间和岩石物性等的动态变化进行研究，目的是通过动、静态结合实现定量、定时研究。对川西地区须家河组具复杂成藏过程的这类气藏，在分析其成藏时期、预测气藏分布等过程中，不仅要认识储、盖层的现今物性特征，更重要的是如何将今论古，通过合适的新思路、新方法、新技术去动态认识储层储集性的变化特点。

5.1.3.1 储层演化特征

目前川西地区须家河组储层基质物性十分致密，普遍为超致密储层，如此差的储集性难以满足天然气规模聚集的基本储集条件，但生排烃高峰期储层储集性如何，它们具备天然气聚集条件吗？要回答这一问题只能从目前储层特征入手，通过合理的研究思路和合适的研究手段去反演储层演化过程中主要阶段的储集性特征，只有认识储层的动态变化特征，才能进一步从储层方面分析天然气聚集有利时期，进而预测气藏分布。本次储层动态变化研究以川西坳陷中段须二段、须四段储层为重点。

通过对川西坳陷中段须二段、须四段储层中不同胶结物含量的定量统计、胶结物的形成时期以及原生孔隙在压实作用下的定量变化、次生孔隙在成岩作用过程中的变化等的系统研究，由此实现对该地区这两个层位储层致密化史的动态描述。

1. 须二段储层演化特征

不同岩类储层具不同的储集空间演化规律。富岩屑砂岩岩屑含量高，在压实作用下这些软岩屑极易变形堵塞孔隙，使得储层致密，这类储层表现为抗压实作用弱，储层早期即致密，对天然气聚集成藏贡献不大；长石岩屑石英砂岩、岩屑石英砂岩与岩屑砂岩(岩屑<30%)中由于刚性碎屑含量高、有的含可溶性物质多，一般原生孔隙可以保存一段时期，后期由于溶蚀作用能形成大量的次生孔隙，所以易成为对天然气聚集有效的储层，须二段气藏储层主要属这类储层，储层演化史重点研究这类储层。研究储层成岩演化特征的最终目的是认识储层的孔隙演化规律，只有认识储层的孔隙演化规律后，才能更好地分析成藏期。

1) 储层初始孔隙度

近几年来，国外开展了大量砂岩初始孔隙度的实验模拟，总结出了许多预测初始孔隙度的数学模型，其中利用 Trask(S_0 为特拉斯克分选系数)分选系数求取初始孔隙度应用较为普遍，它与储层的初始孔隙度关系密切，两者的关系式为：$\phi = (20.91 + 22.9)/S_0$。根据本区储层砂岩的粒度结构，利用特拉斯克分选系数计算出须二段储层初始孔隙度为40.8%。

2) 成岩矿物破坏孔隙的定量化研究

根据各时期成岩矿物含量的定量化统计，可以求出其对储层孔隙的破坏量(表5-4)。北段自生矿物到早侏罗世末期仅破坏了0.29%的孔隙度，中侏罗世末期破坏了6.09%的孔隙度，晚侏罗世末期破坏量达到

6.84%；中段新场地区须二段储层中形成于早侏罗世前的自生石英平均约破坏了8.89%的孔隙度，中侏罗世前的自生矿物平均约破坏了9.62%的孔隙度，到晚侏罗世末期自生矿物破坏孔隙度为9.75%，孝泉地区须二段储层中形成于早侏罗世前的自生石英平均约破坏了8.41%的孔隙度，晚侏罗世前的自生矿物平均约破坏了11.67%的孔隙度，到晚侏罗世末期自生矿物破坏的孔隙度仍为11.67%；南段自生矿物到晚三叠世末破坏了6.26%的孔隙度，早侏罗世末期破坏了6.41%的孔隙度，中侏罗世末期破坏了7.52%的孔隙度，晚侏罗世末期破坏量达到8.61%。

表 5-4　川西坳陷须二段储层主要成岩矿物含量统计及形成时期表

时期	T_3x^3	T_3x^4	T_3x^5	J_1	J_2x	J_2s	J_3sn	J_3p	地区
次生边石英	0	0	0	0	1.21	1.81	1.81	1.81	北段
充填孔隙石英	0	0	0	0.29	0.29	1.45	2.03	2.03	
碳酸盐胶结物	0	0	0	0.37	1.5	2.25	3.0		
次生边石英	0	0	2.13	2.13	2.13	2.13	2.13	2.13	中段孝泉
充填孔隙石英	2.06	2.42	6.28	6.28	6.28	6.28	6.28	6.28	
碳酸盐胶结物	0	0	0	0	3.26	3.26	3.26		
次生边石英	0	0	2.99	2.99	2.99	2.99	2.99	2.99	中段新场
充填孔隙石英	2.3	4.69	5.9	5.9	5.9	5.9	5.9	5.9	
碳酸盐胶结物	0	0	0	0.73	0.73	0.73	0.86	0.86	
次生边石英		1.66	4.16	4.16	4.16	4.16	4.16	4.16	南段
充填孔隙石英		0.7	2.1	2.25	2.25	2.25	2.25	2.25	
碳酸盐胶结物				0.28	1.11	1.66	2.2		

注：各时期为该时期末，储层为相对较好储集性储层

3）原生孔隙定量化演化

对应上述次生矿物的几个主要形成时期，利用储层在压实埋藏过程中的原生孔隙损失规律，求得各时期保留下的原生孔隙(表5-5)。

表 5-5　须二段储层原生孔隙定量化演化表

时期	T_3x^2	T_3x^3	T_3x^4	T_3x^5	J_1	J_2x	J_2s	J_3sn	J_3p	地区
孔隙度/%	40.8	33.5	30.5	30.5	30.5	22	20	13	10	北段
	40.8	24.8	18.2	15.3	14.7	11.7	10.4	9.5	5.2	新场
	40.8	22.9	15.0	12.9	12.6	11.2	9.3	8.7	5.0	孝泉
	40.8	36	34	23	21	17.5	16.5	11	8.5	南段

注：北段地区资料来自中坝中3井，新场地区资料来自新851井，孝泉地区资料来自川孝93井，南段地区资料来自平1井；各时期为该时期末

川西坳陷北段储层晚侏罗世前原生孔隙度一般大于20%，晚侏罗世末期仍有约10%的孔隙度，该地区主要由于早期有抬升、地层遭受剥蚀，侏罗纪前压实作用对储层的破坏作用相对较小；川西坳陷中段新场地区在须五段沉积前储层原生孔隙约18.2%，侏罗系沉积前约15.3%，遂宁组沉积前约10.4%；川西坳陷中段孝泉地区在须五段沉积前原生孔隙为15.0%左右，侏罗系沉积前约12.9%，遂宁组沉积前约9.3%；川西坳陷南段储层在早侏罗世前原生孔隙一般大于20%，晚侏罗世末期有约10%的孔隙度，其原生孔隙保存较北段差，但较中段好。

4) 次生孔隙定量化演化

通过对储层中次生孔隙的定量统计，以及次生孔隙中形成的次生矿物含量及形成时期分析，可以推算出主要地质时期的次生孔隙含量。

北段：晚三叠世后虽然由于抬升发生的溶蚀作用提供了大量的溶蚀孔隙，但在进一步的压实作用下大部分遭受破坏，约保留 5% 的次生孔隙，到晚侏罗世末期保留约 5% 的次生孔隙度。

新场：须五段沉积前形成的 4.64% 次生孔隙，至侏罗系沉积前形成的次生孔隙总量为 6.67%，中侏罗世末期次生孔隙总量增加到 7.22%，蓬莱镇组早期次生孔隙总量为 7.31%。

孝泉：须五段沉积前形成的次生孔隙为 2.62%，至侏罗系沉积前形成的次生孔隙总量为 6.32%，中侏罗世末期，次生孔隙总量为 8.31%，蓬莱镇组早期，次生孔隙总量达到 8.76%。

南段：次生孔隙在中侏罗世前被自生矿物充填严重，到晚侏罗世末期有 6% 的次生孔隙对改善储层储集性有效。

5) 储层致密化进程

根据上述研究成果，可以求得本区须二段储层孔隙度在地史过程中的定量演化特征，即获得对须二段储层致密化进程的全面认识（表 5-6、图 5-15）。

表 5-6 须二段储层孔隙演化史表

时期	T_3x^2	T_3x^3	T_3x^4	T_3x^5	J_1	J_2x	J_2s	J_3sn	J_3p	地区
孔隙度/%	40.8	33.5	30.5	30.5	35.2	28.1	23.2	11.8	8.0	北段
	40.8	24.8	16.7	13.1	12.5	9.5	8.0	7.1	2.8	新场
	40.8	22.9	14.1	10.8	10.5	9.1	6.5	5.9	2.1	孝泉
	40.8	36	31.6	26.7	18.2	12.9	12.1	9.0	6.0	南段

注：新场地区资料主要来自新 851 井，孝泉地区资料来自川孝 93 井

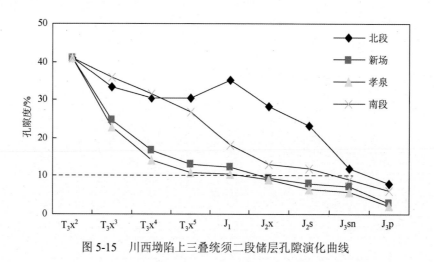

图 5-15 川西坳陷上三叠统须二段储层孔隙演化曲线

北段：北段须二段储层在较长时期内均具有较好的储集性，直到晚侏罗世前都属于常规—近常规储层，储层孔隙度一般大于 20%，到晚侏罗世晚期储层基本致密。在早侏罗世期间，由于印支运动发生的地层抬升导致储层遭受较强烈的溶蚀作用，因此储层孔隙度在随埋深增大逐渐减小的趋势下出现了反而升高的现象。

坳陷中段新场地区须二段中储层致密于晚侏罗世遂宁组沉积末期（以 7% 为致密储层孔隙度上限），在此之前的储层具备天然气聚集成藏所需的储集条件，自进入晚侏罗世蓬莱镇组后到目前，储层孔隙度小于 7%，基本不具备天然气规模聚集成藏的孔隙条件；坳陷中段西部的孝泉须二段中储层致密于中侏罗世

末期，进入晚侏罗世后，储层孔隙并未得到有效改善。因此从储层储集性角度考虑，坳陷中段须二段中天然气聚集的有利时期在晚侏罗世前。

南段：本区须二段储层在早侏罗世前有较高孔隙度，为常规储层，早、中侏罗世期间，储层虽然由于压实作用和次生矿物充填作用使储层孔隙度逐渐变小，但到中侏罗世末期孔隙度仍高于 10%，到晚侏罗世末期，储层孔隙度只有 6%，属致密储层范畴。

值得说明的是，川西地区须家河组储层遭受喜马拉雅期构造运动的强烈挤压作用，形成较发育的裂缝，这些挤压作用在形成裂缝的同时，也将对孔隙度有不同程度的影响，由于难以定量估计其影响程度，本次孔隙度演化中未作考虑。

综上研究成果，须二段储层致密化进程可总结为：储层在须三段沉积末期前孔隙度普遍大于 20%，属高孔储层，推测其渗透率较高；到中侏罗世末期，储层孔渗性变差，但大部分储层孔隙度仍大于 8%，与须三段沉积末期前储层储集性相比，虽趋于致密，但仍满足天然气运移聚集的储集条件，特别是在须四段沉积初期到中侏罗世上沙溪庙组沉积前的较长地史时期内，仍有较好的储集条件，北段储层孔隙度更高，即使到中侏罗世末，仍有高于 20%的孔隙度；晚侏罗世遂宁组沉积后，须二段储层变得更加致密，中段储层孔隙度普遍小于 7%，北段、南段储层孔隙度虽相对较高，但孔隙度也多小于 10%，渗透性也变得更差，储层属致密—超致密储层，但由于后期构造运动产生的裂缝，特别是最强烈的喜马拉雅运动产生的大量有效裂缝对储层渗透性进行了明显改善。

2. 须四储层演化特征

与须二段类似，本区须四段砂岩储集性与岩石类型关系密切，具备发育相对较好储集性的须四段储层岩性主要为中粒岩屑石英砂岩、中-粗粒岩屑石英砂岩、细-中粒岩屑石英砂岩以及岩屑含量低于 30%的岩屑砂岩，须四段储层演化史研究主要针对坳陷中段的这些储层。

1) 储层初始孔隙度

根据储层砂岩的粒度结构，类比须二段储层初始孔隙度，仍取须四段储层初始孔隙度为 40.8%。

2) 成岩矿物破坏孔隙的定量化研究

新场地区形成于晚侏罗世前的成岩矿物平均破坏了约 2.85%的孔隙度，到遂宁组末期约破坏了 4.0%的孔隙度，到蓬莱镇组沉积末期，对孔隙的总破坏量达到 5.06%(表 5-7)；孝泉地区形成于晚侏罗世前的成岩矿物平均破坏了约 5.04%的孔隙度，到遂宁组末期约破坏了 5.71%的孔隙度，到蓬莱镇组沉积末期总破坏量达到 8.18%。与新场须四段相比，成岩矿物对孝泉须四段孔隙度破坏更大，破坏量增大的主要原因在于孝泉地区储层中的自生石英含量增多。

表 5-7 孝泉、新场地区须四段储层成岩矿物含量统计及形成时期表

地区		胶结物/%								总合计
		石英				合计	白云石		合计	
		次生边	充填粒间溶孔	充填剩余孔	粒内溶孔石英		充填孔隙	交代		
孝泉	均值	3.07	0.82	0.78	1.65	6.32	1.19	0.67	1.86	8.17
	形成时期	J_2s 中	J_3p 早	J_2s 中	J_3p 早		J_2s 中	J_3s 中—末		
新场	均值	1.25	0.59	0.45	0.47	2.76	1.15	1.15	2.3	5.06
	形成时期	J_2s 末	J_3p 中	J_2s 末	J_3p 中		J_2s 末	J_3s 末		

3) 原生孔隙定量化演化

对应上述次生矿物的几个主要形成时期，利用储层在压实埋藏过程中的原生孔隙损失规律，可求得各时期保留下的原生孔隙。新场：晚侏罗世前孔隙度为 19.2%，白垩系沉积前孔隙度为 10.5%；孝泉：晚侏罗世前孔隙度为 19.7%，白垩系沉积前孔隙度为 9.8%。

4）次生孔隙定量化演化

须四段储层沉积后到白垩系沉积前，其烃源岩已经经历了生化气阶段到湿气阶段。在这些演化阶段中，烃源岩演化同样生成了酸性流体，这些流体对储层中的易溶矿物进行了溶蚀，在溶蚀过程中产生了部分次生孔隙，同时形成了石英、绿泥石等次生矿物。根据孔隙类型的定量统计以及成岩矿物充填特征，同样可以估算出各时期的次生孔隙含量。

5）储层致密化进程

根据上述研究成果，可以求得几个主要时期的储层孔隙度，由此可以看出须四段主要储层孔隙度的动态演化特征（表 5-8、图 5-16）。

表 5-8　新场、孝泉须四段储层孔隙演化史表

时期	T_3x^4	T_3x^5	J_1	J_2x	J_2s	J_3sn	J_3p	K	现今	地区
孔隙度/%	40.8	34.3	31.9	29.9	23.2	19.0	12.3	9.6	9.6	新场
	40.8	32.7	31.2	25.5	20.1	15.9	10.3	8.6	7.7	孝泉

注：新场地区资料主要来自新 853 井，孝泉地区资料来自川孝 93、川孝 94 井

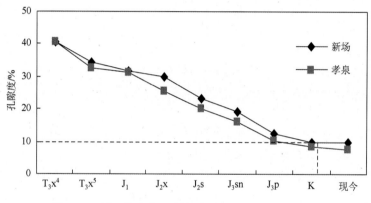

图 5-16　川西坳陷上三叠统须四段储层孔隙演化曲线

三叠纪末和晚侏罗世前储层孔隙度高，属常规高孔隙度储层，孔隙度分别达 30%和 20%以上，到侏罗纪末，储层趋于致密，但孔隙度仍高于 10%，现今储层普遍致密，但发育的较好储层仍有 10%左右的孔隙度，其中西部孝泉地区较东部新场地区差。根据储层分类评价标准，目前须四段中仍发育满足天然气聚集条件的孔隙型储层，这与须二段目前的超致密储集条件有显著差异。

须四段储层致密化进程为：储层自沉积埋藏后到早侏罗世末期，储层孔渗性好，孔隙度普遍高于 30%，为高孔、高渗常规储层；自中侏罗世开始到白垩纪末，储层由于压实、胶结等破坏性成岩作用影响，储层物性逐渐变差，但到白垩纪末孔隙度仍接近 10%，在此阶段的大部分时期（中侏罗世初到晚侏罗世遂宁组沉积末期）内储层属常规—近常规储集条件；白垩纪后，自生矿物对储层喉道进一步破坏，使得渗透性大大降低，储层变得更加致密，属致密储层，但在溶蚀作用特强和裂缝发育地区，孔渗性得到有效改善，仍发育有良好储层，其孔隙度一般大于 10%。

3. 储层储集性动态变化特征

通过上述储层孔隙度、渗透性的动态研究，对川西坳陷中段主要储层段的储集性动态变化特征总结为以下几个方面。

1）须二段

须二段储层在须三段沉积末期前孔隙度普遍大于 20%，属高孔储层，推测其渗透率较高；到中侏罗世末期，储层孔渗性变差，但大部分储层孔隙度仍大于 8%，与须三段沉积末期前储层储集性相比，虽趋

于致密，但仍满足天然气运移聚集的储集条件，特别是在须四段沉积初期到中侏罗世上沙溪庙组沉积前的较长地史时期内，仍有较好的储集条件；晚侏罗世遂宁组沉积后，须二段储层变得更加致密，孔隙度普遍小于7%，渗透性也变得更差，储层属致密—超致密储层，但由于后期构造运动产生的裂缝，特别是最强烈的喜马拉雅运动产生的大量有效裂缝对储层渗透性进行了明显改善。

2）须四段

须四段储层自沉积埋藏后到早侏罗世末期，储层孔渗性好，孔隙度普遍高于30%，为高孔、高渗常规储层；自中侏罗世开始到白垩纪末，储层由于压实、胶结等破坏性成岩作用影响，储层物性逐渐变差，但到白垩纪末孔隙度仍接近10%，在此阶段的大部分时期(中侏罗世初到晚侏罗世遂宁组沉积末期)内储层属常规—近常规储集条件；白垩纪后，自生矿物对储层喉道进一步破坏，使得渗透性大大降低，储层变得更加致密，属致密储层，但在溶蚀作用特强和裂缝发育地区，孔渗性得到有效改善，仍发育有良好储层，其孔隙度一般大于8%。

5.1.3.2 盖层演化特征

盖层是油气成藏的一个关键因素，当某地区烃源丰富、储层发育时，若无适宜的对天然气运移和散失有封堵能力的盖层发育，则难以形成油气藏。据前人研究，盖层的封堵性主要取决于渗透率，据渗透率大小，盖层性能一般分为三级：小于$10^{-5}\mu m^2$时，封堵性好；$10^{-5}\sim10^{-3}\mu m^2$时，封堵性中等；大于$10^{-3}\mu m^2$时，封堵性差。Chilingarian 等(1975)通过研究不同粒径颗粒的渗透率与孔隙度的关系，得出随着粒径变小，在同样孔隙度下，渗透率明显降低。因此对泥页岩盖层，虽然其孔隙度可能较高，但由于孔隙多为微孔隙，其渗透率一般较低，可以对油气形成有效封闭。此外，天然气聚集是一个烃浓度逐渐增加的过程，早期由于烃浓度低，盖层渗透性略高也能封闭天然气，当烃浓度增加时，要求盖层的渗透性更差。据泥岩演化特征研究(周文等，1994)，渗透率低于$10^{-5}\mu m^2$，孔隙度一般小于20%，因此本书以20%作为泥页岩盖层的具封堵能力的孔隙上限。

根据本区上三叠统中泥页岩的压实规律，可以计算出对应各地质时期的泥岩孔隙度，由此从泥岩演化角度大致确定主要成藏系统的有效封盖时期。

须三段在研究区埋深差异较大，其具备封盖能力时期也有一定差异，其中西部较早，具备封盖能力时期由西向东逐渐变新，如西部鸭子河地区在须三段末期基本具封盖能力，中部新场基本到须四段沉积中期才具有封盖能力，东部的丰谷地区更晚，约在须五段沉积末期具备封盖能力(图5-17)。

须五段具备封盖能力时期也有一定差异，其中中部、东部较早，具备封盖能力时期主要在上沙溪庙组早期，而西部须五段泥页岩具备封盖能力时期相对较晚，在遂宁组早期(图5-18)。

针对须四段中亚段发育较厚泥页岩层，这些泥页岩可以对须四段下亚段气藏起封闭作用，本书对这套泥页岩的孔隙演化进行了研究。从演化图可知，西部该套泥页岩到上沙溪庙组初期具备封盖能力，中部和东部地区具封盖能力时期相对较早，大约在千佛崖组末期(图5-19)。

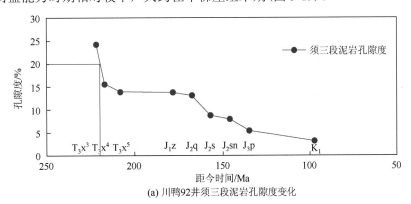

(a) 川鸭92井须三段泥岩孔隙度变化

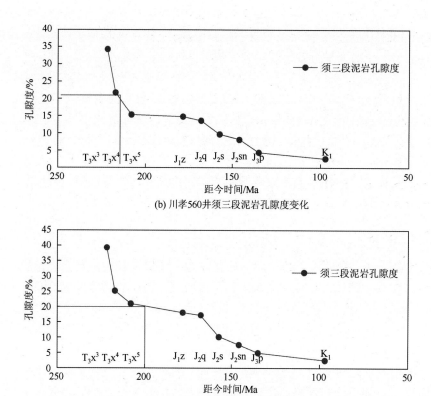

(b) 川孝560井须三段泥岩孔隙度变化

(c) 川丰563井须三段泥岩孔隙度变化

图 5-17 从西到东须三段泥岩演化图

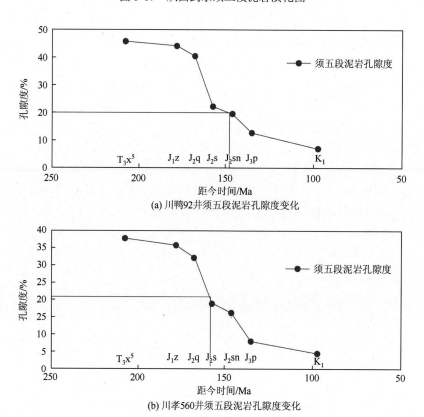

(a) 川鸭92井须五段泥岩孔隙度变化

(b) 川孝560井须五段泥岩孔隙度变化

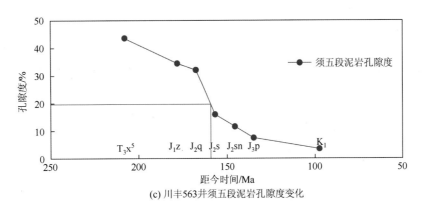

(c) 川丰563井须五段泥岩孔隙度变化

图 5-18 从西到东须五段泥岩演化图

从上述泥岩演化图可以看出，须三段盖层大致从须三段沉积末期即具有封盖能力，须四段盖层从中侏罗统上沙溪庙组沉积早期具有封盖能力，基本反映出除烃源岩处在生化气阶段不具备封盖能力外，其他主要生排烃时期泥页岩的封盖能力较好。值得说明的是川西坳陷须家河组的封闭类型十分复杂，既有泥页岩封闭、烃类封闭，也有超致密砂岩封闭类型等。整体来说其封闭条件较好，如须二段发育的众多超致密砂岩致密化时期较早，基本在烃源岩进入生排烃高峰期即具备封盖能力，同样在须四段下亚段、中亚段发育的富含碳酸盐岩岩屑的砂岩，也在埋藏早期即由于碳酸盐胶结物的广泛充填而超致密化，因此在早期即可对天然气进行有效封闭。

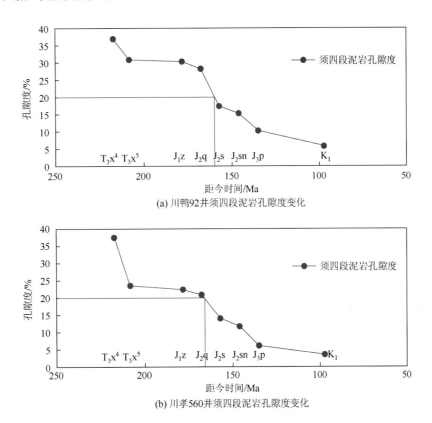

(a) 川鸭92井须四段泥岩孔隙度变化

(b) 川孝560井须四段泥岩孔隙度变化

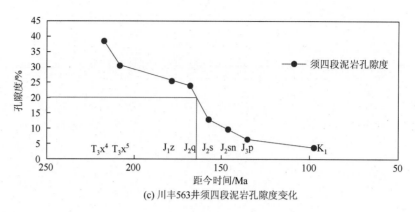

(c) 川丰563井须四段泥岩孔隙度变化

图 5-19　从西到东须四段中亚段泥岩演化图

川南地区须家河组地层之上的遂宁组和上沙溪庙组两套泥岩，为研究区须家河组气藏的区域性盖层。这套区域性盖层在川南地区覆盖面积广，尽管在局部地区遭受剥蚀，而其他大部分地区保存条件好。川南地区侏罗系区域性盖层渗透力低（$10^{-2} \times 10^{-4}$mD）、孔隙度低（0.5%～0.3%）、突破压力高（100～200MPa）、封闭系数高（300%～500%）、可封闭油气柱高度大（2000～3000m）（黄世伟等，2005），封闭能力很好，能满足该区须家河组天然气的保存。从须家河组地层水化学资料（表 5-9）来看，该区地层水矿化度高，水型为 $CaCl_2$ 型，说明该区地层封闭性较好，有利油气保存。

表 5-9　川南地区地层水地球化学特征

井号	层位	Cl^-	SO_4^{2-}	HCO_3^-	Br^-	$Na^+ + K^+$	Ca^{2+}	Mg^{2+}	Ba^{2+}	矿化度/(g/L)	水型
界 1	T_3x^6	58948	0	246	—	31164	5549	393	174	96.47	$CaCl_2$
		91723	0	88	—	47729	8477	1041	359	149.44	$CaCl_2$
界 6	T_3x^6	93822	0	46	—	46946	10060	1227	207	152.31	$CaCl_2$
界 3	T_3x^4	115983	0	49	—	61222	10053	1208	645	189.16	$CaCl_2$
足 2	T_3x^2	99162	0	305	—	44311	14445	1189	1715	162.02	$CaCl_2$
包浅 1	T_3x^2	10000	146		176	5239	900	128	0	16.8	$CaCl_2$
包浅 201	T_3x^2	122917	64	114	—	60510	14898	1172	0	199.68	$CaCl_2$

资料来源：潘泉涌，2008

川南部分地区已出露中侏罗统地层，因此该区侏罗系地层（储集层）的封盖性相对较差，这也是该区不发育侏罗系气藏的一个重要原因。

川南地区上三叠统为自生自储的生储盖组合，须一段、须三段和须五段暗色泥岩既是烃源岩又是盖层。盖层的形成时期对油气成藏时期具有重要的控制作用，盖层要在宏观上阻止大量油气向上散失，必须在纵向上具有一定的厚度，横向上具有一定的连续性。一般认为，泥质岩盖层的单层在 5～10m 就能够较好地阻止油气向上散失。研究区须一段、须三段和须五段暗色泥岩为湖沼相沉积，平面上分布广泛，单层厚度一般在 5m 以上，累计厚度分别可达几十米到上百米。所以，盖层达到有效封盖的时期，就是油气成藏的最早时期。据研究，该区上三叠统泥岩在上沙溪庙组沉积末期就具备一定的物性封闭条件（潘泉涌，2008），之后随着上覆地层的不断增加，由于欠压实作用和有机质的生烃作用而进一步形成异常高压封闭和浓度封闭。所以，川南地区上三叠统地层的盖层可能在上沙溪庙组沉积末期就能起到封盖保存油气的作用。

5.1.4　自生伊利石 K-Ar 定年

自生矿物 K-Ar 法确定油气成藏年代，主要是由于油气进入储层之后，会使自生伊利石的形成终止，因此储层自生伊利石年龄反映了油气充注储层的最早时间，由于其他原因也可能造成自生伊利石形成终止，所以伊利石同位素年龄反映的是油气藏形成期的可能最大地质年龄，通常油气藏形成时间略滞后于或基本同步于伊利石同位素年龄（孙凤华等，2004）。因此，可以利用伊利石形成时间确定油气充注的最早时间。

利用伊利石 K-Ar 定年的一个关键是样品的选择，即是否能获得纯净的自生伊利石，这是伊利石 K-Ar 定年结果准确性的关键。因此样品分离时要防止碎屑矿物的混入，另外需对样品进行 X 衍射和扫描电镜分析，了解其矿物的组成和大小分布，判断样品是否适合作同位素测年分析，而粒径小的丝发状的自生伊利石是测年的有利对象（王飞宇等，2002）。共选择了川西坳陷上三叠统须二段和须四段砂岩储层样品多件作电子显微镜扫描。运用扫描电镜检测到的伊利石多为毛发状的自生伊利石，常见孔隙中生长的毛发状伊利石、贴壁生长的毛发状伊利石、片状和丝状伊利石溶蚀交代石英颗粒，同时存在少量粒间孔中生长毛发状伊利石及粒表附着的少量片状伊利石（图 5-20）。自生伊利石矿物的普遍存在为同位素测年工作提供了物质基础和前提。

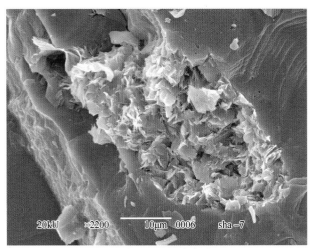
(a) 孔隙中生长的毛发状伊利石

(b) 贴壁生长的毛发状伊利石

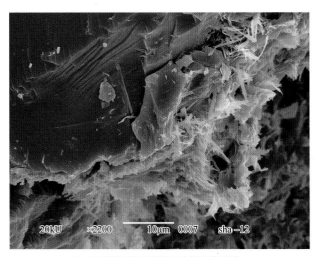
(c) 片状和丝状伊利石溶蚀交代石英颗粒一

(d) 片状和丝状伊利石溶蚀交代石英颗粒二

图 5-20 川西坳陷中段须二段、须四段伊利石扫描电镜特征

对川西地区须二段、须四段储层 18 件不同地区样品进行了 K-Ar 测年（表 5-10）。测试结果表明，须二段自生伊利石的年龄数据分布在 117.37～148.43Ma，对应的地质时代为晚侏罗世与早白垩世沉积期，即川西地区上三叠统须二段气藏成藏期主要在晚侏罗世与早白垩世，这与前述根据生排烃史与包裹体均

一温度研究所得结论一致。须四段自生伊利石的年龄数据分布在 96.19～129.05Ma，对应的地质时代为早白垩世沉积时期。

表 5-10　K-Ar 测年基本数据及年龄值

井号	层位	$^{40}Ar/^{38}Ar$	$^{38}Ar/^{36}Ar$	$^{40}Ar_{放}/^{40}K$	年龄值/Ma	地质时期
川鸭 95	T_3x^2	290.00824	17.44855	0.0086860	143.62±1.48	J_3p 早期
川鸭 95	T_3x^2	313.81225	110.5542	0.0089892	148.43±1.01	J_3sn 末期
川孝 565	T_3x^2	250.12651	17.03956	0.0074956	124.60±3.37	K_1 早期
川孝 565	T_3x^2	245.69444	39.45321	0.0076335	126.81±1.19	K_1 早期
川合 127	T_3x^2	305.15911	43.59343	0.0085265	141.08±1.05	J_3p 早期
川合 127	T_3x^2	288.71756	41.63582	0.0085219	141.01±1.46	J_3p 早期
川高 561	T_3x^2	229.26965	46.53851	0.0070464	117.37±0.84	K_1
川高 561	T_3x^2	229.04287	68.83641	0.0071963	119.78±0.89	K_1
金深 1	T_3x^2	282.80058	32.02863	0.0083909	138.92±2.35	J_3p 中期
金深 1	T_3x^2	308.20585	204.1473	0.0083897	138.9±1.11	J_3p 中期
马深 1	T_3x^2	226.97819	14.74553	0.0084884	140.47±0.96	J_3p 中期
马深 1	T_3x^2	317.77695	77.01597	0.0088292	145.89±1.14	J_3sn 末期
川鸭 95	T_3x^4	186.6005	7.26764	0.0077730	129.05±1.24	K_1 早期
川泉 171	T_3x^4	183.61292	19.62199	0.0064842	108.28±1.81	K_1 晚期
川孝 565	T_3x^4	204.32484	23.11095	0.0057409	96.19±1.22	K_1 晚期
川孝 565	T_3x^4	214.6522	64.90838	0.0058575	98.09±0.72	K_1 晚期
川丰 563	T_3x^4	236.89044	15.78221	0.0069397	115.65±0.96	K_1
川丰 563	T_3x^4	272.56294	48.15447	0.0069544	115.88±2.34	K_1

川中地区上三叠统储层砂岩样品自生伊利石 K-Ar 法测定年龄主要分布在 79～124Ma（徐昉昊等，2012），对应地质时期为早白垩世末期至晚白垩世，说明该时期可能是该区油气成藏的一个重要时期。

5.1.5　充填矿物 ESR 定年

川中地区上三叠统岩心裂缝充填矿物 ESR 定年研究表明，研究区裂缝充填自生石英结晶年龄为 12.5～102.5Ma，对应晚白垩世、古近系与中新世早期，方解石脉 ESR 年龄不早于 8Ma（表 5-11），对应中新世晚期（徐昉昊等，2012）。由于白垩系末期强烈的喜马拉雅运动使得生烃作用停止，因此以白垩系末期为界可将研究区油气充注进行区分，结合研究区烃源岩生烃史与充填矿物 ESR 定年结果，认为晚白垩世油气的充注与烃源岩大量生排烃活动有关，进入古近系之后的油气充注主要是在构造活动作用下，已生成油气与已形成油气藏中油气的重新调整。

表 5-11　川中地区营山 21 井须二段石英及方解石 ESR 法年龄测定结果

样品编号	深度/m	顺磁中心浓度/(10^{15}Sp/g)	$W_{铀当量}$/10^{-6}	地质年龄/Ma
Y-1	2468.80	0.213	3.420	12.5±1.2
Y-2	2579.20	0.450	6.114	14.7±1.4
Y-3	2580.01	0.362	3.770	19.2±1.9
Y-4	2580.68	1.742	4.575	76.2±7.6

续表

样品编号	深度/m	顺磁中心浓度/(10^{15}Sp/g)	$W_{铀当量}/10^{-6}$	地质年龄/Ma
Y-5	2580.98	0.626	5.029	24.9±2.4
Y-6	2582.49	0.490	5.869	16.7±1.6
Y-7	2591.57	0.698	4.819	29.0±2.9

资料来源：徐昉昊等，2012

5.1.6 显微荧光分析

通过对荧光及铸体薄片的观察，能定性判断油气充注期次。从荧光强度上来看，对应气层或附近的薄片呈现较强—中等荧光，而非气层、致密层荧光强度极弱。这说明荧光是烃类在储层中储集和运聚所留下的踪迹。在储层薄片中还可见到分布于孔隙不同部位或裂缝中的荧光类型，并且强度也存在差异。这种差异反映了烃类充注期次的先后和时期的早晚，甚至能反映充注烃类的相态差别或保存情况等（杨玉祥等，2010）。因此，荧光显微特征可以定性判断与分析储层烃类运聚或成藏期次，以及烃类保存和油气藏破坏的历史。

根据荧光薄片观察，川南地区上三叠统储层存在两类荧光。其中第一类荧光呈现暗黄色或褐黄色，荧光强度较弱，多分布于原生孔缝或为泥质所吸附，表现为重烃含量较高的天然气或存在液态烃的伴生（杨玉祥等，2010），结合烃源岩不同生烃阶段产物特征可以判断为成熟阶段晚期（1.0%<R^o<1.3%）与高成熟阶段（1.3%<R^o<2.0%）生烃产物，结合研究区主力烃源岩生排烃史（图 5-12），可知该过程主要发生在白垩系沉积阶段。第二类荧光特征呈现淡黄色、浅白色等色调，表现为强度中等或比较强的荧光，主要分布于自由孔隙空间及微裂缝、节理缝中，显然充注时期相对较晚，且烃类以气态烃或较干的气态烃为主（杨玉祥等，2010）。根据烃源岩生烃模式，可以推断这部分天然气可能为上三叠统烃源岩过成熟阶段（R^o>2.0%）生烃产物。但是从研究区烃源岩热成熟度特征来看，该区烃源岩成熟度较低，最大埋深时R^o值仅1.3%左右。因此，这部分天然气不可能为上三叠统烃源岩过成熟阶段生烃产物，即这部分干气不来自上三叠统烃源岩，它们来自下伏埋深更大的地层的可能性更大。上述气源关系已证实，川南地区上三叠统储层中有部分干气存在，这部分干气来自下伏三叠系与二叠系气藏。所以，第二类荧光特征反映了下伏气藏气源充注上三叠统气藏的特征。结合研究区地质背景，研究区断裂系统发育，尤其是在喜马拉雅期强烈的构造运动作用下，该区断裂系统更为发育，且很多断裂沟通了上三叠统与深部地层，因此推断这部分干气可能主要为喜马拉雅期沿断裂系统进入上三叠统气藏。所以，第二类荧光特征可能主要反映了喜马拉雅期油气调整成藏的过程。根据显微荧光分析推断，川南地区上三叠统天然气主要有两期成藏，一期为白垩系沉积期上三叠统烃源岩生排烃成藏，另一期为喜马拉雅期下伏气藏天然气沿断裂进入上三叠统圈闭成藏。

5.1.7 成藏年代综合分析

在四川盆地不同地区上三叠统地层的埋藏史模拟基础上，结合主力烃源岩生排烃史、储盖层演化史、包裹体均一温度、K-Ar测年分析成果以及前人相关的构造演化史等研究成果，对研究区主要产气层的成藏年代进行了综合讨论。

川西地区须二段天然气具有连续充注的特点，主要有三个重要的成藏期：须五段至早侏罗世沉积时期、中侏罗世至早白垩世沉积时期和喜马拉雅期，其中中侏罗世至早白垩世沉积时期为最主要的成藏阶段，其余两个相对次要。须四段天然气同样具有连续充注的特点，其对应的主要成藏期有中侏罗世至晚侏罗世早期、晚侏罗世晚期至晚白垩世晚期、喜马拉雅期，晚侏罗世晚期至晚白垩世晚期为最重要的成藏时期，喜马拉雅期主要是对早期原生气藏进行改造。综合须二段与须四段成藏期次可以得出，川西地区上三叠统有三个重要成藏期（图 5-21），分别为须五段至早侏罗世（早期）、中侏罗世至晚白垩世（中期）、喜马拉雅期（晚期）。其中早期为烃源岩早期生烃阶段，生烃量相对较小，中期为烃源岩大量生排烃期，晚期为气藏调整、改造期。因此，中期为主要油气成藏期，早期与晚期为次要的油气成藏期。

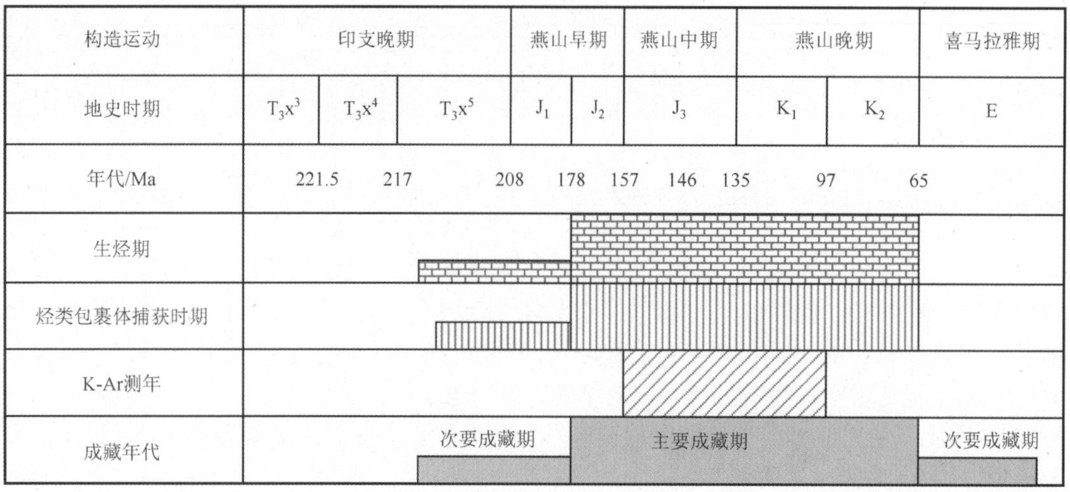

构造运动	印支晚期			燕山早期		燕山中期	燕山晚期		喜马拉雅期
地史时期	T_3x^3	T_3x^4	T_3x^5	J_1	J_2	J_3	K_1	K_2	E
年代/Ma	221.5　　217		208	178	157	146　135	97		65
生烃期									
烃类包裹体捕获时期									
K-Ar测年									
成藏年代			次要成藏期			主要成藏期			次要成藏期

图 5-21　川西地区上三叠统气藏成藏年代图

综合川中地区上三叠统主力烃源岩生排烃史、包裹体均一温度定年、自生矿物 K-Ar 测年、充填矿物 ESR 定年分析结果，认为川中地区上三叠统气藏主要有三期成藏，第一期主要发生在晚侏罗世至早白垩世，该期的主要成藏期可能发生在早白垩世晚期；第二期主要发生在晚白垩世；第三期发生在喜马拉雅期，主要是喜马拉雅期的构造运动对早期形成的气藏的改造及再成藏(图 5-22)。由于晚白垩世上三叠统烃源岩均已达到成熟阶段，处于烃源岩的大量排烃期，故该阶段应是研究区最主要的成藏时期。

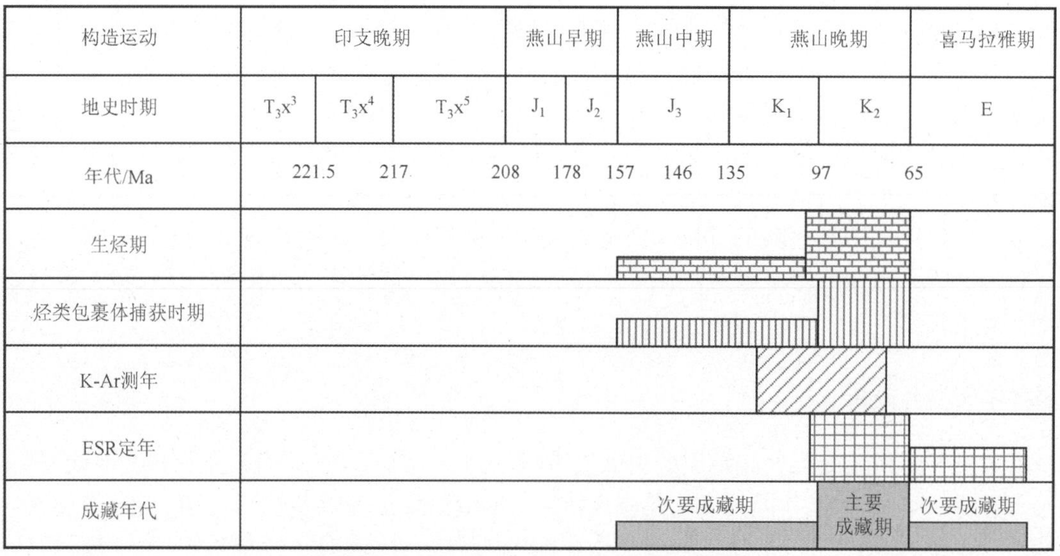

构造运动	印支晚期			燕山早期		燕山中期	燕山晚期		喜马拉雅期
地史时期	T_3x^3	T_3x^4	T_3x^5	J_1	J_2	J_3	K_1	K_2	E
年代/Ma	221.5　217		208	178	157	146　135	97		65
生烃期									
烃类包裹体捕获时期									
K-Ar测年									
ESR定年									
成藏年代						次要成藏期	主要成藏期		次要成藏期

图 5-22　川中地区上三叠统气藏成藏年代图

综合川南地区上三叠统主力烃源岩生排烃史、圈闭形成时期、盖层形成时期、荧光分析及包裹体均一温度分析结果来看，研究区上三叠统圈闭形成时间较早，盖层具有封盖能力也较早，它们的形成早于上三叠统烃源岩生排烃，这为油气的储集与保存提供了有利条件。由于圈闭和盖层形成较早，所以主要通过烃源岩排烃史、荧光分析及包裹体均一温度确定该区上三叠统成藏期次。从上述三种方法分析的成藏期次来看，研究区上三叠统成藏主要有早、中、晚三期成藏(图 5-23)。

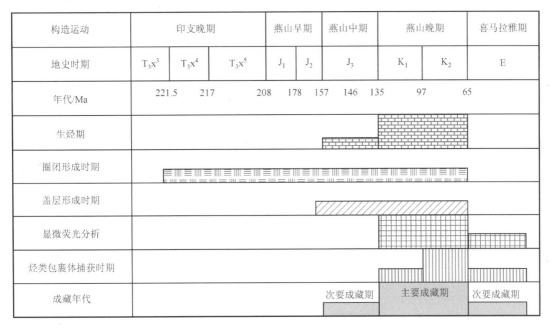

构造运动	印支晚期			燕山早期		燕山中期	燕山晚期		喜马拉雅期
地史时期	T_3x^3	T_3x^4	T_3x^5	J_1	J_2	J_3	K_1	K_2	E
年代/Ma	221.5 217		208	178	157	146 135		97 65	
生烃期									
圈闭形成时期									
盖层形成时期									
显微荧光分析									
烃类包裹体捕获时期									
成藏年代							次要成藏期	主要成藏期	次要成藏期

图 5-23　川南地区上三叠统气藏成藏年代图

　　早期成藏主要发生在晚侏罗世。上三叠统烃源岩进入生烃门限后生成的天然气进入压实强度较弱、孔隙相对发育的储层中成藏。但是，该阶段的生烃量相对较小，所以该阶段为次要成藏期。同时由于上三叠统盖层与圈闭在该阶段形成，所以有可能部分来自下伏海相地层天然气在该时期进入上三叠统地层富集成藏。

　　中期成藏主要发生在白垩纪。该阶段是上三叠统烃源岩生排烃高峰阶段，油气生成量大，上三叠统烃源岩生成的大量油气进入上三叠统储层成藏，该阶段为研究区主要的成藏期，同时也不排除部分下伏海相地层天然气的加入。

　　晚期成藏主要是由于晚白垩世末发生的喜马拉雅运动，产生了大量的裂缝和少量的次生孔隙，为油气成藏提供了有利的储集空间。但是由于地层的强烈抬升，上三叠统烃源岩已停止生烃，该阶段成藏主要是在强烈褶皱与断裂作用下，已有的上三叠统及下伏海相油气藏中天然气进入新的圈闭成藏，所以该成藏期主要是已形成油气藏的调整。

5.2　侏罗系气藏成藏年代

5.2.1　川西地区侏罗系气藏成藏年代

　　川西地区侏罗系本身并不具备充足的烃源岩，其天然气主要来源于下伏的须五段烃源岩。同时，由于川西地区远源气藏的形成与天然气高速运移通道(烃源断层)的开启密切相关，因此，川西地区侏罗系气藏的成藏过程复杂，表现为如下特征。

　　从天然气地球化学特征的变化情况来看，甲烷碳同位素没有出现由深至浅规律性的分异现象，各层位的天然气成熟度也不尽相同，表明侏罗系天然气成藏并非一次性完成，而是多期次混合的结果。上覆侏罗系气藏的 $\delta^{13}C_1$ 从 $J_2q \rightarrow J_3sn$ 变重 $\rightarrow J_3p$ 变轻，天然气成熟度即使是同一层位也会出现较大差异，如 J_2s，其 RC_2 为 1.29～1.52；同一井场不同层位天然气没有显示垂向运移的地球化学变化。新场构造高点南侧同一井场的 134-2、134 和浅 6 三口井，其产层依次为 J_2s、J_3sn、J_3p，井深从 2422m→780m。轻烃运移参数并没有遵循垂向运移的色层分离机理变化，在其纵向剖面上中部的 J_3sn 气层出现最低值。这一实例说明，J_3sn 的天然气可能有侧向运移的游离气补给，也可能有贫轻芳烃气掺和或发生过水洗作用。总之，显示了天然气运移富集过程的复杂性；须四段至蓬莱镇组的天然气组分较接近，显示出从深部至浅部的天然气多期次运移聚集和深浅层天然气多期次混合作用的结果。

川西地区侏罗系不同裂缝发育期次的包裹体成因类型和相态特征分析结果表明，成岩裂缝发育期包裹体流体已具酸性有机热液性质，共生的沥青 R^o 值为 1.333%；燕山早期裂缝发育期，包裹体流体为液态烃、气态烃和酸性有机水的混合物，共生的沥青 R^o 值为 1.481%，表明须五段有机质由成熟向高成熟阶段演化，湿气开始大量形成，并富集成藏；燕山晚期裂缝发育期，包裹体流体中的液态烃和气态烃组分进一步增多，并出现固相沥青包裹体共生物，共生的沥青 R^o 值为 1.664%（徐国盛等，2005），烃源岩进入高成熟阶段。因此，对于川西坳陷侏罗系气藏来说，燕山早期天然气藏即已开始形成，燕山中晚期，深层须五段烃源岩进入油气生成高峰期，此时燕山期的三大隆起带控制着天然气运聚，成为川西坳陷侏罗系成藏的关键时期。这一结论与周文英和王信（1999）根据真柄钦次计算压力封闭时间的方法，计算的孝泉、新场地区侏罗系各气藏形成的时间一致（表 5-12）。

表 5-12　新场天然气成藏时间推算表

井号-点	井深/m	地层代号	成藏时间/Ma
133-A	626.0	J_3p	114.88
133-B	1596.0	J_3h	125.18
133-C	1994.0	J_2s	133.03
136-A	813.0	J_3p	116.08
136-B	1905.0	J_3h	125.68
136-C	2228.0	J_2s	128.93
136-D	2392.0	J_2q	128.74
135-A	690.0	J_2p	108.9
135-B	1712.0	J_3h	115.10
135-C	2233.0	J_2s	125.32
135-D	2634.0	J_2q	137.65

从不乏其例的圈闭有效性分析看，川西地区的浅层，中深层要成藏还需要储集岩的展布与构造、断裂的合理配置，表现出喜马拉雅期对油气最终成藏的控制。李书兵和何鲤（1999）对马井地区、东泰气田、新都地区、金堂斜坡地区的 J_3p 圈闭以及寿丰鼻状构造 T_4^1 圈闭的圈闭有效性解剖分析发现："构造形态，作为辅导条件的断裂所处的构造位置、储集岩展布三者之间的合理配置控制着圈闭的有效性和气藏的大小。"充分显现了油气早期聚集后期改造成藏的特点。

5.2.2　川中地区侏罗系油气藏成藏年代

川中地区侏罗系油气藏主要分布于下侏罗统自流井组大安寨段和中侏罗统千佛崖组，少数为沙溪庙组。烃源主要来源于凉高山组和大安寨段烃源岩。

下侏罗统烃源岩在中侏罗统沙溪庙组沉积中后期达到生油门限，开始生油；此时，大安寨段的介壳灰岩及孔洞缝系统为油藏的形成提供了有利的储集空间。这一时期包裹体多为纯液包裹体，见少量有机包体，表明大安寨段的有机质由低成熟向成熟阶段逐渐演化。此时大安寨段在成岩期形成的压裂缝及溶蚀孔、洞逐渐被充填，残存少量有效的孔、洞、缝，为早期生成的原油提供储集空间，油气以初次运移为主，就近富集，形成自生自储型油藏。

早白垩世末期（燕山晚期），油气大规模运移，规模成藏。晚侏罗世末期，下侏罗统及千佛崖组烃源岩进入生油高峰期，此时大安寨段介壳灰岩及千佛崖组滩坝砂体逐渐致密，至早白垩世末期（燕山晚期）发生了强烈的构造形变和破裂作用，形成了溶蚀孔洞及微裂缝，有效地改善了介壳灰岩及滩坝砂体的储集性能，中下侏罗统生成的油气得以沿着燕山晚期形成的断裂、裂缝大规模向储渗体运移，并规模成藏。这一时期充填矿物包裹体中见二相盐水包裹体与二相或纯液相有机包裹体共生，在方解石的解理缝和微裂缝中，发育有次生固相沥青包裹体。有机包裹体中以原生占优势，且以单相为主，部分为气液两相，数量少，个体大，发绿色或黄色荧光，呈星散状分布。次生有机包裹体沿裂缝密集分布或沿沥青脉呈班块状分布，发很亮的白色荧光或亮黄绿色荧光。共生沥青 R^o 值为 1.057%～1.781%，平均为 1.467%，表明大安寨段有机质由成熟向高成熟阶段演化，轻质油、湿气开始大量形成，并富集成藏。

喜马拉雅期油气规模运聚最终成藏阶段。喜马拉雅期，受强烈构造运动的影响，早期形成的溶蚀孔洞及裂缝得以进一步改造，生成的油气继续充注聚集，形成现今的油藏。在溶蚀孔洞充填的方解石中见到大量的纯液态单相及液气两相有机包裹体，次生有机包裹体沿缝洞呈条带状、斑块状密集分布，个体较大。与包体共生沥青 R^o 值为 1.120%～1.8255%，平均为 1.429%，表明大安寨段有机质进入高成熟阶段，补充和丰富早期形成的油藏。

6 四川盆地致密碎屑岩成藏主控因素与富集规律

6.1 四川盆地陆相致密碎屑岩天然气成藏主控因素

6.1.1 须家河组天然气成藏主控因素

6.1.1.1 典型气藏特征及类比

四川盆地上三叠统须家河组气藏主要分布在上三叠统须二段、须四段、须六段，盆地的四个天然气聚集区——川西气区、川中气区、川南气区、川东气区均有致密砂岩气田的分布，具有满盆含气、全层系立体勘探的特点，但各大气区气田分布具有明显的不均一性，大多数大中型气田分布在川中地区，其次为川西地区，而川东地区和川南地区气田数量和规模均较小，显示四川盆地不同油气区天然气成藏条件存在差异，并进而导致了天然气聚集规律和成藏主控因素的差异。由此，选取川西地区新场须家河气藏、川中地区广安须家河气藏以及川南地区合江须家河气藏为典型气藏(图6-1)，对各气藏的基本特征进行分析和类比，进而分析其主控因素。

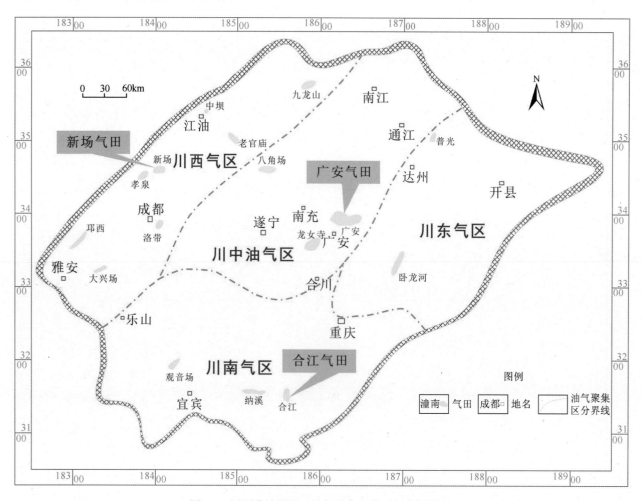

图6-1 四川盆地不同天然气聚集区典型气藏位置图

1. 烃源岩特征及类比

川西地区是四川盆地烃源岩最发育的地区，川西地区上三叠统烃源岩厚度明显大于四川盆地其他油气区，烃源岩最大厚度可达1500m，烃源岩厚度最低的地区也超过100m，上三叠统烃源岩平均厚度超过700m，而四川盆地其他油气区烃源岩平均厚度仅100m左右。同时，川西地区上三叠统须家河组须一段至须五段均有烃源岩发育，且烃源岩厚度均较大。因此，单从烃源岩发育特征来看，川西地区烃源岩厚度大、分布广，油气藏物质来源充足。新场气田上三叠统烃源岩平均厚度为800m左右，烃源岩有机质丰度(TOC)除须一段为1.3%左右，其他上三叠统烃源岩TOC值均大于2%，母质类型以III型为主，烃源岩热演化程度以成熟和高成熟为主。须二段气藏的烃源岩主要来自厚度较大的马鞍塘—小塘子组以及须二段本身。据统计马鞍塘—小塘子组泥质岩有机碳含量为0.47%～3.1%，平均为1.13%；须二段泥质岩有机碳含量为0.62%～17.62%，平均为3.47%，干酪根类型主要为II、III型。烃源岩演化在须家河组之后，处于湿气阶段和干气阶段，排出大量的天然气，累计生气强度为 $30\times10^8\sim55\times10^8 m^3/km^2$，为新场须二段天然气藏的形成提供了较好的烃源条件。须四段泥质岩有机碳含量为0.46%～5.79%，平均为1.83%；须五段泥质岩有机碳含量为0.39%～16.33%，平均为2.35%，累计生气强度为 $28\times10^8\sim50\times10^8 m^3/km^2$（表6-1），这说明川西地区须家河组气藏烃源岩品质较好，具有良好的生气条件，生气潜力大，为川西坳陷须家河组天然气藏的形成提供了良好的烃源条件。

表6-1 四川盆地不同地区典型气藏特征类比

典型气藏		广安须六段气藏	广安须四段气藏	新场须四段气藏	新场须二段气藏	合江须家河组
烃源岩	层位	T_3x^5为主	T_3x^3为主	T_3x^3、T_3x^4为主，T_3x^5次之	T_3m+t为主，T_3x^2次之	T_3x^3、T_3x^5及下伏海相烃源岩
	生气强度/($10^8 m^3/km^2$)	5～10	15～25	32～52	30～55	
	生排烃高峰期	J_3p—K_2	J_3p—K_2	T_3x^5，J_2s—K_1	T_3x^3、T_3x^4，J_2s	K_1—K_2
储层	层位	T_3x^6	T_3x^4	T_3x^4	T_3x^2	T_3x^2、T_3x^4、T_3x^6
	基质物性	Φ: 6%～8%；K: 0.01～0.1mD	Φ: 4%～6%；K: 0.01～0.1mD	Φ: 2.43%～12.71%，平均7.5%；K: 0.01～0.86mD，平均0.09mD	Φ: 1.5%～4.5%，平均3.36%，K: 0.02～0.08mD，平均0.06mD	Φ: 7%，K: 0.01～0.86mD，平均0.45mD
	储集类型	裂缝-孔隙型为主	裂缝-孔隙型为主	裂缝-孔隙型为主	裂缝-孔隙型为主	裂缝-孔隙型为主
圈闭	规模	较大	较大	较大	较大	较大
	类型	以岩性-构造复合型为主	以岩性型为主	岩性-构造(背斜)	岩性-构造(鼻状)	构造圈闭与构造-岩性圈闭
	距生烃中心距离	较近	较近	近	较近	较近
	形成时期	燕山期—喜马拉雅期	燕山期—喜马拉雅期	印支晚期—燕山中期	印支晚期—燕山中期	燕马拉雅期
保存	盖层	T_3x^6泥页岩	T_3x^3泥页岩	T_3x^4和T_3x^5泥页岩	T_3x^3泥页岩和T_3x^2超致密砂岩次之	T_3x^5，T_3x^5
	断裂破坏	弱	弱	弱—中等	弱—中等	强
运移通道		孔隙、喉道	孔隙、裂缝	断裂、孔隙	断裂、孔隙	断裂、孔隙
成藏与天然气富集主控因素		早期隆起，优质储层分布	早期隆起，优质储层分布	优质储层和裂缝改造	优质储层和裂缝改造	早期隆起，断裂沟通

广安地区须家河组为一套自生自储的气藏，烃源岩主要发育在 T_3x^5、T_3x^3、T_3x^1 段，以暗色泥质岩为主，夹薄煤层。其中须一段烃源岩厚度为0～10m，须三段烃源岩厚度为25～50m，须五段烃源岩厚度为75～90m，煤层厚度较薄，一般为1～5m。须五段与须三段是广安气田的主要烃源岩。烃源岩有机碳丰度高（1.8%～3.0%），有机质类型主要为III型，以产气为主，实测 R^o 值为1.02%～1.59%，已

达到高成熟演化阶段,有机质已进入生油高峰阶段—湿气阶段。烃源岩生气强度较大,主要为 $20 \times 10^8 \sim 50 \times 10^8 m^3/km^2$（易士威和林世国,2013）,平均生气强度可达 $26.48 \times 10^8 m^3/km^2$（表 6-1）,而且生烃中心分别位于广安气田的西北侧和东南侧,区内总资源量为 $1.7464 \times 10^{12} m^3$,显然该区烃源岩具较强生烃潜力。由此可见,广安气田须家河组烃源岩分布面积广、厚度相对较大、有机质含量高、具有较大的生烃潜力,这些有利因素使得广安气田须家河组自身烃源岩为该气田油气富集成藏提供了丰富的物质基础。

合江气田须家河组烃源岩厚度为 $40 \sim 50m$,烃源岩平均生烃强度小,难以满足须家河组天然气自生自储（戴金星等,2009）。但是,该区下伏海相地层烃源岩较为发育,在断裂发育地区,下三叠统与下二叠统气藏中天然气向上运移,在一定程度上弥补了上三叠统烃源岩生烃潜力的不足（表 6-1）。

2. 储层特征及类比

新场地区须二段属三角洲前缘到前三角洲沉积体系,多套进积型三角洲分支河道叠加毯状砂或河口砂坝,是本区储集性较好的砂体。储层岩石类型为中-粗粒岩屑石英砂岩,储层基质物性致密—超致密,相对优质储层分布非均质性极强。据岩心物性统计（表 6-2）,须二段气藏储层最大孔隙度为 12.28%,最小孔隙度仅 0.34%,平均孔隙度为 3.36%,主要分布在 1.5%～4.5%,单井平均孔隙度为 2.41%～4.35%,属于特低孔储层;储层最大渗透率为 526.488mD,最小渗透率为 0.00019mD,平均渗透率为 1.701mD,主要分布在 0.02～0.08mD,单井平均渗透率为 0.050～7.726mD,属典型的致密—极致密储层。

表 6-2　新场气田须二段气藏岩心物性统计表

层位	井号	孔隙度/%				渗透率/mD			
		样品数	最大值	最小值	平均值	样品数	最大值	最小值	平均值
T_3x^2	川孝 560	88	9.69	0.67	3.07	98	5.69	0	0.27
	川罗 562	135	7.15	0.61	2.63	131	1.09	0	0.05
	川孝 565	81	6.1	0.44	2.41	54	113	0	4.18
	联 150	55	4.32	1.18	3.1	46	168	0.01	3.92
	新 856	74	12.3	0.34	3.83	41	58.5	0	2.19
	新 3	155	4.65	1.65	3.38	153	35.5	0	0.28
	新 101	45	4.05	1.4	2.97	45	0.29	0.01	0.06
	新 10	128	7.9	0.76	4.35	121	526	0.01	7.73
	新 11	143	8.1	1.08	3.81	142	7.67	0	0.14
	新 5	131	9.29	0.6	3.38	103	29.1	0	0.59
	合计	1035	12.3	0.34	3.36	934	526	0	1.7

新场须四段气藏为一套埋深 3000～4000m、厚 500～750m 的三角洲-扇三角洲相的砂、泥岩交替沉积。砂体呈层状分布,厚度变化相对稳定。据岩心物性统计,须四段气藏孔隙度最大为 12.71%,最小仅 2.43%,平均孔隙度为 7.5%,主要分布在 6%～9%,单井平均孔隙度为 5.58%～9.30%,其中以新 853 井最高;渗透率最大为 0.86mD,最小为 0.01mD,平均渗透率为 0.088mD,主要分布在 0.02～0.11mD,单井平均渗透率为 0.07～0.134mD（表 6-3）,属典型的低—特低孔致密储层。储层孔隙类型以次生孔为主,少量残余原生粒间孔和微裂缝。成像测井资料分析,总体上裂缝欠发育,特别是高角度的张开缝不发育,局部发育低角度充填缝及孤立的缝洞。

新场须四段储层纵向上主要分布在须四段下部的下亚段和上部的上亚段中。各亚段储集性存在一定的差别,孔隙度最好的是上亚段砂岩,其孔隙度最大值达 12.71%,平均值为 6.21%,其次是下亚段,孔隙度平均值为 3.27%。从目前的勘探成果看,新场须四段上亚段产层主要为孔隙型,中亚段以孔隙为主,部分含有裂缝,下亚段则裂缝较为发育。

表 6-3　新场地区须四段气藏岩心物性统计表

层位	井号	孔隙度/%				渗透率/mD				含水饱和度/%			
		样品数	最大值	最小值	平均值	样品数	最大值	最小值	平均值	样品数	最大值	最小值	平均值
T_3x^4	新 851	40	7.74	2.43	4.72	38	0.387	0.01	0.057				
	新 853	42	12.71	3.43	9.30	41	0.348	0.01	0.127	10	65.8	23.9	43.05
	川孝 560	83	11.24	2.63	8.22	81	0.86	0.01	0.123	16	35.2	11.0	21.4
	川孝 565	179	10.18	3.63	7.17	179	0.53	0.01	0.07	32	29.0	5.2	10.7
	合计	344	12.71	2.43	7.50	339	0.86	0.01	0.088	58	65.8	5.2	19.2

广安地区须家河组储层主要发育于须二段、须四段、须六段，以灰色中粒、中-细粒岩屑长石砂岩、长石岩屑砂岩、岩屑石英砂岩为主，是须家河组的主要储气层段。主要属于辫状河三角洲平原亚相沉积，分流河道微相为本区有利储层发育的主要相带。

须六段储层岩性主要为中-粗粒长石岩屑砂岩、岩屑砂岩。根据各井的岩性统计，储层段砂岩以中砂岩为主，粗砂岩次之，细砂岩、粉砂岩少量；粒度以中粒、粗-中粒为主，次为中-粗粒、细粒，分选中等—好，磨圆较好，多呈孔隙-接触式胶结。在岩石碎屑成分中，石英占 50%～70%，岩屑占 15%～40%，长石占 3%～15%，燧石、云母等少量；以钙质胶结为主，绿泥石胶结次之，硅质胶结少量，胶结类型为孔隙-接触式。储层中石英次生加大发育(多围绕单晶石英边缘生长)，长石风化程度中等—深度，常见被方解石交代现象，偶见被白云石、菱铁矿交代现象，长石颗粒内溶蚀现象明显。

广安构造须家河组储层段孔隙度一般为 0.35%～18.0%，平均为 5%左右。其中，须六段孔隙度在平面上具有很强的非均质性，如广安 101 井平均孔隙度为 6.63%，主要集中在 6%～8%；而广安 102 井平均孔隙度为 2.38%，主要集中在 2%以下〔图 6-2(a)〕。

须家河组各储层渗透率为 0.01～33mD，平均渗透率为 0.09～2.2mD，均似正态分布〔图 6-2(b)〕，渗透率的主峰值为 0.01～0.05mD，以其为中心向两边递减。在层段上，须四段、须二段渗透率相对较好，须六段较差，仅有少数渗透率大于 1mD。储层含水饱和度较高，一般为 41%～75%，平均为 59%，属于高含水储集层。

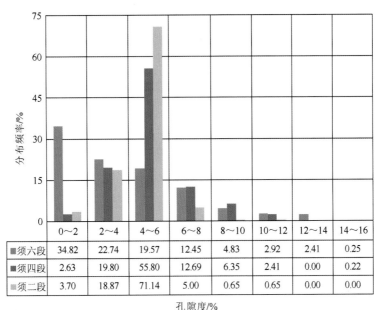

孔隙度/%	0～2	2～4	4～6	6～8	8～10	10～12	12～14	14～16
须六段	34.82	22.74	19.57	12.45	4.83	2.92	2.41	0.25
须四段	2.63	19.80	55.80	12.69	6.35	2.41	0.00	0.22
须二段	3.70	18.87	71.14	5.00	0.65	0.65	0.00	0.00

(a) 广安地区须家河组孔隙度直方图

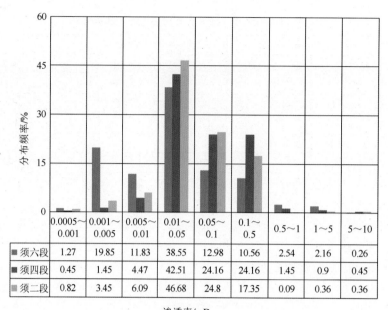

渗透率/mD	0.0005~0.001	0.001~0.005	0.005~0.01	0.01~0.05	0.05~0.1	0.1~0.5	0.5~1	1~5	5~10
须六段	1.27	19.85	11.83	38.55	12.98	10.56	2.54	2.16	0.26
须四段	0.45	1.45	4.47	42.51	24.16	24.16	1.45	0.9	0.45
须二段	0.82	3.45	6.09	46.68	24.8	17.35	0.09	0.36	0.36

(b) 广安地区须家河组渗透率直方图

图 6-2　广安地区须家河组储层物性直方图

根据孔渗关系分析成果，广安构造须六段孔渗相关性较好，相关系数大于 0.8，渗透率随孔隙度的增加而增大的趋势较陡，孔隙度主要集中在 4%～8%，其对应的渗透率集中在 0.01～0.1mD，但孔隙度在 9%～15%范围，其对应的渗透率为 0.1～10mD，为好储层。

广安地区须家河组须六段砂岩储层的储集空间主要有残余原生粒间孔、粒间-粒内溶孔、铸模孔及裂缝等类型，其中以粒间溶孔和粒内溶孔为主，溶蚀孔隙的发育程度，直接影响储层的含气性及储层改造成效。

川南地区须家河组陆相碎屑岩储层主要发育于须二段、须四段、须六段三个岩性段，其控制因素为沉积物原始组分、沉积作用和成岩作用的纵向变化。纵向上，储层物性从老到新有逐渐变差的趋势。须二段、须四段、须六段，其储层厚度、平均孔隙度、平均渗透率等均逐渐变小。平均储层厚度(孔隙度 5%为下限)大于 20m，平均孔隙度大于 7%，平均渗透率大于 0.45mD，优质储层厚度(孔隙度大于 8%的储层)一般大于 4m(陈国民等，2006)。虽然合江气田砂岩储层储集能力总体较差，属低孔低渗裂缝-孔隙型致密储层，但储集体与裂缝有效结合的储集层段仍具有较好的物性，是较好的储层。

3. 盖层特征及类比

新场须二段气藏盖层主要为须三段的厚大泥页岩和须二段本身广泛发育的超致密砂岩。其中须三段泥页岩平均厚度为 700～800m，泥地比大于 50%，在须四段沉积开始便具备封盖能力；须二段砂岩到须家河组沉积末期也具备封盖能力。这些泥页岩层连续分布在整个坳陷内，突破压力高达 10～15MPa，因此具有很强的封盖能力(表 6-1)。

新场须四段气藏储层主要分布在须四段下部的下亚段和须四段上部的上亚段。下亚段则主要由巨厚的超致密砂岩(砂砾岩和含砂砾岩等)组成，相对优质储层则呈透镜体状分布在这些超致密砂岩中，所以这些超致密砂岩和须四段中部的泥岩段是该亚段气藏很好的盖层，上亚段由多套横向分布稳定的相对优质的储层组成，其上发育有 200m 左右具区域性封盖作用的泥页岩沉积，泥地比一般都大于 50%，连续分布在整个坳陷内，而且它们的突破压力较高，达 10～15MPa(表 6-1)。对须四段上亚段具有较好的封盖作用。

广安地区须家河组为三个正旋回沉积，即须一段至须三段、须三段至须五段以及须五段和须六段的组合为三个生储盖组合。其中须三段以稳定的泥页岩夹煤线煤层段，须五段为厚层泥岩夹煤层致密粉细砂岩层，须六段上段为稳定泥岩与煤层间互为主，夹致密粉细砂岩，这三个层段既是油气隔层，也可作为本区盖层；中下侏罗统主要发育泥岩，与致密砂质岩互层，可作为区域盖层(表 6-1)。

区域上，虽然川中地区是泸州开江古隆起的西斜域，但在沉积上，须家河组自下往上各段沉积中心由西往东转移，须六段在川中地区东南缘沉积上为低洼带，即形成沉积层的区域封堵带。广安地区油气田水化学性质稳定，属高矿化度、高浓缩度、高变质的氯化钙地层水，在油气田水文地质分带上属阻滞-停滞水文地质区带，即说明地层流体封闭好，也就是油气保存条件好。

川南地区合江气田须三段、须五段作为烃源岩的同时，也可以作为须二段、须四段储集层的直接盖层，有效地保存了储层中的天然气。须家河组地层之上的侏罗系遂宁组泥岩是须家河组储集体的区域性封盖层(表 6-1)。所以，研究区上三叠统地层的封盖条件较好，对油气的保存较为有利。

4. 圈闭特征及类比

新场气田位于四川盆地西部坳陷中段孝泉—丰谷北东东向的大型隆起带上，经历了晚三叠世以来多期构造运动。早中侏罗世已具雏形，晚侏罗世经历了重要的发展，后经早第四纪喜马拉雅晚期运动进一步改造定型，形成古今复合的大型隆起带。在隆起带上分布着一系列北东向的局部构造，即孝泉、新场、罗江、合兴场、高庙子、丰谷等构造。新场气田位于该隆起带西段，须二段构造(T_5^2 反射层)是由多个北东向或北东东向局部高点组成的近北东东向大型长轴背斜(图 6-3)，在该隆起带的新场地区主要发育有五郎泉高点、七郎庙高点、联 150 高点、川孝 560 高点四个局部高点，发育断裂 57 条，但断裂横向延伸距离不大，一般小于 3km，断裂走向复杂，主要是近南北、北东、近东西向，近南北向断裂产状较陡，但比近东西向缓，断距上小卜大，断开层位向上大都终止于 T_5^2 附近，向下断至 T_6 附近，形成时间最早，断裂主要形成于早中喜马拉雅期；近东西向断裂产状较陡，为 50°～60°，断距上小下大，断开层位向上最多断至 T_5^2，向下断至 T_6 以下，部分断裂表现为弧形断裂，主要形成于中晚喜马拉雅期；规模较大的北东向断裂产状一般表现为浅层较缓在沙溪庙组内部沿滑脱层水平滑动，深层产状较陡具有"犁式"断裂特征，断距呈上大下小的特征，体现出晚期断裂的特点，断裂主要形成于中晚喜马拉雅期。

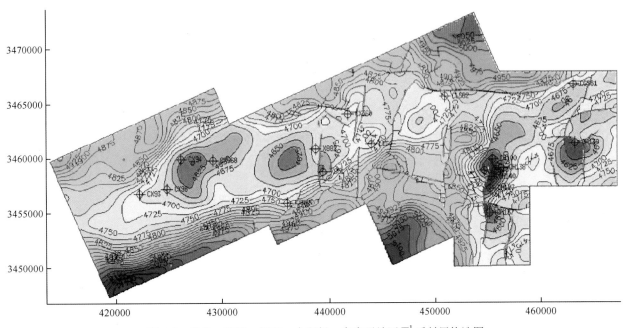

图 6-3 孝泉—新场—罗江—合兴场—高庙子地区 T_5^1 反射层构造图

新场须四段顶反射层主要表现为向东倾没的鼻状构造，构造南翼相对较陡，北翼相对较缓，仅在构造轴部的五郎泉发育一构造高点，圈闭面积仅有 $1km^2$、12.5m。断裂极少，只在构造东部发育一条南北向断层，断裂产状较陡，向下断至 T_6 附近(图 6-4)。

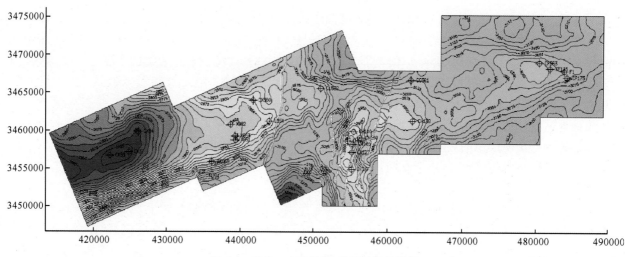

图 6-4　孝泉—丰谷地区 T_5^3 反射层构造图

新场须四段上亚段气藏位于孝泉—新场构造的斜坡上，总体呈现南西高、北东低的格局，同时也是印支期和燕山期古构造变动、转换最频繁的地区，具备水溶气运移释放天然气的成藏条件，气藏含气丰度与今构造位置关系密切。通过新 882 等多口井测试表明，须四段上亚段具有普遍含水的特征，且构造作用对气水的分布具有明显的控制作用，因此须四段气藏为岩性-构造圈闭。

广安气田隶属于南充构造带，由多个局部高点所构成的一个构造群，断层、鼻突及局部小潜高较发育，其中圈闭面积较大的有广安、大兴场、鲜渡河、兴隆场、南江乡等多个潜高，这些潜高有利于气藏的形成。广安气田断层发育，区内共发育多条逆断层，断层规模不等，落差范围为 10~240m，断层在剖面上的延伸长度为 2.75~9.75km，多数断层向上断至大安寨段，向下消失于嘉陵江组内部，从断层展布来看，大部分断层多分布在背斜北翼，断层走向与构造的轴向基本平行，呈东西向延伸。广安地区构造受力适度，断层规模不大，已钻获工业油气井表明，断层未破坏气藏，断层发育伴生的裂缝改善了储层渗流能力，对油气富集成藏十分有利。

合江构造须家河组底为背斜圈闭，构造高部位的井相对高产，构造部位较低井则微含气，说明构造对气藏形成及高产有一定的控制作用。

6.1.1.2 成藏主控因素分析

四川盆地川西地区、川中地区和川南地区须家河组气藏具有不同的地质背景，不同气藏无论在烃源岩、储层、盖层，还是在圈闭类型上既有共同点也有显著差别，因此，在气藏成藏主控因素方面，既存在共性也存在差异。主要的共性包括以下几个方面。

1. 有利的沉积相微相是优质储层发育的基础，进而控制了气藏的分布

沉积相是控制储集层物性的基础，沉积相在宏观上控制储集层物性的好坏。川西地区须家河组沉积相以三角洲前缘河口坝、远砂坝、三角洲前缘分流河道等为主。有利的沉积相带控制了优质储层的厚度和储层物性，川西地区上三叠统最有利的沉积微相为三角洲前缘河口坝，其厚度与优质储层厚度呈明显的正相关关系(图 6-5)，而与其他沉积相没有明显的相关关系，或是呈负相关关系(如前三角洲、坝间厚度与优质储层厚度呈明显的负相关关系)。同时，河口坝砂岩物性相对最好，平均孔隙度为 3.2%(图 6-6)。

与川西地区须家河组类似，沉积相是广安气田有利储层发育的重要控制因素。川中地区广安气田单井微相与砂岩孔隙度研究表明，有利储层主要分布于三角洲平原与三角洲前缘相带中，孔隙度大于 6%(卞从胜等，2009)。由于在须二段、须四段和须六段沉积早期，分流河道的限制性相对较强，水动力较强，且物源供给充足，在主干河道叠置的高能河道带形成了粒度粗、分选磨圆好的厚层状含砾粗砂

岩和中粗砂岩沉积。通过对须家河组的沉积体系展布与孔隙度大于8%的有利储层厚度对比发现,研究区有效储层厚度分布在5～40m,而且优质储层厚度最大的地区也多分布在主干河道叠置带内,主干河道叠置带明显控制了有利储层的平面分布,三角洲平原-前缘的过渡区是广安地区有利储层发育的主要相带(张志杰等,2009)。

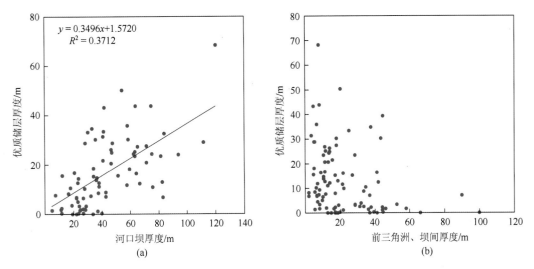

图 6-5　上三叠统河口坝厚度、前三角洲、坝间厚度与优质储层厚度关系

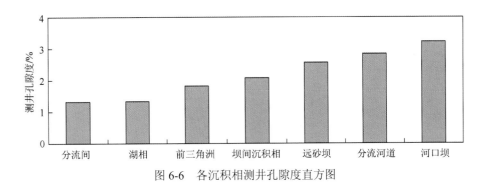

图 6-6　各沉积相测井孔隙度直方图

2. 储层是控制气藏分布的主要因素

虽然须家河组气藏中自须五段到须二段储层含气普遍,但要形成具一定规模的气藏,甚至气田,必须有具一定孔渗性良好储层的广泛发育作支撑,否则难以形成具一定经济开采价值的气藏。目前虽然须家河组储层绝大多数为超致密储层,按目前这种储层条件是不具备形成高丰度的大型气藏的储层条件,但从储层演化可以得知,由于演化过程中广泛发生的溶蚀作用使不同时期储层得到一定的改善,在某些时期曾为具备较好储集性的良好储层,这些优质储层是控制气层分布的最基本因素。这些储层的发育规模也决定了气藏规模。

3. 古今构造与储层叠合区是天然气聚集的有利目标,构造高点有利于气水分异与提高产能

川西地区须家河组在印支期和燕山早期形成的古圈闭少,圈闭幅度小,整体上须家河组自沉积到燕山早、中期基本具斜坡特征,早期油气聚集更多与岩性、地层因素有密切关系。后期由于构造作用,使得构造面貌发生了较大变化,早期的一些相对高点变成了今构造的低点,天然气在今构造中发生调整,即天然气主要向低势区,即构造高部位运移富集,造成目前同一套渗透性砂体在高部位产气、低部位产水。以新场地区TX$_3^4$砂体为例,通过测试资料以及综合解释成果的结合,将测试成果与综合解释成果与TX$_3^4$砂体顶面构造图相叠合(图 6-7),可以清楚看出,虽然砂体普遍含水,但构造相对高部位(大致以-2900m 构造线为界线)含水相对较少:如新 882 井测试产气 2.3229 万 m³/d,产水 62.3m³/d,为气水同层，新 884 和川孝 568 井测试均显示为气水同层，新 853 井 TX$_3^4$ 砂体 3394.5～3444.7m 综合解释为气水同层；而构造相对低部位(−2900m 以下)含水明显较多：川孝 565 井测试产气 0.3707 万 m³/d，产水 14.74m³/d，为含气水层，川孝 560 井测试产气 0.5099 万 m³/d，产水 4.28m³/d，产水量迅速增大，表现为含气水层，新 856 井和联 150 井该套砂体综合解释均为含气水层。因此，现今构造对川西地区气水调整、油气富集发挥着重要的作用。

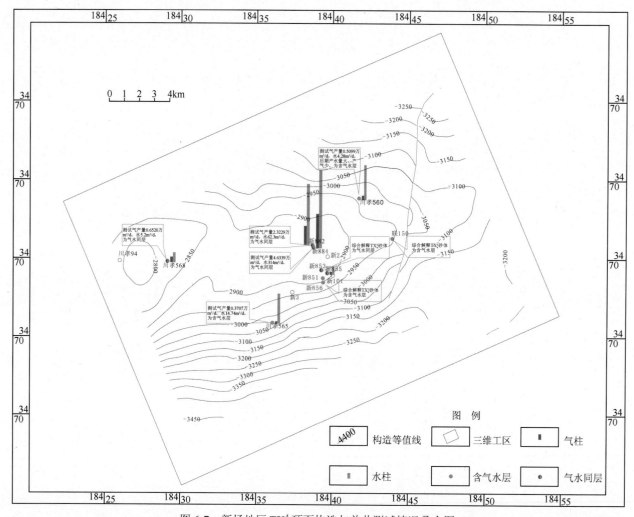

图 6-7　新场地区 TX$_3^4$ 顶面构造与单井测试情况叠合图

　　对于川中地区广安气田来说，虽然川中地区构造整体平缓，但相对的构造起伏对油气成藏仍有着十分重要的意义。虽然广安气田须家河组气藏平面分布主要受有效储层控制(有效储层主要受沉积相控制)，不受构造起伏的影响，为岩性或构造-岩性气藏。但是构造优势区气水分异明显，天然气丰度、产能均较高。广安气田气水分布整体表现为构造高点以产气为主，储量丰度可达 3.5×10⁸m³/km²，含水饱和度低，仅 30%～40%；构造较低的缓坡处气水分布复杂，没有统一的气水界面，气藏储量丰度约为 1.5×10⁸m³/km²，含水饱和度高达 50%～60%，气水同产甚至仅产水(李伟等，2010)。从广安地区各井产气量与产水量也可以看出构造高点对气藏气水分布与产能的控制(图 6-8)，构造部位相对较高的广安 002-35 井、广安 51 井、广安 002-31 井、002-30 井等均为优质的气井，主要为气层，日产气量为 7×10⁴～19×10⁴m³，日产水量仅 0～1.5m³。构造低部位的广安 002-40 井、广安 108 井则为气水同产，产气量明显较低，产水量明显增加(樊茹等，2009)。因此，构造高点对气水分异与提高产能具有明显的控制作用，古今构造圈闭为油气运移聚集的最有利指向区(车国琼等，2007)。

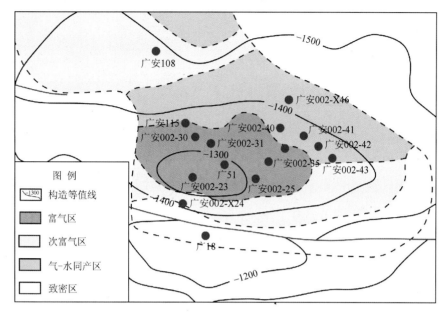

图 6-8　广安气田某区块气、水平面分布特征(樊茹等，2009)

4. 裂缝是控制气井高产的主要因素

在致密砂岩的成藏过程中，高孔渗砂岩和裂缝是天然气高效运移的重要通道。早期形成的裂缝可以沟通源岩与储层，使得酸性地层水进入储层发生溶蚀作用，提高孔隙空间，同时早期的裂缝可以使得源岩中的油气较早进入储层中成藏，裂缝既是油气运移通道同时也可以作为油气储集空间。晚期形成的裂缝则对已有油气藏的调整具有重要意义。裂缝还是开发过程中获得较高单井产能的关键。

在须家河组中发现了大量的具有良好孔隙度的储层，且有较广泛的有利成岩相存在，这些为形成须家河组规模气藏提供了良好的储层储备。同时由于须家河组埋藏普遍较深，经历的成岩演化极为复杂，使得大量具备良好储集空间储层的渗透能力较差，这些储层在适当条件下若得到裂缝的有效改善，将对改善储层渗流性、释放储层中已经聚集的烃类、成为工业性甚至高产气藏十分有利。因此后期规模裂缝对储层渗流性的改善，将对油气井获得高产发挥关键作用。以合兴场气藏为例，根据单井岩心裂缝密度的统计资料与单井测试资料的对应关系可以看出(图 6-9)，总的裂缝密度与储层产能具有一定的相关性，裂缝密度越大，储层产能也相应较大，但裂缝密度发育到一定程度后，对产能的影响将不再重要(图 6-9)；而水平缝密度与储层产能则基本呈反相关关系，水平缝密度越大，储层产能越小(图 6-9)，这主要是因为水平缝在地下状态下一般是闭合的，对渗透性的改善作用非常有限，甚至在某种情况下还起封闭作用；斜缝和高角度缝对储层渗透性改善作用非常明显，因此其与产能也具有良好的正相关关系。显然研究区上三叠统气藏天然气富集和高产，与裂缝密度，尤其是高角度有效裂缝密度密切相关。

广安地区须家河组裂缝主要为构造裂缝，可以分为两期：第一期与燕山晚期构造运动相关，第二期与喜马拉雅运动相关(卞从胜和王红军，2008)。根据川中地区烃源岩生排烃史，第一期裂缝形成的时间与烃源岩生排烃高峰期一致，对应研究区第二次成藏期，该成藏期也是研究区最主要的成藏期，因此该期裂缝可能是天然气运聚成藏的高速通道，裂缝使得须家河组烃源岩生成天然气快速进入须家河组储层成藏，因此该区裂缝对研究区天然气的成藏具有明显的控制作用。第二期裂缝对应研究区第三次主要成藏期，裂缝对原生气藏中的天然气再次运移成藏具有重要意义，裂缝对气藏起到了改造、调整、重新分配、再次成藏的重要控制作用。

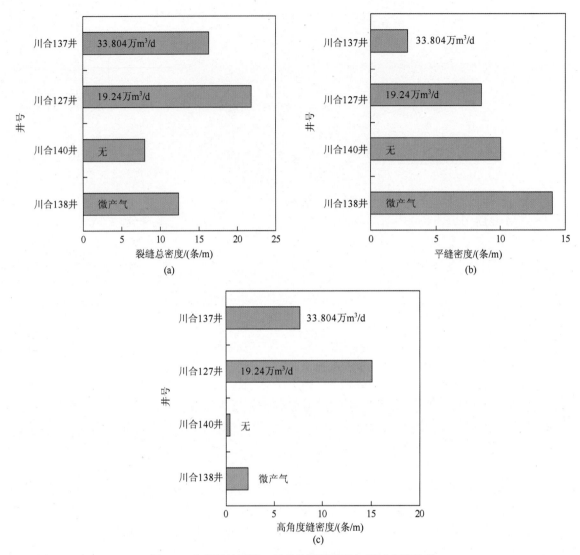

图 6-9　合兴场地区须二段单井裂缝发育与测试产能关系

　　对广安气田的研究表明，广安气田裂缝发育，主要分布在广安背斜西北斜坡的广安 5 井区和广安西北平缓部位的广安 124 井区，大部分裂缝发育井在钻井中有明显的井漏和气测显示。试气过程中产气量高，产水量低，而裂缝不发育井产气量则明显要低，产水量明显要高(图 6-10)。因此，裂缝发育明显地提高了储层的渗透性，使得储层具有较高的产能(卞从胜等，2009)。

　　川南地区合江构造断层较为发育，但这些断层无一通至地表，而均消失在须家河组、自流井组和沙溪庙组中，其上尚有沙溪庙组厚层非渗透泥页岩地层及后期致密化作用所形成的致密层的有效封盖，而断层向下通常可以延伸至下三叠统、下二叠统地层，最深可以到达志留系地层(翟光明，1989)。燕山晚期至喜马拉雅期，是区内须家河组烃源岩的主要生烃期，须家河组烃源岩已完全进入成熟阶段，已生成了一定的油气。虽然此时上三叠统砂岩随埋深的不断增加，成岩作用的加强，储层已致密化，但是在喜马拉雅期强烈褶皱和断裂作用下，产生了大量的裂缝和少量次生溶蚀孔缝，这些储集空间对捕获须家河组生成的天然气是十分有利的。同时，由于喜马拉雅期强烈的构造作用，会形成一些新的圈闭及断层，这一方面使得先期形成的部分上三叠统古油气藏发生改造，部分油气进入新的圈闭再次成藏；另一方面，构造作用产生的部分断层也可以对下伏深部海相地层气藏进行改造，使得海相地层气藏中的天然气进入上三叠统古气藏或新圈闭再次富集成藏。因此，合江气田的断层对该气田的不同层系中的油气起到了很好的沟通作用，使得较深地层烃源岩或气藏中的天然气可以通过断层向上运移聚集成藏，尤其是对于自身烃源岩不足的上三叠统地层，断层与下部气藏的沟通对其提供一定的物质基础，对上三叠统须家河组气藏的成藏发挥了重要的作用。

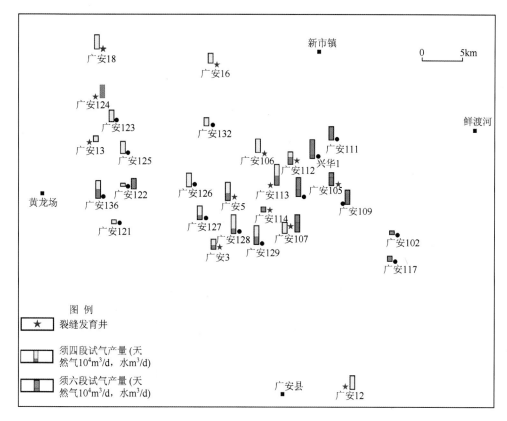

图 6-10 广安地区裂缝与单井试产特征(卜从胜等, 2009)

除了共有特征外, 对于川中地区、川南地区须家河组气藏来说, 天然气聚集成藏还与以下因素有关。

对于川中地区须家河组气藏来说, 源-储"三明治"结构是大面积成藏的基础, 川中地区须家河组地层具有平缓的构造背景, 无论在须家河组地层的早期沉积阶段, 还是后期的埋藏与抬升过程中, 须家河组地层始终保持了较为平缓的构造特征。这使得须家河组气藏须一段、须三段、须五段烃源岩和须二段、须四段、须六段储层得以大面积分布、大面积接触, 形成"三明治"结构(赵文智等, 2010), 从而有利于烃源岩中天然气及时有效地进入储层聚集成藏, 为须家河组气藏提供丰富的成藏物质基础。同时, 在须二段、须四段、须六段沉积时期, 由于构造平缓, 物源丰富, 形成了众多相互叠置的辫状三角洲河道砂体沉积, 而这些河道砂岩孔渗发育, 物性相对较好, 在后期埋藏中多经历建设性的成岩作用形成溶蚀性的有效储层, 为油气的聚集提供了有利的空间。另外, 低缓的构造使得气藏的气柱一般较低, 从而大大地降低了对盖层的要求, 对油气的保存十分有利。所以, 川中地区平缓的构造背景下的源-储"三明治"结构, 使得该区生储盖有效结合、有效储层发育、保存条件较好, 正是在这样的有利背景下才使川中地区形成了四川盆地上三叠统第一大气田——广安气田。

对于川南地区须家河组气藏来说, 与川西地区和川中地区须家河组气藏的自生自储不同, 其气藏形成的物质基础受控于外部气源与内部气源的双重供给。川南地区上三叠统烃源岩在须一段、须三段和须五段均有发育, 但烃源岩不论是厚度, 还是有机质丰度与川西地区、川中地区相比都较差, 生烃能力有限, 难以满足自身成藏。天然气地球化学特征分析表明, 研究区上三叠统天然气中有一定的油型气, 这部分天然气主要来自下伏下三叠统与下二叠统气藏, 所以这部分天然气的加入, 弥补了研究区须家河组烃源岩的不足。须家河组生成煤型气与来自下伏海相地层油型气共同充注须家河组的圈闭, 保证上三叠统气藏有充足的物质基础, 从而促使气藏的形成; 下部气源的供给需要有利的油气疏导条件, 因此, 断达深部烃源的深大断裂是油气向上运聚成藏的关键。四川盆地烃源岩层系发育, 上三叠统之下的海相地层中还发育有四套重要的烃源岩, 这些海相烃源岩所生成的天然气多进入临近储层成藏, 这些地层中的多套石膏封隔层也在很大程度上阻止了天然气的向上运移, 所以如果没有沟通下伏海相地层的断层发育, 这些天然气很难进入上三叠统陆相碎屑岩储集层中成藏。合江气田断层发育，向下可达气藏发育的下三叠统、下二叠统，最深可达寒武系地层，这些断层沟通了上部的上三叠统地层与深部的海相地层，断层作为天然气运移的有利通道，是深部海相地层中丰富的天然气沿断层向上运移至上三叠统陆相储集层中聚集成藏的关键。

6.1.2　侏罗系天然气成藏主控因素

6.1.2.1　具有高速运移通道的远源气藏

川西地区侏罗系绝大多数气藏远离烃源岩层，烃源岩演化过程中生成的天然气需要经过纵向上的长距离运移才能进入侏罗系主要储层中聚集成藏，这些气藏中天然气需要借助断裂、裂缝和储集性好的孔隙型砂岩作为高速运移通道，因此称为具有高速运移通道的远源气藏。新场气田蓬莱镇组气藏即属于此类典型气藏。

1. 典型气藏特征

新场气田蓬莱镇组气藏主要由蓬一、蓬二和蓬三三个气藏组成，其中以蓬一、蓬二气藏为主力气藏。构造上是由孝泉背斜向东延伸的北东东走向、向东倾没的平缓鼻状背斜组成，气藏东部和南翼发育有断至须家河组的南北向深断裂及一些小断层。该气藏自 1992 年 6 月在孝泉构造东部川孝 113—浅 1 井蓬莱镇组上部发现了良好的天然气显示，获得了 $1.05 \times 10^4 \mathrm{m}^3/\mathrm{d}$ 天然气产能，试采平均日产气 $0.97 \times 10^4 \mathrm{m}^3/\mathrm{d}$，发现新场蓬莱镇组气藏。

1）烃源条件

新场侏罗系气藏气源主要来自于其下的须五段烃源层，次为须四段、须三段、须二段。其中须五段泥质岩有机碳含量为 0.39%～16.33%，平均为 2.35%，有机质镜质体反射率为 1.02%～1.68%，处于成熟—高成熟演化阶段。须五段烃源岩在中侏罗世开始成熟，在早白垩世晚期进入高成熟演化阶段。累计生气强度为 6×10^8～$12 \times 10^8 \mathrm{m}^3/\mathrm{km}^2$，上三叠统烃源岩良好的生烃潜力，弥补了川西地区上三叠统之上地层烃源岩不足的缺陷，保证了侏罗系与白垩系气藏的物质来源。

2）储层条件

新场气田蓬莱镇组气藏总体沉积环境为河流与三角洲-湖泊环境，有利的储集微相为分流河道砂岩与河口坝砂岩微相。储层岩性主要为灰色细粒长石岩屑石英砂岩，次为细粒岩屑石英砂岩和粗粉砂岩，因具强烈的非均质性，储层基质孔隙度变化范围较大，最小为 2%，最大可达 23.12%，一般为 4%～20%，平均值 12.31%；基质渗透率最小为 0.01mD，最大可达 43.184mD，平均值为 2.56mD。由浅到深，储层致密化程度增加。

3）盖层条件

新场蓬莱镇组的上覆地层为白垩系，白垩系为区域分布较为稳定的以泥岩为主的地层，厚度较大，泥岩钙质含量高，具有较好的封盖性。同时在蓬莱镇组地层中也发育较多分布稳定的泥岩层，与砂岩层呈互层发育，也可作为蓬莱镇组气藏良好的局部封盖层。因此白垩系是蓬莱镇组气藏最主要的区域封盖层。此外在蓬莱镇组中发育较为稳定的泥岩隔层，它们对蓬莱镇组各套砂体中天然气的富集成藏也有重要贡献。

4）天然气运移特征

（1）运移通道分析

①同位素

相关研究表明，天然气碳同位素对于天然气运移和来源均有良好的指示作用（马安来等，2012）。甲烷碳同位素受天然气运移和热成熟度的影响较大，一般用来指示天然气的运移和源岩成熟度，乙烷、丙烷等碳同位素则基本不受天然气运移和热成熟度的影响，因此是良好的天然气来源示踪指标（戴金星，1992，1993）。

从成都凹陷须家河组到白垩系中产出天然气的乙烷-丙烷交汇图（图 6-11）来看，乙烷、丙烷碳同位素分布区间均较为局限，乙烷碳同位素主要分布在–25‰～–21‰，丙烷碳同位素主要分布在–23‰～–18.5‰，可见侏罗系和白垩系各层段中天然气的原始组分是相近的，属于典型的煤型气，同时也可以看出须五段

(T_3x^5) 和须四段 (T_3x^4) 中天然气的碳同位素和侏罗系天然气碳同位素差异很小，体现了两者在原始来源上的一致性(图 6-11)。

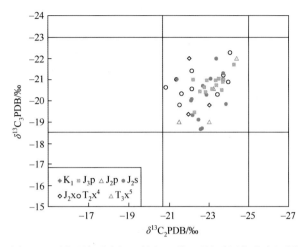

图 6-11　川西地区陆相天然气乙烷-丙烷碳同位素交汇图

②干燥系数

根据蓬莱镇组天然气组分数据统计：气藏天然气以甲烷含量占绝对优势，一般在 90%以上，平均为 96.69%，乙烷含量普遍低于 5%，平均为 2.5%，其他重烃含量之和在 2%以下。从中侏罗统气藏到最上部的白垩系气藏，产出的天然气成分差异小，反映运移过程中天然气分异程度低。侏罗系产出的天然气的干燥系数变化特征也具同样特点，由深至浅虽然井深差异很大，但干燥系数差异很小(表 6-4、图 6-12)，表明天然气垂向分异不明显。原因是天然气主要通过高速运移通道——断层向上运移，地层分馏作用(郝石生等，1994；马立元等，1999)对天然气组分影响小，因此干燥系数变化微弱。

表 6-4　马井—什邡地区侏罗系气藏天然气组分特征表

层位	甲烷/%	乙烷/%	干燥系数 $C_1/\sum C_1^+$	iC_4/nC_4	二氧化碳/%	氮气/%
K	96.92	2.30	0.9569	1.342	0.4881	1.2919
J_3p	96.69	2.50	0.957	1.0222	0.6463	1.7447
J_2s+x	95.76	3.12	0.948	0.9785	0.3409	1.3509

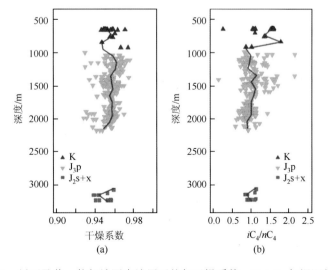

图 6-12　川西马井—什邡地区中浅层天然气干燥系数、iC_4/nC_4 与埋深关系图

红线显示每百米深度区间样品干燥系数、iC_4/nC_4 为中值(P_{c50})

③正构烷烃/异构烷烃(iC_4/nC_4)

运移效应对正构烷烃/异构烷烃(iC_4/nC_4)值的影响主要包括通道过滤分异效应和扩散分异效应(马立元等,1999)。通道过滤分异效应是因为通道半径较小,正、异构烷烃分子体积不同产生的,当通道半径较大时,正、异构烷烃均容易通过,则通道过滤分异效应影响较小,反之则影响较大。扩散分异效应是由正、异构烷烃不同的扩散系数引起的,如果轻烃以气态方式在疏松岩层中进行渗流运移,由于其扩散系数大于正构烷烃,导致沿着油气运移方向 iC_4/nC_4 值变大。正构烷烃/异构烷烃(iC_4/nC_4)的变化特征也进一步反映出断裂及其破碎带在运移中的作用(林壬子,1992;郝石生等,1994)。从成都凹陷中浅层天然气 iC_4/nC_4 分布情况看,一是从深至浅该比值逐渐增大(表6-4、图6-12),反映出天然气主要以气态方式沿着渗流条件较好的断裂进行渗流运移;二是对应相同深度地层,iC_4/nC_4 变化较大(图6-12),表明天然气存在侧向运移,侧向运移的主要通道是具有渗透性的砂体。

④芳烃运移参数

众所周知,天然气运移过程中,轻烃溶解度一般按照芳烃→环烷烃→正构烷烃的顺序降低,即同碳数烃中芳烃具较高溶解度,正构烷烃溶解度最低(郝石生等,1994;马立元等,1999)。当天然气以游离相运移时,地质色层效应起主导作用,极性物质(芳烃)易被岩石吸附,而非极性物质(正构烷烃和环烷烃)相对容易运移,故沿着运移方向非极性物质组分相对增加(郝石生等,1994)。因此,根据系列芳烃运移地化参数,可以对天然气运移机制进行判别(林壬子,1992;肖伟等,2003)。成都凹陷侏罗系天然气苯/正己烷、苯/环己烷与深度关系(图6-13)显示,上侏罗统蓬莱镇组此两项参数较为集中,均小于1,其较低的苯/正己烷、苯/环己烷值反映其中的天然气主要以游离相通过断层运移,受地质色层效应影响,非极性的正构烷烃和环烷烃相对增加,导致这两项比值变小。

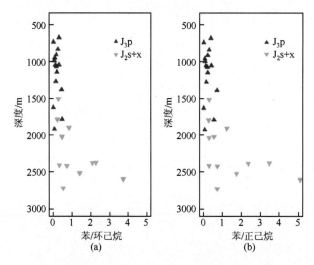

图6-13　川西地区侏罗系天然气苯/环己烷以及苯/正己烷随深度变化图

(2)运移模式

综上可见,成都凹陷中浅层气藏具有明显的反热力学特征,即从下往上($J_2x→J_3p→K$),干燥系数、iC_4/nC_4 表现出逐渐变大的趋势,体现了运移分馏作用的影响(李广之,1999;李广之等,2007),天然气的垂向运移通道是断层及其伴生的裂缝系统(张彦霞等,2012)。成都凹陷蓬莱镇组中聚集的天然气来自下伏上三叠统,其垂向运移相态是游离相,垂向运移通道是断层及其伴生的裂缝系统,横向运移通道是渗透性砂体(刘传虎和王学忠,2012)。断层及其伴生裂缝与渗透性砂体组合,形成了复杂的天然气运移通道网络(刘传虎和王学忠,2012;张彦霞等,2012),通过运移通道网络,天然气沿着不同方向进行纵、横向立体式运移,从而聚集成藏(图6-14)。

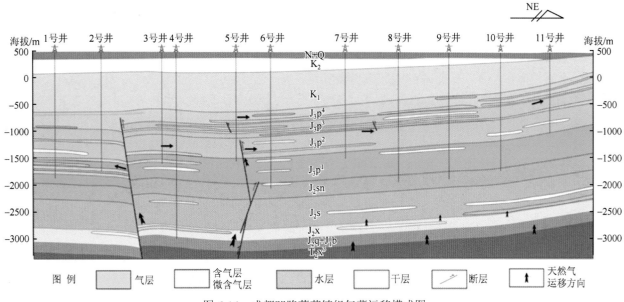

图 6-14　成都凹陷蓬莱镇组气藏运移模式图

5）圈闭条件

新场构造蓬莱镇组构造实际上是孝泉背斜向北东东方向延伸倾没的鼻状背斜，西接孝泉，东连青杠嘴东泰合兴场南北向构造带。该鼻状背斜向东倾没，向西开启，主体部位的蓬莱镇组中上部气藏构造层无断裂发育，含气范围不完全受现今构造圈闭控制。但构造范围内的有利储层微相展布控制着气藏的形态（图 6-15），即储层的分布与不同微相带、不同部位有着密切关系。首先Ⅰ、Ⅱ类储层主要分布于分流河道、河口砂坝中，决口扇、远砂坝中主要是Ⅲ类储层，而远砂坝前缘中的砂体一般是非储层。因此沉积微相控制和支配着砂体、含气砂体的发育和展布。因此，蓬莱镇组气藏的圈闭类型为鼻状构造背景下的构造-岩性复合圈闭。

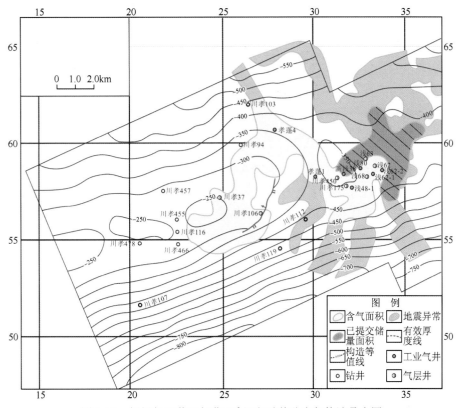

图 6-15　新场气田蓬三气藏 JP_3^6 沉积砂体分布与构造叠合图

2. 成藏主控因素

1) 具有气源断层是蓬莱镇组天然气聚集的必要条件

由于远源气藏所在地层生油气能力较弱，气源主要来自深部的须家河组，分隔须家河组烃源岩层与蓬莱镇组的是泥岩较为发育的中下侏罗统和上侏罗统遂宁组，不仅这些地层中的泥岩致密化程度很高，且其中的砂岩也绝大多数较为致密，储集性好的砂岩均以透镜状分布在泥岩中，因此天然气在没有好的通道条件下运移进入蓬莱镇组砂体阻力大，仅靠扩散运移进入透镜体砂岩中的天然气气量较少，导致砂岩中含气丰度不高，难以形成远源气藏。从凹陷蓬莱镇组断层分布特征(图6-14)与含气性关系可以看出，当气源断层发育时，其上倾方向发育的储集砂体含气性较好；在气源断层不发育的地区，如凹陷南部的温江地区，即使钻遇好的储集砂体，也难有天然气的有效聚集。由此可见，要在蓬莱镇组中形成天然气的有效聚集，必须具备气源断层。

同时值得重视的是，虽然发育气源断层是蓬莱镇组砂岩中能否聚集天然气的必要条件，但并非充分条件。成都凹陷在发育气源断层的地区，气源断层与储集砂体间具备多种配置关系，不同的配置关系将导致天然气在储层中具有不同的聚集效果(杨帆等，2011)。

(1) 储层下倾部位与气源断层相接

该种配置方式是最有利于天然气聚集的配置方式，即气源断层位于储层的下倾方向上，储层主要发育于高于断面的构造部位，储层与断层(破碎带)相接(图6-16)。例如，成都凹陷东北部的斜坡地带，由于在构造较低部位发育气源断层，在气源断层西部主要为高于断裂的鼻状背斜，且背斜上发育较多河流相和三角洲相储层，沿气源断层进入蓬莱镇组的天然气在渗透性砂体中横向运移，并聚集成藏。

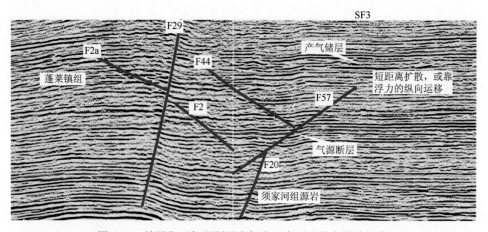

图 6-16　储层位于气源断层上倾尖灭点不远的上覆地层中

此类配置是成都凹陷蓬莱镇组中最有利于天然气聚集的配置方式。其主要原因如下：一是该类配置为天然气聚集提供了最好的高速运移通道——断层及其破碎带+渗透性砂体，高速运移通道是次生气藏发育的关键要素；二是在天然气运移路径上发育具备储集性的砂体；三是砂体上部有封盖能力的泥岩致密层。由此组成了次生气藏最有利的通道、储层、盖层组合关系，为天然气的高效聚集提供了必备条件(尹伟等，2012)。

(2) 储层发育于断层上倾方向尖灭点不远的上覆地层中

该类配置关系是砂体与断层不直接相接，断层断至距离储层较近的下伏地层中(图6-16)，天然气沿断层长距离垂向运移到蓬莱镇组后，由于气源充分，天然气在断层通道中不断聚集升压，依靠浮力或扩散进入未与断层直接相连的上覆储层中聚集成藏。钻井证实该类砂体中聚集的天然气的充满度不及断层与砂体直接相接的模式，可以获得工业产能但产能相对较低，如 SF3 井即属于该类配置，为低产工业气井(图6-16)。其原因主要是该类配置地区，天然气聚集必须通过比砂岩更致密的泥岩地层，加大了天然气运移难度。

该类配置与(1)不同的仅仅是储层并未与断层直接相接，而是在断层—储层之间发育泥岩隔层，这些隔层在下伏气源不充分情况下将阻止天然气进入其上的砂岩储层中，但当气源较为充分时，天然气在泥岩附近断裂带聚集升压，升压到一定程度后将突破泥岩的封盖进入上覆储层中聚集成藏。

(3)气源断层位于储层上倾方向，向上未断开蓬莱镇组

该类配置模式是成都凹陷部分地区蓬莱镇组中能够成藏的储层-气源断层配置特例(图6-17)。从现今的断层-储层组合模式来看，储层上倾方向与断层相接，一般情况下将导致天然气散失而难以有效聚集，但在成都凹陷部分地区，这类配置关系仍形成了有效聚集，如马井地区典型钻井马蓬55D、马蓬12等井产层，虽然储层位于断层下盘，仍获得了工业气流。

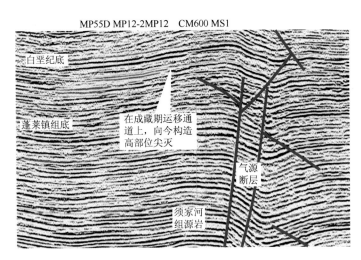

图6-17 气源断层位于储层上倾尖灭方向

分析其原因是：马井地区蓬莱镇组成藏期是西高东低的一个单斜构造，成藏期时该地区仍是储层下倾方向与气源断层相接，有利于天然气聚集成藏，现今表现出的配置是后期构造运动调整形成，储层在未与更高部位的断层面相接时即尖灭，故断层并不会对天然气产生散失作用。

该类配置能够成藏的关键，一是天然气主要聚集期该地区处于相对比较高的构造位置，有利于天然气的聚集；二是主要聚集区天然气的富集程度较高，气水分异位置较低，后期改造并未将其调整为低于气水分异带。因此仍保留了天然气的有效聚集。

(4)储层上倾方向与开启断层相接

该类储层-断层配置方式是储层发育，且在上倾方向与断层相接，断层断达地表且现今仍处于开启状态。这种配置关系最不利于天然气聚集，其主要原因是断层开启导致无法形成有效圈闭，因此难以形成天然气的有效聚集。

综上可见，在储层和气源断层均发育的地区，必须有储层与断层的合理配置，才能形成天然气的有效聚集。最有利于天然气聚集的配置是储层以其低部位与气源断层或其破碎带相接；其次是储层位于距离断层上倾方向尖灭点不远的上覆地层中，最不利的是储层上倾方向与断达地表的断层相接。

2) 良好储集层的分布和发育规模决定远源气藏的分布和形成规模

在气源断层发育、储层与气源断层合理配置下，天然气可以在蓬莱镇组储层中有效聚集。勘探开发实践表明，聚集的天然气仍表现出丰度差异，有的钻井获得高产，有的低产，甚至有的仅产微气。进一步分析其成因，明显表现出天然气含气丰度与储层的物性关系十分密切。由于天然气在沿通道垂向运移的过程中，只有遇到具一定孔渗性的储层天然气才能进入其中并作侧向运移，而致密岩因其毛管压力高，天然气不易进入，因而不能成藏，这是新场气田侏罗系中的致密岩层不含气的原因，如 J_3p 底部的砂岩，其厚度大(30m 左右)，分布稳定，但由于十分致密，因而不含气。在已经成藏的地区，蓬莱镇组砂岩含气性以及测试产能与砂岩孔隙度、渗透率呈明显正相关。成都凹陷的马井—什邡、新都—洛带地区气层孔隙度一般大于8%，渗透率大于 0.3mD；测试产能大于 1 万 m^3/d 的储层平均渗透率普遍大于 0.7mD，平均孔隙度大于 12%。在已经成藏地区，蓬莱镇组砂岩的储能系数(孔隙度×有效厚度)与无阻流量关系

十分明显(图 6-18),即如果储层物性好、厚度大,天然气丰度就高,反之丰度低。可见成都凹陷蓬莱镇组含气丰度主要受控于储层物性,物性好的砂岩含气丰度高,反之含气丰度低。

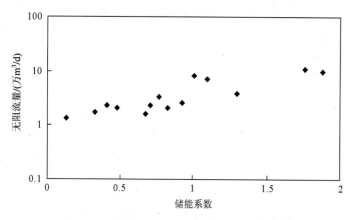

图 6-18　蓬莱镇组储能系数与无阻流量关系图

　　因此,良好储层的存在是远源天然气藏形成的基础。勘探实践表明,只有层状、似层状孔隙性储层发育才具有规模成藏的意义,而裂缝储渗体难以形成大规模气藏,多为小型气藏。

　　3)储集岩的展布与构造的配置关系以及封盖保存条件控制着远源气藏的纵横向展布

　　这一点也可以简化为圈闭的有效性控制着远源气藏的纵横向展布。前已述及,远源气藏的规模成藏必须依赖于油气垂向运移的通道,而这种通道主要为断层及其破碎带。任何事物都是一分为二的,断层既可作为输导条件为远源气藏的形成提供油气远移的通道,同时,又可作为油气散失的通道,阻碍或破坏远源气藏的形成,尤其是喜马拉雅晚期来自大巴山北东-南西向的挤压使区内南北至北东向的断层处于张性环境,破坏散失能力不可低估。因此,要成藏还需要储集岩的展布与构造合理配置,构成有效圈闭。如果配置不合理,不能构成有效圈闭,则可能难以形成天然气的有效聚集。这就是在某些构造上储集性能同样良好的储层,但有些为气层,有些为干层,有些甚至为水层的原因。

　　大量勘探实践表明远源气藏绝大部分都为构造与岩性复合的圈闭,所以弄清构造与储集岩如何合理配置才能构成有效圈闭就显得尤为重要。从储集岩的展布与构造的配置关系方面分析圈闭的有效性可简单地归纳为如下两个问题:储集岩是否以其低部位与油气运移通道(断裂)相接;储集岩在其上倾方向是否能构成构造或岩性封闭。如果满足上述两个条件,则圈闭有效,否则,圈闭无效。此外,储层的直接盖层的封盖能力和构造的保存条件对远源气藏的形成和保存也至关重要。只有盖层封盖能力强、保存条件好的才能成藏,否则难以成藏。

　　4)裂缝对远源气藏的形成起着建设性作用

　　除裂缝性储集体外,远源型气藏的储集岩均具有较强的基质渗流能力,这种渗流能力能满足形成气藏侧向远移要求,有的甚至也能满足产出工业气流所需的渗流能力要求,如新场气田蓬一、蓬二气藏的储层。但多数储集岩尚达不到产出工业气流所需的渗流能力,工业气流的产出要依靠裂缝来改善其渗流条件,如新场气田上沙溪庙组气藏的储集岩,在裂缝不发育的情况产能较低,达不到工业产能的标准,但如裂缝发育,日产能可达数万方。另外,由于裂缝发育,储集岩的储渗性得以改善,有助于油气侧向运移,聚集成藏,对于裂缝性储集体来说更是使非储集岩变成储集岩。勘探实践表明,远源气藏要规模成藏且具有较高开发价值,气藏应是层状或似层状的孔隙性储层,目前来说裂缝性储集体开发意义较低。因此,我们认为裂缝对远源气藏的形成只起着建设性的作用,而非决定性的作用。

6.1.2.2　无高速运移通道的远源气藏

这类气藏本身也不具备生烃能力,气源来自下伏地层,与前述具有高速运移通道的远源气藏的差别是，纵向上烃源岩层与储层相距不大，一般小于1000m，烃源岩层与储层自己没有断裂等高速运移通道，天然气主要靠扩散运移进入储层中聚集成藏。例如，孝泉下沙溪庙组气藏即为这类气藏的典型，其下伏直接为烃源岩层须家河组，下沙溪庙组虽然垂向上距离烃源岩层较远，但其天然气也主要是下伏须家河组气源扩散运移而来，其能否成藏和决定天然气富集程度的关键是构造位置、储层条件和地层中裂缝及断层的发育程度。下面以孝泉下沙溪庙组气藏典型特征入手，分析这类气藏的成藏主控因素。

1. 典型气藏特征

孝泉下沙溪庙组储层物性好于新场上、下沙溪庙组，今构造位置也高于新场下沙溪庙组气藏，其中川孝455井产层比新场东部下沙溪庙组气藏（以川孝169井为例）高225m，比新场西部的川孝374井高147m，但实际表现出的气藏特征却是构造位置低的新场下沙溪庙组无明显的边、底水特征，而构造位置高的孝泉为气水同层。

1) 水产出特征

川孝455井自2001年6月8日～2002年6月30日的一年间，日产水量具有缓慢下降的趋势。由2001年6月的平均日产水量47.79m³/d，到7月降至39.3m³/d，8月为26.79m³/d，到2001年10月以后，日平均产水量下降速率减慢，直到2002年4月已降至平均日产水14m³/d左右，开始趋于稳定。在一年期间平均日产水量下降了70%，仅为初期日产水量的29.38%。与此同时，在这一年期间，日产气量也有所下降，由2001年6月的1.5331×10⁴m³/d，到2002年降到了0.8644×10⁴m³/d，为初期产能的56.38%，下降幅度为43.62%。如果考虑到在投产初期可能有酸化压裂造成的影响，初期的产水量和气水比可能与地下原始情况有出入，则由2001年7月的气水产出情况为基础可能更为接近实际。2002年6月的平均水产量为2001年7月的35.73%，下降了64.27%，而相应的气产量仅下降了43.39%，为原来的56.38%。在此期间气水产出的体积比由320（m³气/m³水）增至660（m³气/m³水）（地面条件下）或由1.223（m³气/m³水）增至2.52（m³气/m³水）（地层条件下）。这些数据表示，气水产出比在这一年期间增加了一倍。

该井自投产以来，水的产量无明显变化，但水成分中的部分离子有一定的变化，其主要表现为：随着开采时间的增加，产出水中的钙离子有递增趋势，早期（2001年5月）一般浓度为600～800mg/L，到6月递增为900～1000mg/L，表现出有地层水进入的迹象。开采过程中，钾离子逐渐减少。三价铁离子也呈现出减少趋势。开采过程中，硫酸根离子逐渐增加，由开采初期的小于10mg/L增加到后来的25mg/L左右。这种现象说明，在川孝455井区块，JS_2^1层的气并非是受水的驱动，水是在天然气产出过程中被气带出来的，该气层的驱动方式应当是弹性气驱。当地层压力减少时，气体流速缓慢，携带水的动力减弱，气水比增加也是必然的。以上特征均表现出地层水有活跃的迹象，也进一步说明该气藏为气水同层气藏。

另外一个值得注意的是孔隙度最高的层段含气饱和度也最高，孔隙度相对最小的层段其含气饱和度也相对较低，这显然是在成藏过程中，在高孔渗层气驱水程度偏高、在低孔渗层气驱水程度低有关。众所周知，水与岩石的亲和力远远大于气的亲和力，所以在孔隙中，气一般占据中间位置，而水则紧邻岩石颗粒表面。最靠近岩石颗粒吸附的为强结合水，在其外围有一层所谓的薄膜水为弱结合水，再向外，靠近岩石孔隙中间的水才是可动的毛细水和重力水。显然在温度、压力和岩性都相近的情况下，靠近岩石颗粒表面的各个水层在岩石粒度小，孔隙条件差的层段中占的比例要大些，而可动的毛细水和重力水在孔渗条件好的层段在天然气驱水的成藏过程中更容易排出去，其结果是在孔渗条件好的层段含气饱和度偏高，中上部比中下部偏高。这样形成的气藏一旦形成以后，由于后期的构造运动或成岩变化等原因被封存下来，与外界失去了水动力联系，在开发过程中必然会出现像川孝455井这样的气水产出特征。水化学成分的稳定性和水型、水组等也都说明了该气藏封闭性良好。当前气水产出的地下体积比说明，该气藏处于气水两相同时流动的区间，气相渗透率比水相渗透率高一倍左右，并有气相渗透率相对增加的趋势，也说明没有外来水的补给，气产量缓慢下降为弹性气驱的必然趋势。

2) 产水成因分析

孝泉下沙溪庙组产水主要原因如下。

（1）新场与孝泉下沙溪庙组气藏不属同一成藏体系

首先从新场、孝泉下沙溪庙组气藏的天然气组分特征上可以看出两者间有较大的差异：新场天然气中甲烷含量较高，平均含量为 93.02%，低重烃平均含量为 5.14%，CO_2 平均含量为 0.65%，N_2 平均含量为 1.19%（表 6-5）；而孝泉下沙溪庙组气藏天然气组分中甲烷含量明显降低，含量为 88.88%~90.77%，平均只有 89.76%（表 6-6）。

表 6-5 新场 JS₃ 天然气分析结果表

井号	C_1/%	C_2/%	C_3/%	iC_4/%	nC_4/%	iC_5/%	nC_5/%	N_2/%	CO_2/%	R_g/%	T_{pc}/%	P_{pc}/%
川孝 374	93.595	3.41	0.66	0.303	0.192	0.061	0.044	0.935	0.715	0.5983	197.29	4.6112
新 814	93.500	2.99	0.58	0.260	0.163	0.056	0.040	1.410	0.780	0.5958	195.96	4.6008
川孝 169	91.970	4.59	0.96	0.266	0.283	0.072	0.061	1.226	0.442	0.6073	198.92	4.6003
平均值	93.022	3.66	0.73	0.276	0.213	0.063	0.048	1.190	0.646	0.6005	197.39	4.6041

表 6-6 川孝 455 井 JS₃ 气藏 JS₃¹ 气层天然气分析数据表

甲烷/%	乙烷/%	丙烷/%	异丁烷/%	正丁烷/%	异戊烷/%	正戊烷/%	己烷以上/%	重烃/%	CO_2/%	N_2/%	O_2+Ar/%
88.88	6.41	1.69	0.386	0.431	0.117	0.110	0.081	9.225	0.36	1.36	0.15
88.99	6.85	1.59	0.530	0.438	0.113	0.046	0.053	9.620	0.54	0.78	0.05
90.39	5.98	1.45	0.375	0.414	0.104	0.101	0.050	8.474	0.11	1.01	0.00
90.77	6.17	1.36	0.341	0.385	0.088	0.087	0.048	8.479	0.14	0.59	0.00

从今构造进行分析，如果孝泉、新场下沙溪庙组气藏为同一成藏体系，孝泉位于构造高部位，按天然气的运移聚集机制，孝泉气田的甲烷应该高于新场下沙溪庙组，实际情况却正好相反。由于甲烷的分子量在各种烃类气体中相对最小，因此其运动速度最大，随着运移距离的增加和运移时间的延长，其含量应该呈增加趋势，只有当其不属同一成藏体系时，才不具这一特征，可见孝泉、新场下沙溪庙组气藏不属同一成藏体系。

天然气中的甲烷、乙烷和丙烷等的稳定同位素特征可以反映天然气的运移途径，天然气中的重碳同位素 $\delta^{13}C$ 的含量随天然气运移距离的增加而减少，含有重碳同位素 $\delta^{13}C$ 的甲烷分子较一般甲烷分子量大，根据分子动力学原理，无论以哪种方式运移，在相同的地质条件下，其运移速度均较慢，故在运移过程中必然产生分异现象。"八五"期间，李汶国等对川西地区侏罗系天然气碳同位素的变化特征进行了研究，结果表明：虽然整体特征表现为自西部孝泉至东部合兴场地区，重碳同位素 $\delta^{13}C$ 的含量为增加趋势，但在部分地区明显存在异常，如从新场 135 井到孝泉 96 井，在重碳同位素 $\delta^{13}C$ 变少的基础上，在川孝 101 附近有明显的异常，从而分隔了东、西部。这一异常现象说明在这一地区两侧可能不属同一烃源层或同一地区的烃源层，因此分属不同的成藏体系。

孝泉上沙溪庙组 JS₂ 气藏储层与新场 JS₂ 气藏储层属于相同的三角洲体系，只是三角洲的分流河道来自新场北部，孝泉则处于三角洲的前缘位置；孝泉下沙溪庙组储层与新场下沙溪庙组储层比较，则完全不属同样的沉积体系，无论从物源方向还是沉积微相上均有较大的差异，孝泉下沙溪庙组物源来自孝泉西北部，为河流相沉积物，粒度较新场粗，而新场下沙溪庙组储层物源来自新场北部，属水下分流河道沉积物。新场、孝泉下沙溪庙组主要储层在平面上是不连接的，其间分布有大面积的泥岩横向隔层，其中断裂、裂缝也不发育，若新场、孝泉下沙溪庙组为同一成藏体系，天然气要从新场运移进入孝泉，必须克服这些泥岩隔层的阻力，因此在地球化学特征上必然有相应的运移证据存在，但在实际信息中却未表现这种特征。

综合以上特征，基本可以确定新场、孝泉下沙溪庙组气藏不属同一成藏体系，因此不能以新场下沙溪庙组气藏不产水、孝泉下沙溪庙组构造位置比新场高等特征，便认为孝泉下沙溪庙组目前产出的水是来自其他地层的结论。

(2)气源量不足

无论从实际钻井资料还是地震信息上，在孝泉下沙溪庙组，以及其下的白田坝组中均未发现如同新场东部的断达烃源层须家河组的大型断裂，同时地层中的裂缝也不发育，在该地区侏罗系地层中的裂缝主要发育于上沙溪庙组上部和遂宁组中。由于无断裂、裂缝作油气运移的有效通道，因此天然气的扩散速度很慢，聚集的天然气量有限，从而排挤储层中水的能力不够，因此形成气水共存的气藏。

(3)砂岩/泥岩低、泥质含量高

孝泉绝大部分地区在下沙溪庙组和白田坝组中的砂岩/泥岩与新场地区比较明显偏低，原因在于孝泉地区在这两套地层中以湖相泥岩为主，砂岩含量特低。由于泥岩的储集性差，封隔性好，对天然气扩散运移进入储层带来了极大的阻力，因此同样不利于天然气的聚集成藏。

以上条件决定了孝泉下沙溪庙组虽然发育川西地区沙溪庙组中的最好储层，但并未得到天然气的充分注入，因此只能形成目前的气水同产气藏。

2. 天然气富集主控地质因素

通过上面对孝泉下沙溪庙组气藏特征的分析，可以看出无高速运移通道远源气藏的如下主要控制因素。

1)良好储层的发育状况是气藏形成的基础

无论是主要靠断裂、裂缝运移上来形成的远源气藏还是这类靠扩散运移形成的气藏，天然气的富集均与储层的储集性好坏密切相关，只有在储层储集性较好时，才具有较好的含气显示，当储层致密时，含气性明显变差。此外，含气性也与储层厚度密切相关，当储层厚度较大时，一般含气显示较为稳定。因此发育一定厚度的良好储层是天然气富集必备的物质基础。

进一步分析则可看出，良好储层的发育状况与沉积环境密切有关。本区蓬莱镇组、上沙溪庙组 JS_2 与下沙溪庙组气藏中，良好储层主要发育在三角洲平原分流河道砂坝(蓬莱镇组、下沙溪庙组)、三角洲前缘河口砂坝(JS_2)，以及河流相河道砂坝中，因此以上有利沉积微相储层的厚度以及展布规律控制气藏的基本展布方向。

2)与烃源岩生排烃期匹配的构造隆起十分有利于天然气的富集

由于烃源岩与储层之间有较发育的泥页岩隔层，天然气垂向运移进入储层的阻力大，只有当势能差更大时才可能进行更有效的运移。当这些地区在烃源岩生排烃高峰期发育相匹配的隆起时，形成了明显的低势区，有利于天然气垂向运移进入隆起上分布的优质储层，对形成气藏极为有利。

3)烃源岩与储层发育段间地层的砂岩/泥岩是影响天然气丰度的重要因素

由于相同条件下，普遍砂岩比泥岩具有更好的输导条件，因此当烃源岩与储层发育段间地层的砂岩/泥岩较大时，天然气向上运移的阻力小，运移进入储层的天然气更多，因此含气丰度更高；而当砂岩/泥岩较小时，由于泥岩更好的封堵性，天然气向上运移的阻力更大，且泥岩对天然气的吸附量也更多，造成运移进入储层的天然气减少，因此含气丰度降低。可见，砂岩/泥岩是影响这类气藏天然气丰度的重要因素之一。

4)现今构造位置对早期气藏有重要调整作用

川西地区侏罗系含气储层物性多数为近常规—近致密储层，天然气的极易活动性使得构造条件在天然气成藏中具有十分重要的作用。气藏主要烃源层——上三叠统须家河组五段中烃源岩处于生排烃高峰期时，中侏罗统以及晚侏罗统遂宁组、蓬莱镇组中大量发育的泥岩已十分致密，天然气从烃源层中规模运移进入上部储层的难度较大，天然气最主要的是来自西部新场气田，运移时将首选构造位置相对较高的低势区，因此构造高部位是天然气富集成藏的最有利构造位置。

6.2　成藏模式探讨

四川盆地不同地区陆相致密碎屑岩气藏在烃源岩、储层、盖层、圈闭、运聚、保存条件等成藏要素方面差异明显，由此也不可避免地造成成藏模式上的差异，因此不可能有一种模式能对四川盆地不同类型气藏的成藏特点进行高度概括。前人从不同的角度提出了不同的成藏模式，如三阶段成藏模式(王允诚和朱永铭，1991)、"早期初步富集、晚期聚集成藏"模式(尹凤岭等，1993)、"水溶脱气成藏"、"古隆起成藏"模式(安凤山，2002)、"早聚、中封、晚活化"模式(杨克明等，2004)等，这些模式对深化认识研究区成藏过程具有重要意义。本书在前人研究的基础上，结合川西地区成藏条件分析、成藏年代分析，通过对典型气藏剖析、成藏主控因素的总结，建立了四川盆地不同地区上三叠统和侏罗系气藏的成藏模式。

6.2.1　上三叠统气藏成藏模式

　　川西地区以构造-岩性圈闭为主，气藏类型主要为构造-岩性气藏。上三叠统天然气主要来自上三叠统烃源岩：其中须二段气藏天然气主要来自须二段烃源岩，少量来自须一段烃源岩；须四段气藏天然气主要来自须四段烃源岩，须五段烃源岩对其有一定贡献，须三段烃源岩贡献较小。所以从气源关系来看，上三叠统气藏天然气以自生自储为主。

　　根据成藏年代分析结果，须二段气藏与须四段气藏均有三个主要的成藏期，分别是须五段至早侏罗世沉积时期(早期)、中侏罗世至早白垩世沉积时期(中期)和喜马拉雅期(晚期)与须五段沉积中期至早侏罗世沉积时期(早期)、晚侏罗世至早白垩世沉积时期(中期)和喜马拉雅期(晚期)。结合上三叠统气藏成藏期次，上三叠统气藏成藏过程表现为早期须二段与须四段气藏烃源岩分别进入低成熟阶段，开始早期生烃，生成的油气进入圈闭成藏，这是一个次要成藏阶段；中期上三叠统烃源岩进入成熟—高成熟阶段，烃源岩开始大量生排烃，大量的油气进入圈闭成藏，该阶段为上三叠统气藏的主要成藏期；晚期即喜马拉雅期，由于构造抬升作用的影响，烃源岩停止生烃，同时强烈的构造作用会产生一些新断裂与新圈闭，这使得上三叠统已有的气藏发生调整，部分气藏中的天然气沿断裂进入上覆侏罗系与白垩系储层，形成次生气藏。所以，川西地区上三叠统气藏成藏主要为早期相对低成熟烃源岩生成少量油气进入圈闭成藏，中期烃源岩大量生排烃，大量油气进入圈闭成藏，该时期是川西地区上三叠统气藏的主要成藏期，后期喜马拉雅运动对早期与中期上三叠统气藏进行调整，最终形成现今上三叠统气藏分布特征(图 6-19)。

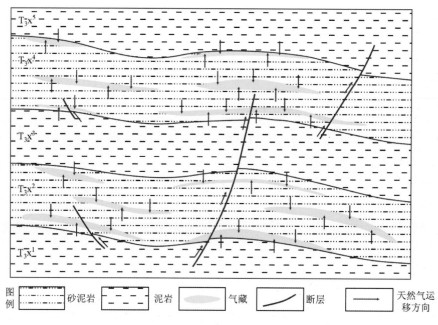

图 6-19　川西地区上三叠统气藏成藏模式图

　　川中地区缺乏明显的背斜和断层等构造圈闭，所以川中地区上三叠统气藏主要为岩性气藏或构造-岩性气藏，如广安气田主要表现为构造-岩性气藏的特征(车国琼等，2007；李登华等，2007；包世海等，2009)。川中地区上三叠统气藏动态成藏过程主要表现为晚侏罗世沉积期，须一段、须三段烃源岩进入生烃门限，开始有少量油气生成并进入须家河组储层成藏，整个白垩纪是须家河组烃源岩生排烃高峰，是油气大量生成与成藏的阶段。根据成藏年代分析，晚侏罗世至晚白垩世这个阶段的成藏过程又可以进一步划分为两个主要的成藏阶段，第一阶段为晚侏罗世至早白垩世，第二阶段为晚白垩世，第二个阶段是研究区最主要的成藏时期。晚白垩世末期进入喜马拉雅期，由于强烈的构造运动作用，之前形成的油气藏发生调整，形成了川中地区现今上三叠统气藏的分布模式(图6-20)。

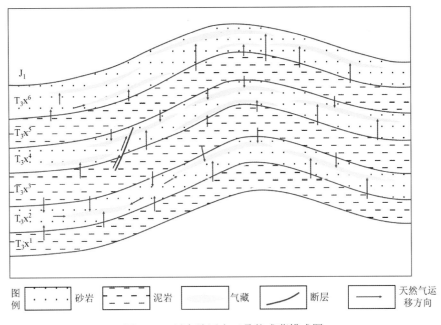

图6-20 川中地区上三叠统成藏模式图

川南地区上三叠统圈闭类型主要为构造圈闭与构造-岩性圈闭，因此该区构造圈闭是最为重要的圈闭类型，尤其又以背斜圈闭最为发育，所以研究区气藏主要为构造与构造-岩性气藏，背斜气藏最为发育。气藏成藏过程表现为晚侏罗世须家河组烃源岩进入早期生烃阶段，生成的少量油气进入储层成藏，同时可能伴有部分下伏海相地层天然气沿断层进入上三叠统储层成藏；白垩系须家河组烃源岩达到生排烃高峰阶段，油气生成量大，并进入上三叠统储层成藏，同时该阶段也可能有部分下伏海相地层天然气进入上三叠统气藏；喜马拉雅期的强烈构造运动，使得须家河组烃源岩生烃活动停止，晚侏罗世与白垩系所形成的部分气藏通过断裂进行调整，下伏海相地层气藏天然气通过断裂进入上三叠统气藏，形成了现今研究区上三叠统气藏的分布模式(图6-21)。

6.2.2 侏罗系气藏成藏模式

6.2.2.1 烃源断层成藏模式

侏罗系蓬莱镇组和沙溪庙组等多数气藏属于具有断裂、相对高孔渗等高速运移通道的远源气藏。成藏主控因素包括"断裂是成藏的关键"、"有利岩相带与微裂缝发育带的有效组合是气藏高产的关键"，强调烃源断裂的有无以及在断裂上倾方向储层的质量和侧向封闭条件，主要成藏模式如图6-22所示。这类气藏的烃源岩主要来自下部须家河组及其深部地层，从川西坳陷断裂发育特征看，主要是须五段和须四段中的烃源岩提供气源；储层为纵向上远离烃源岩层的侏罗系、白垩系相对高孔渗砂岩。储层与烃源岩层间有厚大的泥页岩盖层封隔；盖层为侏罗系和白垩系中发育的泥页岩。当断裂沟通烃源岩和上部高孔渗砂岩时，气源首先沿着断裂、裂缝进入与断裂相接或者邻近断裂的砂岩后，借助高孔渗砂岩横向运移聚集成藏，气层分布具有明显的成层性，其分布主要受高孔渗砂岩的分布控制，如果砂岩致密，即使这些砂岩位于构造高部位，也不能富集天然气，同时当高孔渗砂岩四周被厚大泥页岩层封隔时，这些高孔渗砂岩中往往充气度不高，甚至为水层。在远离沟通烃源岩深大断裂地区，如果有次一级断裂、裂缝与这些主断裂相交，则次一级断裂也可以成为沿大断裂运移上来气源的多分支运移通道，使得远离大断裂发育的相对高孔渗砂岩成藏。

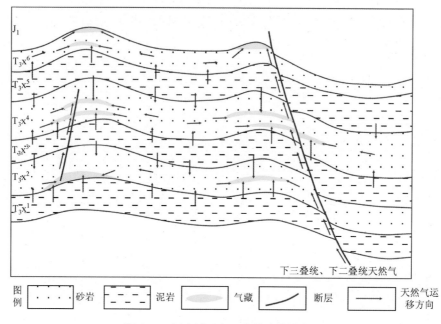

图 6-21　川南地区上三叠统成藏模式图

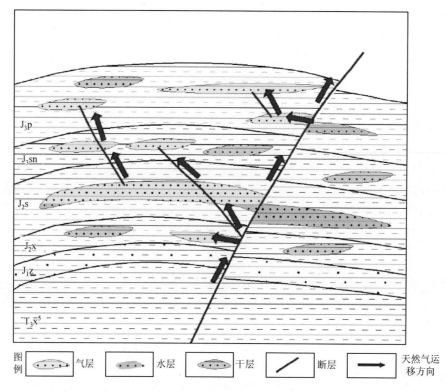

图 6-22　烃源断层成藏模式图

6.2.2.2 幕式成藏模式

侏罗系下部的白田坝组、下沙溪庙组气藏多数气藏属于这类远源气藏，其主要成藏模式如图6-23所示。气藏烃源岩主要来自邻近的须五段；储层为纵向上距离这些烃源岩层不远的白田坝组、下沙溪庙组高孔渗砂岩，在这些层段一般发育沙溪庙组最好储集性砂岩，如孝泉下沙溪庙组气藏储层；盖层为下沙溪庙组和上沙溪庙组之间的泥页岩。运移通道主要是孔隙和裂缝。这类气藏由于纵向上距离烃源岩层不远，且一般在这些烃源岩的生排烃高峰期有适时构造隆起，因此下部的气源可以通过垂向运移进入上部的高孔渗砂岩，但由于储层与烃源岩层之间发育泥页岩，所以天然气进入储层的阻力大，往往导致天然气的充满度不高，有时表现为气水同产。

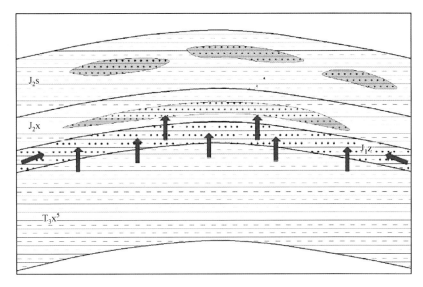

图6-23 幕式成藏模式图

6.3 四川盆地陆相大中型气田富集规律

6.3.1 四川陆相盆地大中型油气田分布特征

四川盆地上三叠统天然气勘探始于20世纪50年代，勘探历史悠久，勘探成果显著，已发现有利勘探区面积约 $10 \times 10^4 km^2$，天然气资源量约 $3.5 \times 10^{12} m^3$。勘探结果表明，上三叠统气藏主要分布在上三叠统须二段、须四段、须六段，已发现了中坝、孝泉、新场、合兴场、洛带、邛西、平落坝、大兴西、石龙场、广安、八角场、磨溪、卧龙河、普光等多个气田(藏)。区域上主要集中分布在川西地区(18 个)与川中地区(12 个)，川南地区有一定的上三叠统气田分布(7 个)，但储层厚度与气藏规模均较小，川东地区须家河气藏最少(2 个)，且产层多为某一含气层段，储层厚度和气藏规模也很小，如卧龙河气田层。因此四川盆地上三叠统碎屑岩油气藏分布规律为川西地区最发育，其次为川中地区，再次为川南地区，川东地区最少。大中型气田分布规律类似，四川盆地碎屑岩须家河组气藏主要分布在川西坳陷、川中隆起及川东北高陡构造带等地区，业已发现新场、广安、合川、安岳等大中型气田(图6-24)。

四川盆地侏罗系气藏的发现与开采，始于1977年在川西坳陷南段的大兴西构造发现的四川盆地侏罗系第一个气藏——大兴西气藏，经过几十年的不断研究探索，四川盆地侏罗系油气勘探已取得了可喜的成就。已发现资源量 $2752.03 \times 10^8 m^3$，尚待发现资源量 $3698.57 \times 10^8 m^3$(刘文龙，2007)，油气资源相当可观，展示了四川盆地侏罗统天然气勘探的巨大潜力与良好前景。到目前为止，在四川盆地

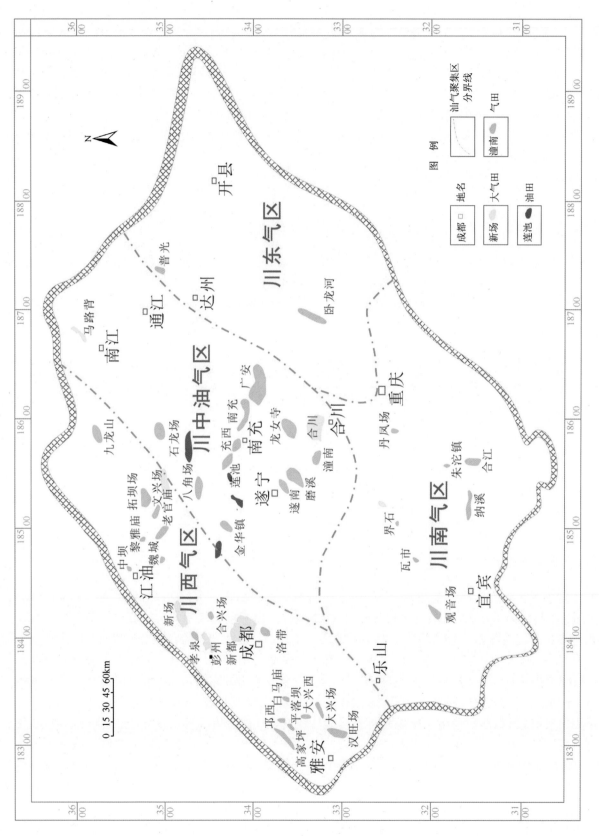

图 6-24　四川盆地碎屑岩层系大中型油气田分布图

已发现了白马庙、新场、洛带、苏码头、合兴场、平落坝、八角场、渡口河、福成寨等多个侏罗系气藏，气层主要分布于下侏罗统大安寨段、中侏罗统沙溪庙组、上侏罗统遂宁组、蓬莱镇组。从气藏区域分布特征来看，主要集中分布在川西地区和川中地区，又以川西地区为主，川东地区较少，川南地区未发现侏罗系气藏。侏罗系大中型油气田也主要分布在川西坳陷，目前已发现新场、新都、洛带、马井等多个大中型气田。

因此，四川盆地陆相致密碎屑岩油气藏分布规律总体表现为纵向上，天然气藏分布以须家河组为主，新场、广安、合川、安岳等大型气田主力产层为须家河组地层；其次为侏罗系的沙溪庙组、蓬莱镇组以及遂宁组，目前已发现新都、洛带、马井、九龙山等中型气田；白垩系气藏相对最少；平面上，川西地区陆相致密碎屑岩领域均有气藏发育，川中地区仅 T_3—J 有气藏发育，川南地区仅 T_3 有气藏发育，川东地区仅 T_3—J 有气藏发育；整体气藏数量，川西地区最多，其次为川中地区，再次为川南地区，川东地区相对最少。气藏的分布规律主要受烃源岩发育特征和烃源岩品质、油气保存条件等因素控制。

6.3.2 烃源岩与大中型油气田成藏富集的关系

从四川盆地上三叠统和侏罗系烃源岩的分布、烃源岩的生烃强度与大中型气田的关系来看，大中型油气田主要分布在生烃中心及其周缘，具有较明显的源控性。

1. 大中型油气田主要分布在生烃中心及其周缘，具有较明显的源控性

1)上三叠统大中型气田主要位于上三叠统源岩生烃中心及周缘

四川盆地上三叠统须家河组是一套以含煤碎屑岩系为主的地层，其中马鞍塘组、小塘子组、须三段和须五段为主要烃源岩，此外在以储集岩为主的须二段、须四段中夹部分泥页岩也是高效烃源岩。总体上，上三叠统烃源岩厚度大、展布广，有机质丰度高、品质较好，这些烃源岩在地史演化过程中生成丰富的天然气，为本地区须家河组天然气藏的形成提供必备的气源条件。从平面上看，上三叠统须家河组烃源岩展布西厚东薄，其中，川西坳陷最厚，厚度多大于 400m，最厚达 1200m 以上；从川西坳陷向东烃源岩厚度逐渐减薄，川东地区厚度一般小于 100m；生烃中心位于川西坳陷。

四川盆地上三叠统须家河组纵向上可分为须家河下部成藏体系和上部成藏体系，其中，上部成藏体系又可分为上部须四段成藏体系和上部须六段成藏体系，须家河下部成藏体系的烃源主要来源于须二段，而须二段的生烃中心位于川西坳陷中部，因此，下部成藏体系的气田主要分布在川西地区。须家河上部须四段、须六段成藏体系的烃源主要分别来源于须三段和须五段，由于须三段和须五段的生烃中心逐渐向东迁移，因此，其油气田的分布也有向东移的趋势，主要分布在川西坳陷与川中隆起过渡的斜坡带上和川中隆起带上。

2)川西地区中上侏罗统气田的分布受控于上三叠统须家河组烃源岩的分布

川西地区下侏罗统因储集条件和烃源条件均较差，成藏配置不佳，故其侏罗系气田主要分布于中上侏罗统，其中上侏罗统油气成藏体系的烃源主要来源于上三叠统须五段，为烃源断层控制的异源成藏模式，因此，其油气田的分布与上三叠统烃源岩的分布有密切的关系。

3)川中—川东北地区中下侏罗统油气田的分布主要围绕中下侏罗统生烃中心分布

川中—川东北地区中下侏罗统成藏体系主要为自生自储的油藏。目前，在四川盆地内已发现的中下侏罗统油气田主要分布于川中—川东北地区，油气田的分布主要围绕中下侏罗统生烃中心分布。侏罗系烃源岩主要发育于下统自流井组和中统千佛崖组，生烃中心位于川东北地区。下侏罗统烃源岩主要为一套浅湖-半深湖相泥质岩。纵向上烃源岩主要分布在大安寨段，次为东岳庙段和珍珠冲段。平面上，下侏罗统烃源岩生烃中心位于川东北地区，烃源岩的展布具有东厚西薄的特征，川东北地区阆中、达县、万县一带最厚，厚度多大于 150m，最厚达 250m；向西烃源岩厚度减薄，川西地区厚度一般小于 60m。

2. 大中型油气田主要分布在生烃强度≥$20×10^8 m^3/km^2$ 的生烃区域

四川盆地陆相地层已发现的主要油气田与生烃强度图的叠合可见，上三叠统和侏罗系大中型油气田的分布与生烃强度有着密切的关系，上三叠统和侏罗系大中型油气田主要分布在生烃强度≥20×

$10^8 m^3/km^2$ 的区域内(图6-25~图6-27),从而进一步说明了大中型油气田主要围绕生烃中心及其周缘分布,具有较明显的源控性。

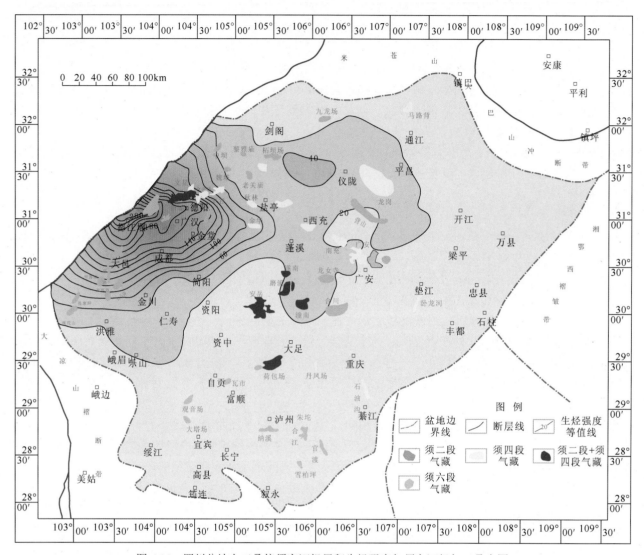

图 6-25　四川盆地上三叠统须家河组累积生烃强度与须家河组气田叠合图

6.3.3　沉积相与大中型油气田成藏富集的关系

6.3.3.1　沉积相带控制烃源岩分布——为天然气成藏提供物质

烃源岩的发育及分布为盆地内的油气形成提供了物质基础,其分布控制了成藏区带(烃源控论)。四川盆地须家河组累积烃源岩厚度大,生烃强度高。

其中,主要的烃源岩发育层段为马鞍塘、须三段和须五段的泥岩及碳质泥岩。通过对须家河组泥质烃源岩和煤层厚度的统计分析,可以发现,烃源岩的发育与沉积相关系密切,其分布主要受控于湖相的展布范围。

6.3.3.2　沉积相控制储层的发育——决定气藏发育层位

储层发育是形成油藏的关键因素,而储层发育明显受沉积相控制。沉积相的控制作用主要表现在以下几个方面。

1. 控制储集体的成因类型

四川盆地上三叠统—白垩系巨厚的充填地层，是在龙山门推覆构造带和北缘大巴山-米仓山推覆构造带多期次挤压推覆以及盆地沉降的背景下发育的一套碎屑岩，期间经历了从温热湿润到炎热干燥等气候条件，沉积序列在垂向上表现为不同沉积环境的多个旋回。从沉积成因来看，四川盆地碎屑岩从盆缘向湖总体属于冲积扇-河流-三角洲-湖泊相，不同沉积相带发育不同的砂体类型。因此，主要的储集砂体类型为滨岸砂、三角洲平原分流河道、三角洲前缘水下分流河道、河口坝砂体等砂体类型。

2. 控制储集砂体的物性特征

四川盆地上三叠统—白垩系沉积具有多物源、多沉积体系、相带从周缘向盆内展布的特点，在盆地内发育了多种成因类型的储集砂体。不同沉积环境发育的岩石类型及其经历的成岩环境存在显著差异，因此，通常体现为不同沉积环境发育的储集砂体类型的储层其物性相应存在巨大差异(图6-28)。

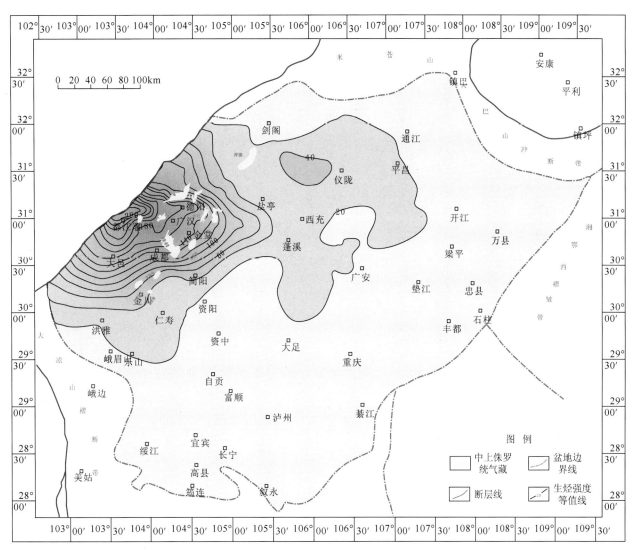

图6-26 四川盆地上三叠统须家河组累积生烃强度与中上侏罗统气田叠合图

统计结果表明，四川盆地碎屑岩储层发育多种砂体类型，其中三角洲前缘水下分流河道砂体为最有利的砂体类型，其平均孔隙度为9.35%，渗透率为0.32mD；其次为水上分支河道、河口坝与滨湖砂坝砂体。

3. 控制砂体的平面分布特征

从沉积特征来看，四川盆地从盆缘向盆内依次发育冲积平原—三角洲平原—三角洲前缘—湖泊沉积。其中由于多物源且物质供给丰富，作为有利储集砂体发育的三角洲前缘相带在湖盆内叠置连片，受控于此，储集砂体的平面分布也继承了相似特征（图6-29、图6-30）。

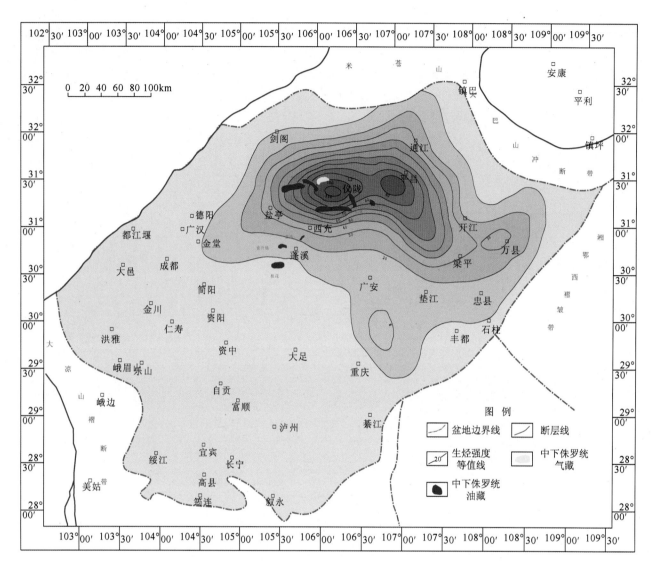

图6-27　四川盆地中下侏罗统累积生烃强度与中下侏罗统油气田叠合图

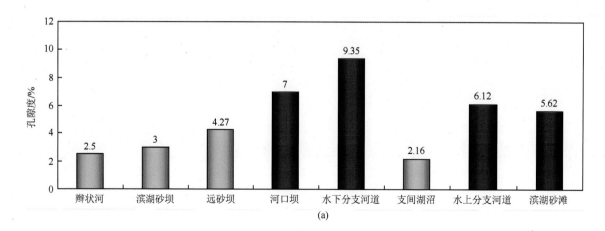

(a)

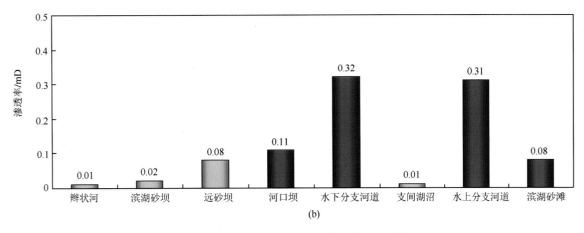

图 6-28 四川盆地碎屑岩储层不同沉积微相砂体的物性特征

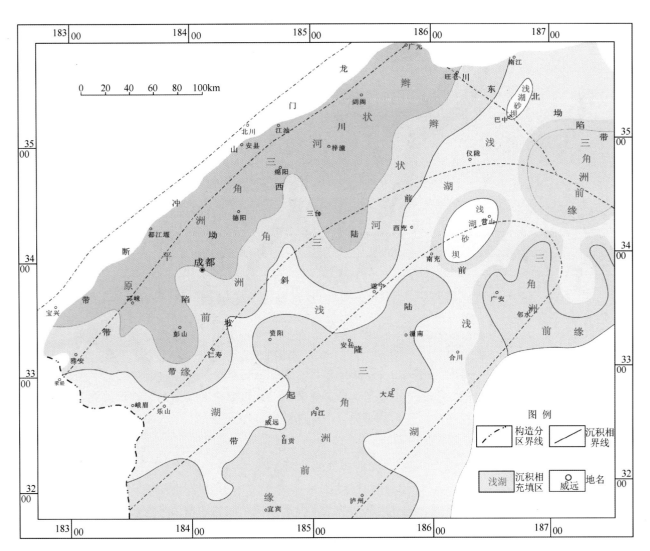

图 6-29 川西坳陷前陆盆地须家河组须二段沉积相展布图(戴朝成, 2011)

6.3.3.3 大中型油气田均位于三角洲前缘亚相

沉积相时空演化与展布不仅控制了储层发育, 而且控制了烃源岩发育及盖层发育; 相序演化控制了生储盖组合特征及内部结构。因此, 沉积相带决定了油藏分布范围。

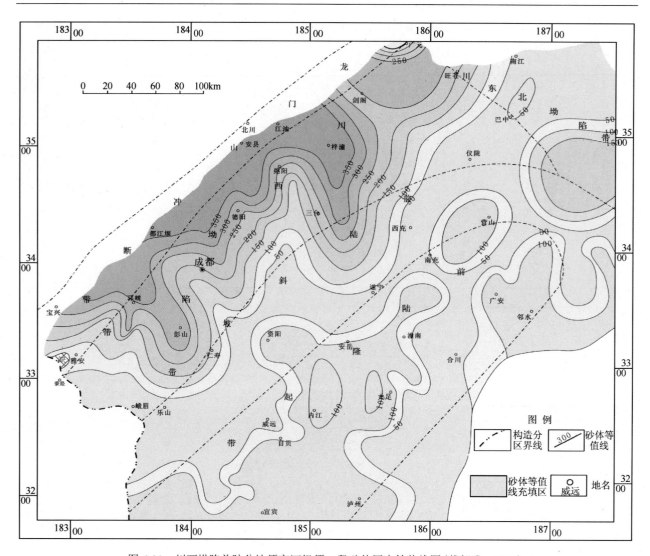

图 6-30　川西坳陷前陆盆地须家河组须二段砂体厚度等值线图(戴朝成, 2011)

四川盆地在上三叠统—白垩系的沉积演化过程中, 由于受到龙门山与大巴-米仓山构造带的影响, 物质供给丰富, 并且有多个物源方向, 三角洲平原-三角洲前缘砂体在湖盆内广泛发育, 叠置连片呈近环带状, 砂体连续性好, 大规模分布的砂体为油藏形成提供了有利储集条件。无论何种储集体类型, 沉积相带明显控制储层物性分布范围, 也最终控制了油藏分布范围。从目前已获气藏的发育特征来看, 发育气藏的沉积相带类型较多, 冲积平原、三角洲平原、三角洲前缘等均有分布, 但大中型气藏均位于三角洲前缘相带。

6.3.3.4　沉积相控制圈闭的类型

油气藏最终形成是靠圈闭条件。四川盆地三叠系—白垩系沉积演化过程中, 由于多次的湖侵和三角洲的建设作用, 形成了多样性的成藏组合, 不同区块具有不同的生、储、盖配置关系。其中须家河组须一段、须三段、须五段烃源岩, 累积烃源岩厚度大, 生烃强度高, 具备形成大气区烃源基础; 与之匹配的须二段、须四段、须六段广泛发育分流河道、河口砂坝沉积, 其中三角洲分支河道水体能量强, 原生粒间孔隙发育, 而绿泥石包壳的形成有利于保存原生孔隙, 后期次生溶蚀孔发育, 储层普遍较好, 因此高孔储层带是天然气富集带; 前陆盆地结构宏观上控制了气藏类型, 川西地区前陆冲断带、凹陷以构造型、岩性-构造型气藏为主, 前陆斜坡带则以岩性、构造-岩性复合型气藏为主。

6.3.4 构造及其演化与大中型油气田成藏富集的关系

四川盆地的构造在其形成和演化过程中，往往伴随着油气的生成、运移和聚集，盆地中油气的时空分布规律受盆地形成和演化过程中的构造作用所控制(图6-31)。可以说构造与油气藏有着十分紧密的联系。

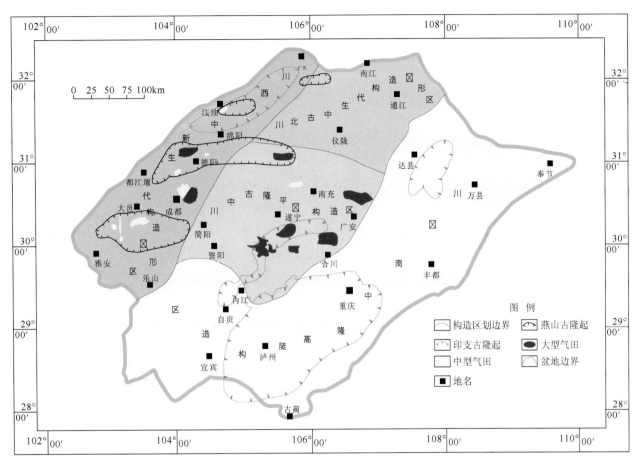

图6-31　四川盆地构造形变与大中型油气田关系图

现今的四川盆地是在震旦系—中三叠统海相克拉通盆地的基础上，经印支期构造活动转化为中新生代陆相前陆盆地，再经喜马拉雅期褶皱变形而形成的构造盆地。在长期的地史演化过程中，构造对油气的形成和富集具有重要的控制作用，表现在以下几个方面。

1. 基底结构对盆地构造格局及宏观含油气性的控制

四川盆地基底结构具有明显的分区特性，川中地区为刚性基底，其东西两侧的川东地区及川西地区为柔性基底。这种基底结构方面的差异性控制了盆地盖层的构造格局，即川中地区表现为多期继承性隆起发育区；川东地区及川西地区则为长期沉降的坳陷区。坳陷区是沉降中心，往往也是沉积中心，其沉积厚度大，有利于有机质富集、保存和向油气转化。隆起区沉积厚度相对较小，生油条件不如坳陷区，但常常是白云岩化、浅滩、古岩溶等有利储集体及地层超覆与尖灭的发育区，是油气聚集的有利场所，同时也是油气运移的重要指向区。此外，与坳陷区相比，相同地层在隆起区埋深较浅，油气演化程度相对较低，因而比坳陷区更容易富油少气。

四川盆地一隆两坳的构造格局，决定了不同构造区含油气性质的差异，如川中地区古隆起区以侏罗系油藏为主；大中型海相气田主要分布于川东地区、川东南地区至川南地区这一弧形区域，其产层主要为震旦系—中三叠统白云岩；而川西地区主要含气层位为上三叠统—侏罗系陆相碎屑岩地层。

2. 多旋回构造演化导致了多套生、储、盖组合发育

四川盆地是特提斯构造域巨型油气富集带中一个大型古生代—中新生代海相-陆相叠合盆地。受周

缘山系多期次构造变形的影响，盆地的演化明显具有多期次性。前已述及根据盆地沉积和构造演化特征，四川盆地的演化可分为六个阶段。盆地每一阶段的演化与龙门山、米仓山-大巴山的活动都密切相关，当龙门山强烈活动时，沉降迅速；当米仓山-大巴山强烈活动时，相对稳定。在快速沉降期，形成了良好的烃源岩和储集岩，如在晚三叠世小塘子期至须家河时期，沉积了以煤系地层为主的须三段和须五段，它们是盆地最主要的烃源岩；沉积了以砂岩为主的须二段和须四段，它们是盆地重要的储集岩；晚侏罗世蓬莱镇期沉积了多套砂岩，是川西地区浅层最重要的产层。在相对稳定期，物源供给有限，表现为湖沼相，以泥质沉积为主，形成了良好的区域盖层，如中侏罗统千佛崖组和上侏罗统遂宁组。多期次的构造运动和适度的变形为油气运移、聚集和圈闭的形成打下了良好的基础。

(1)构造升降的多旋回性与海平面变化共同作用，导致沉积作用具有多旋回特征，形成了震旦系、寒武系—下奥陶统、中上奥陶统—志留系、泥盆系—石炭系、二叠系—中三叠统、上三叠统—古近系、新近系—第四系等多个巨层序(刘和甫等，2006)，为纵向上多套生储盖组合的形成及多个含油气层系的发育，提供了基本条件。

(2)构造上的多旋回性导致盆地在长期地史演化过程中出现多期不整合面和沉积间断，有利于与不整合面有关的地层超覆尖灭圈闭及古岩溶等储集体的形成，丰富了圈闭和储层的类型。

(3)多旋回的构造拉张、挤压活动是不同产状的裂缝储集空间得以形成的重要前提，有利于形成复杂的裂缝系统。

四川盆地绝大多数含气储层均发育不同程度的裂缝，表现为裂缝型或裂缝-孔隙型储层。川西地区须二段是以裂缝为储渗主体的储层，储层中空间展布十分复杂，具有高度非均质性的裂缝网络。这些以高角度构造裂缝为主的裂缝网络十分有利于地下水的活动，从而沿裂缝网络形成了大量的溶蚀孔洞，它们与裂缝共同构成了裂缝型储集空间的储集体——裂缝系统。在裂缝系统中，裂缝决定着储集体的空间展布，决定了储层中储集空间的有效性，维系着裂缝系统中流体的渗流。裂缝分布在低孔、低渗的碳酸盐岩中，纵向上以泥质岩类、膏盐类为盖层，横向上则以致密岩体构成封闭。裂缝系统的形态极不规则，裂缝的尖灭处往往是系统的边界。裂缝的分布和延伸方向与构造形态和断层展布密切相关，裂缝网络沟通的程度决定了流体渗流的差异，裂缝网络沟通的范围决定了裂缝系统的大小。

3. 多期构造活动决定了油气成藏的多期性

前已提及四川盆地发育多套烃源层，在多期构造运动的影响下，多套烃源岩在空间上的叠加与生烃演化的多样性，使得四川盆地往往具有多期成藏的特点。多期成藏、晚期定型是四川盆地气藏形成的主要模式(张水昌和朱光有，2007)。四川盆地的多期成藏是由于一套或多套烃源层受多期构造运动的影响导致多期成熟排烃的结果，油气藏混源现象比较普遍；强烈的喜马拉雅期构造运动，使早期形成的油气藏发生调整再分配，为晚期成藏提供了圈闭条件。

4. 断裂对油气藏的建设和破坏作用

断裂对油气藏具有建设与破坏的双重作用。一般来说，未断至地表的断层及其派生的裂缝常对油气藏的形成和产出起建设性作用。内部发育的断裂可改善特低孔渗性储层的渗滤通道，促使油气运集成藏，甚至直接形成裂缝性气藏；油气的产出也依赖这类断裂。断裂还常作为重要的疏导体系，如川西坳陷自上三叠统断至侏罗系的断裂更是侏罗系中天然气成藏至关重要的条件，它沟通了烃源与侏罗系储层之间的联系(油源断裂)，使本区无生烃条件的侏罗系也得以有油气藏形成并保存下来。钻遇这种断裂时，油气产量往往也较高。

断裂对油气藏的破坏作用常体现在其对油气藏保存条件的控制。一般而言，"通天"断层及其派生的裂缝对油气的破坏作用较大。可使大量油气沿其运移溢出地表散失。但早期形成的此类断裂，随着埋深的增加，时间的增长，它可能从开启性转化为封闭性，或者当断层的两盘是储集层与可起封堵作用的泥、页岩对接时，则在断层附近的圈闭中可能有气藏形成和保存。

天然气保存条件常取决于断层的规模及其所发育的构造部位。例如，川东地区在喜马拉雅构造运动时期受力极强，形成了众多高陡构造带及成排分布的潜伏构造，其油气保存条件千差万别，油气充满程度高低不一，最终都归结于断层的规模及其分布。首先是断层的规模大小。那些未断开区域盖层的中小型断层虽对直接盖层造成了破坏，使原有油气发生散失，但散失量有限，且多分布于区域盖层之下的断层附近部位，并形成异常高压带。而大型断裂往往使区域盖层遭到破坏，使其下伏岩层中的油气得不到区域盖层的有效封盖而散失。

5. 裂缝控制着天然气的富集高产

对于深埋藏的须家河组储层来说，大量的具有良好孔隙度的储层以及较广泛的有利成岩相存在，是形成须家河组规模气藏的储层储备。但由于须家河组埋深普遍较深，经历的成岩演化极为复杂，使得大量具备良好储集空间储层的渗透能力较差，这些储层在适当条件下若得到裂缝的有效改善，将对改善储层渗流性、释放储层中已经聚集的烃类、成为工业性甚至高产气藏十分有用。因此后期规模裂缝通过对储层渗流性的改善，进而形成高产有关键作用。燕山期至喜马拉雅期，在周边造山作用的影响下，四川盆地经历了较长时间的挤压褶皱变形，形成了规模较大的背斜、断鼻及伴生的断裂，这些断裂和网络裂缝，既改善了储集空间，也提供了渗流通道，对于油气运移和聚集具有重要的作用，许多工业气井或高产气井，皆与断裂、裂缝有密切关系。

6.3.5　古隆起与大中型油气田成藏富集的关系

四川盆地古隆起控制成藏的地质因素归纳起来主要有以下几个方面。

(1)古隆起是油气运移的指向地区，有利于捕集油气。古隆起是盆地内流体的低势场区，流体的流动均遵循由高势区流向低势区的规律，故古隆起是油气运移的首选地区，因而最有利于油气的捕集。特别是那些继承性发育的古隆起更显突出，如乐山-龙女寺古隆起、泸州-开江古隆起。

(2)古隆起是有效储层的发育区，有利于储集油气。古隆起一般都曾遭受一次至多次的侵蚀，经受过较强烈的淋滤及溶蚀作用，致使致密的储层被改造成为有效储层——"储渗体"，如川中地区古隆起。对碎屑岩储层，因古隆起受到的机械压实和成岩作用相对较弱，故储集性能较好，如川西地区燕山期古隆起。

(3)古隆起是古圈闭的形成区，有利于聚集油气。古隆起在其形成和发育过程中，通常都会在其顶部或围翼(斜坡带)形成多种类型的圈闭，如背斜圈闭、断背斜圈闭、构造-岩性圈闭、地层圈闭等。这些古圈闭最有利于早期油气的聚集。这些古圈闭还常常会受到后期构造运动的叠加改造，形成古今构造叠合型圈闭，如古构造-岩性型圈闭、古构造-成岩型圈闭、古构造-裂缝型圈闭等聚集油气有效性高，但识别难度大的隐蔽圈闭，如川西地区燕山期古隆起、开江古隆起等。此外，古隆起是盆地地应力集中的地区，后期的构造运动容易使其地层产生褶曲和断裂而形成与断层相关的构造圈闭。

(4)古隆起的古圈闭形成期与生排烃期配置关系好，有利于早期聚集成藏。纵观古隆起及其伴生的古圈闭，特别是那些地层型和岩性型圈闭，它们的形成时期都早于或等同于烃源岩的生排烃高峰期，故可以适时地聚集油气，形成早期的油气藏，如川西地区龙门山北段的中坝构造。中坝气田须二段气藏获得探明储量 $100 \times 10^8 m^3$，可采储量 $60 \times 10^8 m^3$；雷三气藏获得探明储量 $86.3 \times 10^8 m^3$，可采储量 $70.4l \times 10^8 m^3$。中坝须二段气藏含气面积 $24.5 km^2$，气藏高度 546m，远大于现今须二段顶面构造圈闭面积 $8.75 km^2$，闭合度高度 260m。显然，须二段气藏不受今构造的控制，而受古构造制约。中坝构造为典型的印支晚期形成的古构造，侏罗纪前中坝须家河组二段顶面古构造圈闭面积达 $20.5 km^2$，闭合度 292m，与气藏含气面积大致相当，说明古构造对油气成藏起了重要作用。

(5)目前所发现的大中型油气田绝大多数分布在印支期、燕山期古隆起带或紧邻古隆起地带(图 6-32)。因此古隆起与大中型油气田的形成关系密切。

6.3.6　封盖条件与大中型油气田成藏富集的关系

1. 优质盖层的分布控制着天然气藏的分布与富集

国内外学者研究表明，各类岩性的封盖能力依次为盐岩→膏盐→页岩→泥岩→其他岩性。盐岩和泥质岩属于塑性岩类，在构造应力作用下会产生塑性变形，不易破裂，封盖性强。膏岩层的可塑性和封闭性均优于泥质岩类。砂岩、碳酸盐岩等属于刚性岩类，在构造应力作用下会产生脆性，封盖性相对最差。四川盆地膏盐岩盖层主要分布在中下三叠统中，因此，在上覆陆相层系几乎未发现来自海相源岩的气藏，反映中下三叠统优质盖层对海相天然气分布的控制。而四川盆地上三叠统—侏罗系主要为一套含煤的砂泥岩地层，其泥质岩厚度大，分布稳定，对其下伏砂岩中的油气具有良好的封盖能力。

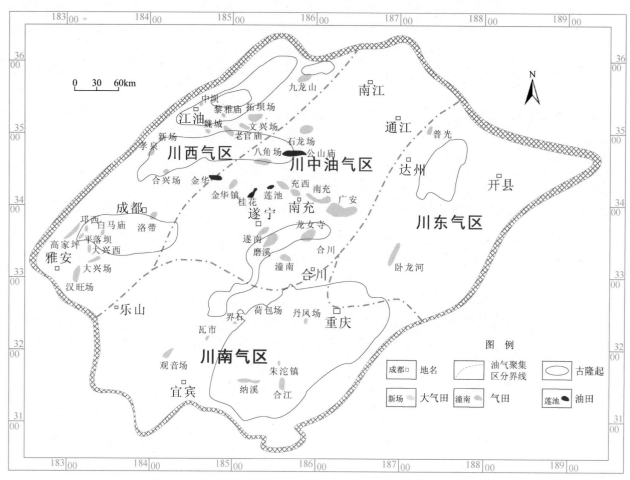

图 6-32　四川盆地古隆起与大中型油气田关系图

2. 盖层封闭能力形成期与源岩大量排烃期的配置关系控制着天然气的运聚成藏期

根据郝石生(1995)的研究结果表明，泥质岩的封闭性与其成岩阶段有着明显的对应关系(图 6-33)，在中成岩阶段 B 期，泥岩出现异常压实，经过正常压实阶段的泥岩，变得比较致密，由于岩层顶底压实率大，造成大量新生流体的排出受到阻滞，所以压实成岩速度变缓。在这种情况下，泥岩的孔隙度较正常压实的泥岩要高。泥岩中的孔隙水因骨架颗粒——膨胀性黏土的可缩性和体积收缩而承受上覆地层的一部分负荷，从而产生了较正常泥岩内部孔隙流体高的异常压力。欠压实、高孔隙度的泥岩封闭油气的机理不是毛细管压力封闭作用，而是异常压力的封闭作用。具异常压力封闭的泥岩相对依靠毛细管压力封闭的泥岩具更强的封闭能力，自晚成岩阶段早期以后，泥岩开始进入紧密压实阶段。随着泥岩内欠压实作用的进行，内部流体压力增高，当异常压力增加超过了泥岩弹性限度时，便产生微裂隙。微裂隙的产生使泥岩中高压流体排出，岩层密度增大。地层欠压实消失时表现为泥岩层内流体压力降低和邻近砂层中流体压力升高，两者之间的压力逐渐趋于平衡。尽管泥岩内仍具有相对较高的地层压力系数，但由于砂泥岩之间不具压力差或压力差很小，也就不存在欠压实阶段的那种压力封闭。泥岩中垂直微裂缝的产生使泥岩封闭性较前变差。

从四川盆地上三叠统—侏罗系的泥质岩成岩演化过程来看，T_3x^3—T_3x^4—T_3x^5 油气成藏组合中泥质岩在中侏罗世末期进入中成岩阶段 A 期，现今多处于中成岩阶段 B 期—晚成岩阶段。因此，四川盆地上三叠统—侏罗系的泥质岩具有良好的封盖能力。

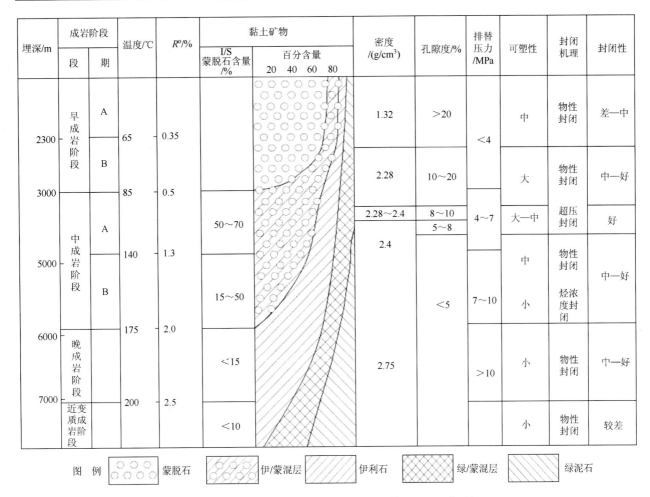

埋深/m	成岩阶段		温度/℃	R^o/%	黏土矿物		密度 /(g/cm³)	孔隙度/%	排替压力 /MPa	可塑性	封闭机理	封闭性
	段	期			I/S 蒙脱石含量 /%	百分含量 20 40 60 80						
2300	早成岩阶段	A	65	0.35			1.32	>20	<4	中	物性封闭	差—中
3000		B	85	0.5			2.28	10~20		大	物性封闭	中—好
	中成岩阶段	A	140	1.3	50~70		2.28~2.4	8~10	4~7	大—中	超压封闭	好
							2.4	5~8		中	物性封闭	中—好
5000		B			15~50			<5	7~10	小	烃浓度封闭	
6000	晚成岩阶段		175	2.0	<15		2.75		>10	小	物性封闭	中—好
7000	近变质成岩阶段		200	2.5	<10					小	物性封闭	较差

图 例　　⌀⌀⌀ 蒙脱石　　▨ 伊/蒙混层　　▧ 伊利石　　▨ 绿/蒙混层　　▨ 绿泥石

图 6-33　泥质岩封闭性演化模式(郝石生等，1995，修改)

前人研究表明，川西地区 T_3x^3—T_3x^4—T_3x^5 油气成藏组合中烃源岩的生排烃高峰期主要有 T_3x^5、J_2s 和 J_3p 三个时期，在前两个生排烃高峰期须五段泥岩处于中成岩阶段 A 期，其泥质岩孔隙度与须四段储层孔隙度大致相当，不具备封盖能力(表 5-8、表 6-7)，到晚侏罗世蓬莱镇期，须五段泥质岩进入中成岩阶段 B 期，其泥质岩孔隙度降至 5% 以下，而此时正是须五段烃源岩的第三个生排烃高峰期，因此，须四段储集层中的天然气被须五段泥质所封盖，形成有效气藏保存下来。

3. 断层断穿层位与部位控制着天然气的聚集层位与富集程度

从四川盆地上三叠统—侏罗系地层中的断层分布和切割层位来看，断层多为燕山期—喜马拉雅期形成的逆断层，绝大多数断层上、下多分别在须家河组的下部和中上侏罗统中消失(图 6-34)，除区域性的主干边界断裂外，向上断至白垩系的断层较少，因此上三叠统和下侏罗统生成的油气多在上三叠统和侏罗系富集成藏，与断层断穿层位及部位有着明显的关系。

表 6-7　孝泉、新场上三叠统成藏系统盖层孔隙演化史表

时期	T_3x^2	T_3x^3	T_3x^4	T_3x^5	J_1	J_2x	J_2s	J_3sn	J_3p	K	现今	地区
T_3m、T_3t—T_3x^2	51.2	26.8	18.1	14.5	13.4	11.4	8.7	7.1	3.6	2.2	2.2	新场
	51.2	24.5	15.1	11.7	11.2	9.8	7.6	7.1	3.4	2.4	2.4	孝泉
T_3x^3—T_3x^4			51.2	35.9	32.6	26.9	19.6	15.6	7.6	4.5	4.5	新场
			51.2	34.0	32.3	27.1	20.2	17.8	8.4	5.8	5.8	孝泉

注：各时期为该时期末，泥页岩孔隙度单位为%

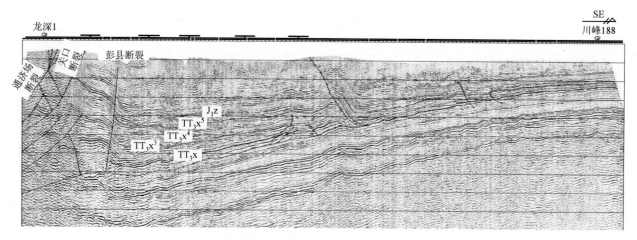

图 6-34　HuaLong L2 区域地震剖面解释

6.3.7　圈闭类型与大中型油气田成藏富集的关系

前已述及，四川盆地陆相碎屑岩层系圈闭主要有构造类、地层类以及复合类三种圈闭类型。从已发现的大中型气藏（表 6-8）来看，圈闭类型与油气成藏富集的关系也各有不同，但主要为岩性圈闭和构造-岩性圈闭，尤其是大型油气田。

表 6-8　四川盆地陆相碎屑岩层系大中型气田统计表

公司	探区	油气田名称	层位	圈闭类型	已提交探明储量	
					油/(10^4t)	气/(10^8m³)
中国石油化工集团公司	川西	新场	J、T_3x	构造-岩性		2045.22
		洛带	J_3p、J_3sn	构造-岩性		323.83
		马井	J_2s、J_3p	岩性		175.58
		新都	J_3p、J_3sn	岩性		175.32
	川东北	马路背	T_3x	岩性-构造		191.56
中国石油天然气股份有限公司	川西北	中坝	T_3x	构造		100
		邛西	T_3x	构造		323.25
		白马庙	J、T_3x	构造-岩性		268.72
	川中	八角场	J、T_3x	构造-岩性		341.12
		充西	T_3x	构造-岩性		136.35
		广安	T_3x	岩性		1355.58
		荷包场	T_3x	岩性		171.8
		合川	T_3x	岩性		2299.35
		桂花	J_1z	岩性	2413.00	
		金华镇	J_1z	岩性	1280.00	
		莲池	J_1z	岩性	1492.00	
		公山庙	J_1z	岩性	1612.68	
		中台山	J_1z	岩性	1320.68	

（1）构造类圈闭主要分布在不同时期构造运动形成的隆起带上，目前发现的大中型气田主要有中坝和邛西气田，其气藏规模主要受构造的闭合面积、闭合幅度大小来控制。圈闭规模越大，控制并捕集油气能力越强，成藏几率越高；反之，圈闭越小，捕集油气能力越低，成藏相对较难。

（2）地层圈闭主要分布在不同时期的有利储集相带或者有利成岩相发育区，气藏范围受优质储层分布范围所控制。①岩性圈闭：一般是由侧向沉积变化形成的圈闭，如沉积相变或尖灭等形成的圈闭。这种圈闭类型是四川盆地碎屑岩层系大中型油气田中一种主要的圈闭类型，其油气富集区与高能量环境关系密切，含气显示好的层段普遍具有相对较大的厚度，储层砂岩形成于相对较强的杂基含量少的水动力环境，且多为河道沉积和浅水环境中的湖相砂坝沉积，在沉积环境能量变弱的储层中一般无含气显示或显示级别低。②成岩圈闭：储层条件是形成圈闭的主要因素，储层储集性能的高低控制油气富集程度，气藏形态和规模主要受制于相对优质储层的分布状况。

(3) 复合圈闭是目前四川盆地碎屑岩层系大中型气田最主要的圈闭类型。其气藏规模影响因素较多，一般是由构造、地层、岩性、成岩等多种因素共同组合和共同作用。构造位置的高低控制含油气丰度，有利沉积相带和优质储层发育区控制气藏范围。

参 考 文 献

安凤山. 2002. 川西地区须家河组成藏机制探讨. 中国石化西南分公司深层勘探研讨会材料.

包世海, 范文芳, 党领群, 等. 2009. AVO 检测方法在广安气田须六段气层的应用. 天然气工业, 9: 39-41, 134-135.

卞从胜, 王红军. 2008. 四川盆地广安气田须家河组裂缝发育特征及其与天然气成藏的关系. 石油实验地质, 30(6): 585-590.

卞从胜, 王红军, 汪泽成, 等. 2009. 四川盆地川中地区须家河组天然气大面积成藏的主控因素. 石油与天然气地质, 30(5): 548-555.

蔡开平, 廖仕孟. 2000. 川西地区侏罗系气藏气源研究. 天然气工业, 20(1): 36-41.

曹庆英. 1985. 透射光下干酪根显微组分鉴定及类型划分. 石油勘探与开发, 5: 14-23, 81-88.

车国琼, 龚昌明, 汪楠, 等. 2007. 广安地区须家河组气藏成藏条件. 天然气工业, 27(6): 1-5.

陈国民, 刘全稳, 徐剑良, 等. 2006. 蜀南地区须家河组天然气赋存地质条件. 天然气工业, 26(1): 40-42.

陈世加, 付晓文, 沈昭国, 等. 2000. 塔里木盆地中高氮天然气的成因及其与天然气聚集的关系. 沉积学报, 18(4): 615-619.

陈世加, 马力宇, 付晓文, 等. 2001. 塔里木盆地海相腐泥型天然气的成因判识. 石油与天然气地质, 22(2): 100-101, 118.

陈义才, 蒋裕强, 郭贵安, 等. 2007. 川中地区上三叠统天然气成藏机理. 天然气工业, 27(6): 27-30.

陈宗清. 1990. 论川东地区侏罗系油气藏勘探. 石油与天然气地质, 11(3): 304-312.

程克明, 金伟明, 何忠华. 1985. 生油层定量评价方法研究. 科学通报, 6: 448-452.

程克明, 金伟明, 何忠华, 等. 1987. 陆相原油及凝析油的轻烃单体烃组成特征及地质意义. 石油勘探与开发, 14(1): 34-44.

戴朝成. 2011. 四川前陆盆地须家河组层序充填样式与储层分布规律研究. 成都: 成都理工大学博士学位论文.

戴金星. 1992. 各类天然气的成因鉴别. 中国海上油气(地质), 6(1): 11-19.

戴金星. 1993. 天然气碳氢同位素特征和各类天然气鉴别. 天然气地球科学, 2(3): 1-40.

戴金星, 戚厚发. 1989. 我国煤成烃气的 $\delta^{13}C$-R^o 关系. 科学通报, 9: 690-692.

戴金星, 宋岩. 1987. 煤成油的若干有机地球化学特征. 石油勘探与开发, 5: 38-45.

戴金星, 倪云燕, 黄士鹏. 2010. 四川盆地黄龙组烷烃气碳同位素倒转成因的探讨. 石油学报, 31(5): 710-717.

戴金星, 倪云燕, 邹才能, 等. 2009. 四川盆地须家河组煤系烷烃气碳同位素特征及气源对比意义. 石油与天然气地质, 05: 519-529.

戴金星, 裴锡古, 戚厚发. 1992. 中国天然气地质学. 北京: 石油工业出版社.

戴金星, 宋岩, 程坤芳, 等. 1993. 中国含油气盆地有机烷烃气碳同位素特征. 石油学报, 14(2): 23-31.

戴金星, 吴伟, 房忱琛, 等. 2015. 2000 年以来中国大气田勘探开发特征. 天然气工业, 35(1): 1-9.

邓康龄, 何鲤, 秦大有, 等. 1982. 四川盆地西部晚三叠世早期地层及其沉积环境. 石油与天然气地质, 3(3): 204-210.

邓祖佑, 王少昌, 姜正龙, 等. 2000. 天然气封盖层的突破压力. 石油与天然气地质, 21(2): 136-138.

杜敏, 陈盛吉, 万茂霞, 等. 2005. 四川盆地侏罗系源岩分布及地化特征研究. 天然气勘探与开发, 28(2): 15-17.

樊然学. 1999. 川西坳陷中段气藏天然气形成、运移的碳同位素地球化学证据. 自然科学进展, 9(12): 1126-1132.

樊茹, 邵辉, 贾爱林, 等. 2009. 川中广安须家河气藏气、水分布. 石油与天然气地质, 30(6): 732-739.

傅宁, 李友川, 刘东, 等. 2005. 东海平湖气田天然气运移地球化学特征. 石油勘探与开发, 32(5): 34-37.

刚文哲, 高岗, 郝石生, 等. 1997. 论乙烷碳同位素在天然气成因类型研究中的应用. 石油实验地质, 19(2): 164-167.

高岗, 黄志龙. 2002. 平落坝储层有机包裹体特征与气藏形成过程研究. 沉积学报, 20(1): 156-159.

高红灿. 2007. 四川盆地上三叠统须家河组层序—岩相古地理及砂体分布研究. 成都: 成都理工大学博士学位论文.

郝石生. 1995. 天然气藏的形成和保存. 北京: 石油工业出版社.

郝石生, 林玉祥, 王子文. 1994. 油气地球化学勘探方法与应用. 北京: 石油工业出版社.

何鲤. 1989. 四川盆地上三叠统地震地层划分与对比方案. 石油与天然气地质, 10(4): 439-446.

侯读杰，王培荣，林壬子，等.1989.茂名油页岩裂解气轻烃组成和热演化特征.石油天然气学报，11(4)：7-11.

胡国艺，李剑，李谨，等.2007.判识天然气成因的轻烃指标探讨.中国科学(D辑)，37(S)：111-117.

胡惕麟，戈葆雄，张义纲，等.1990.源岩吸附烃和天然气轻烃指纹参数的开发和应用.石油实验地质，12(4)：375-393.

黄第藩，刘宝泉，王庭栋，等.1996.塔里木盆地东部天然气的成因类型及其成熟度判识.中国科学，26(4)：365-372.

黄飞.1996.中华人民共和国石油天然气行业标准-陆相烃源岩地球化学评价方法.北京：石油工业出版社.

黄籍中，陈盛吉.1993.四川盆地震旦系气藏形成的烃源地化条件分析：以威远气田为例.天然气地球科学，4：16-20.

黄可可，黄思静，佟宏鹏，等.2009.长石溶解过程的热力学计算及其在碎屑岩储层研究中的意义.地质通报，28(4)：474-482.

黄世伟.2005.赤水及临区上三叠统须家河组沉积及含气特征探讨.成都：西南石油大学硕士学位论文.

黄世伟，张廷山，王顺玉，等.2004.四川盆地赤水地区上三叠统须家河组烃源岩特征及天然气成因探讨.天然气地球科学，15(6)：590-592.

黄世伟，张延山，王顺玉，等.2005.赤水地区上三叠统须家河组源岩特征及天然气成因.地球科学与环境学报，3：19-22.

黄思静，武文慧，刘洁，等.2003.大气水在碎屑岩次生孔隙形成中的作用——以鄂尔多斯盆地三叠系延长组为例.地球科学(中国地质大学学报)，28(4)：419-424.

黄思静，谢连文，张萌，等.2004.中国三叠系陆相砂岩中自生绿泥石的形成机制及其与储层孔隙保存的关系.成都理工大学学报(自然科学版)，31(3)：273-281.

黄志龙，柳广弟，郝石生.1997.东方1-1气田天然气运移地球化学特征.沉积学报，15(2)：66-69.

姜振强，徐波，潘伟义.2008.气藏与油藏储层孔隙度下限计算及对比研究——以辽河油田东部凹陷为例.石油天然气学报，30(5)：41-43.

蒋有录，查明.2006.石油天然气地质与勘探.北京：石油工业出版社.

蒋裕强，漆麟，邓海波，等.2010.四川盆地侏罗系油气成藏条件及勘探潜力.天然气工业，30(3)：22-26.

李登华，李伟，汪泽成，等.2007.川中广安气田天然气成因类型及气源分析.中国地质，5：829-836.

李广之.1999.轻烃地球化学场的形成和特征.石油与天然气地质，20(1)：65-68.

李广之，胡斌，邓天龙，等.2007.不同赋存状态轻烃的分析技术及石油地质意义.天然气地球科学，18(1)：111-116.

李建林，徐国盛，朱平，等.2007.川西洛带气田沙溪庙组储层成岩作用与孔隙演化.石油实验地质，29(6)：565-571.

李剑波，付菊，任青松，等.2010.四川盆地须家河组地层划分方案讨论.地层学杂志，34(4)：423-430.

李巨初，刘树根，徐国盛，等.2001.川西前陆盆地流体的跨层流动.地质地球化学，29(4)：72-81.

李嵘，吕正祥，叶素娟.2011.川西坳陷须家河组致密砂岩成岩作用特征及其对储层的影响.成都理工大学学报(自然科学版)，38(2)：147-155.

李嵘，张娣，朱丽霞.2011.四川盆地川西坳陷须家河组砂岩致密化研究.石油实验地质，33(3)：274-281.

李胜利，于兴河，陈建阳，等.2005.沾化凹陷R^o分布规律及影响有机质成熟度的因素.地质力学学报，3(1)：90-96.

李书兵，何鲤.1999.四川盆地晚三叠世以来陆相盆地演化史.天然气工业，(B11)：18-23.

李伟，邹才能，杨金利，等.2010.四川盆地上三叠统须家河组气藏类型与富集高产主控因素.沉积学报，28(5)：1037-1045.

李幸运，郭建新，张清秀，等.2008.气藏储集层物性参数下限确定方法研究.天然气勘探与开发，3：33-38.

李艳霞.2008.原油裂解气和干酪根裂解气的判识.西安石油大学学报(自然科学版)，23(6)：42-50.

李云，时志强.2008.四川盆地中部须家河组致密砂岩储层流体包裹体研究.岩性油气藏，20(1)：27-32.

李宗亮，蒋有录.2008.天然气运移地球化学示踪方法及其应用.新疆石油地质，29(6)：753-755.

梁狄刚，冉隆辉，戴弹申，等.2011.四川盆地中北部侏罗系大面积非常规石油勘探潜力的再认识.石油学报，32(1)：8-17.

林壬子.1992.轻烃技术在油气勘探中的应用.武汉：中国地质大学出版社.

林耀庭，熊淑君.1999.氢氧同位素在四川气田地层水中分布特征及其成因分类.海相油气地质，4(4)：39-45.

凌跃蓉，陈礼平.2005.川东上三叠统及侏罗系含油气系统分析.天然气工业，25(增刊A)：6-10.

刘宝泉，蔡冰，李恋，等.1990.冀中地区凝析油、轻质油油源的判别.石油勘探与开发，17(1)：22-31.

刘传虎，王学忠.2012.准西车排子地区复杂地质体油气输导体系研究.石油实验地质，34(2)：129-133.

刘德良，宋岩，薛爱民，等.2000.四川盆地构造与天然气聚集区带综合研究.北京：石油工业出版社.

刘光祥，蒋启贵，潘文蕾，等.2003.干气中浓缩轻烃分析及应用——以川东北、川东区天然气气源对比研究为例.石油实验地质，25(S)：585-589.

刘和甫，李景明，李晓清，等.2006.中国克拉通盆地演化与碳酸盐岩——蒸发岩层序油气系统.现代地质，1：1-18.

刘家铎，吕正祥.2010.四川盆地碎屑岩沉积相与储层成岩作用研究.中国石化西南油气分公司勘探开发研究院.

刘树根，邓宾，李智武，等.2011.盆山结构与油气分布——以四川盆地为例.岩石学报，27(3)：621-635.

刘四兵，沈忠民，吕正祥，等.2009.川西坳陷中段须二段天然气成藏年代探讨.成都理工大学学报，36(5)：523-530.

刘文汇，徐永昌.1987.天然气中氩与源岩储层钾氩之关系//中国科学院兰州地质研究所.生物、气体地球化学开放研究实验室研究年报.兰州：甘肃科学技术出版社.

刘文汇，徐永昌.1990.天然气中氢同位素研究现状.天然气地球科学，2：7-11.

刘文汇，徐永昌.1993.天然气中氦氩同位素组成的意义.科学通报，38(9)：818-821.

刘文汇，王杰，陶成，等.2013.中国海相层系油气成藏年代学.天然气地球科学，24(2)：199-209.

刘文龙.2007.四川盆地侏罗系浅层天然气成藏特征研究.成都：西南石油大学硕士学位论文.

卢文忠，朱国华，李大成，等.2004.川中地区侏罗系下沙溪庙组浊沸石砂岩储层的发现及意义.中国石油勘探，5：53-58.

吕正祥.2005.川西孝泉构造上三叠统超致密储层演化特征.成都理工大学学报(自然科学版)，1：22-26.

吕正祥，刘四兵.2009.川西须家河组超致密砂岩成岩作用与相对优质储层形成机制.岩石学报，25(10)：2373-2383.

吕正祥，卿淳.2001.川西新场气田上沙溪庙组储层渗透性的地质影响因素.沉积与特提斯地质，21(2)：57-63.

罗启后.1987.四川盆地上三叠统煤成气富集规律与勘探方向.北京：石油工业出版社.

罗啸泉，陈兰.2004.川西坳陷形成演化及其与油气的关系.油气地质与采收率，11(1)：16-19.

罗啸泉，宋进.2007.川西地区须家河组异常高压分布与油气富集.中国西部油气地质，3(1)：35-40.

马安来，金之钧，李婧婧，等.2012.塔中Ⅰ号坡折带顺西区块顺7井油气地球化学特征及来源.石油与天然气地质，33(6)：828-835.

马立元，张晓宝，李剑，等.1999.地层条件下天然气扩散过程中地球化学组分变化的模拟实验研究.石油实验地质，20(1)：65-68.

马素萍，张晓宝，宋成鹏.2006.天然气伴生凝析油 Mango 参数的成因内涵.沉积学报，24(6)：923-927.

毛琼，邹光富，张洪茂，等.2006.四川盆地动力学演化与油气前景探讨.天然气工业，26(11)：7-10.

潘泉涌.2008.蜀南荷包场地区须家河组成藏条件及成藏模式研究.成都：成都理工大学硕士学位论文.

潘钟祥.1986.石油地质学.北京：地质出版社.

秦胜飞，陶士振，涂涛，等.2007.川西坳陷天然气地球化学及成藏特征.石油勘探与开发，34(1)：34-38.

秦胜飞，赵孟军，宋岩，等.2005.川西前陆盆地天然气成藏过程.地学前缘，12(4)：517-524.

任战利，刘丽，崔军平，等.2008.盆地构造热演化史在油气成藏期次研究中的应用.石油与天然气地质，29(4)：502-506.

申艳.2007.四川盆地中西部上三叠统储层成岩作用研究.成都：西南石油大学硕士学位论文.

沈平，申歧祥，王先彬，等.1987.气态烃同位素组成特征及煤型气判识.中国科学，6：647-656.

沈平，徐永昌，刘文汇，等.1995.天然气研究中的稀有气体地球化学应用模式.沉积学报，13(2)：48-58.

沈忠民，姜敏，刘四兵，等.2010.四川盆地陆相天然气成因类型划分与对比.石油实验地质，32(6)：560-565.

沈忠民，刘涛，吕正祥，等.2008.川西坳陷侏罗系天然气气源对比研究.高校地质学报，14(4)：577-582.

沈忠民，潘中亮，吕正祥，等.2009a.川西坳陷中段须家河组天然气地球化学特征与气源追踪.成都理工大学学报(自然科学版)，36(3)：225-230.

沈忠民，魏金花，朱宏权，等.2009b.川西坳陷煤系烃源岩成熟度特征及成熟度指标对比研究.矿物岩石，29(4)：83-88.

沈忠民，王鹏，刘四兵，等.2011a.川西坳陷中段天然气轻烃地球化学特征.成都理工大学学报(自然科学版)，38(5)：500-506.

沈忠民，张勇，刘四兵，等.2011b.川西坳陷中段原、次生气藏天然气特征及运移机制探讨.矿物岩石，33(1)：83-88.

宋成鹏，张晓宝，马素萍，等.2007.柴达木盆地天然气中稀有气体同位素特征.天然气工业，27(2)：12-15.

宋岩，徐永昌.2005.天然气成因类型及其鉴别.石油勘探与开发，32(4)：24-29.

孙凤华，陈祥，王振平. 2004. 泌阳凹陷安棚深层系成岩作用与成岩阶段划分. 西安石油大学学报，19(1)：24-27.

唐立章，王亮国，曹烈，等. 2002. 四川探区油气资源评价. 中国石化新星石油公司西南分公司地质综合研究院.

陶士振，邹才能，陶小晚，等. 2009. 川中须家河组流体包裹体与天然气成藏机理. 矿物岩石地球化学通报，28(1)：2-11.

万玲，孙岩，魏国齐. 1999. 确定储集层物性参数下限的一种新方法及其应用——以鄂尔多斯盆地中部气田为例. 沉积学报，3：454-457.

王飞宇，金之钧，吕修祥，等. 2002. 含油气盆地成藏期分析理论和新方法. 地球科学进展，17(5)：754-762.

王峻. 2007. 四川盆地上三叠统—侏罗系沉积体系及层序地层学研究. 成都：成都理工大学硕士学位论文.

王培荣，徐冠军，肖廷荣，等. 2007. 用 C_7 轻烃参数判识烃源岩沉积环境的探索. 石油勘探与开发，34(2)：156-160.

王培荣，张大江，肖廷荣，等. 2005. 江汉盆地原油轻烃的地球化学特征. 石油勘探与开发，32(3)：45-47.

王强. 2006. 川西白马庙—邛西—平落坝地区须二段天然气成藏地球化学研究. 成都：西南石油大学硕士学位论文.

王世谦，罗启后，邓鸿斌，等. 2001. 四川盆地西部侏罗系天然气成藏特征. 天然气工业，21(2)：1-8.

王顺玉，戴鸿鸣，王海清，等. 2004. 白马庙气田侏罗系天然气地化特征. 天然气工业，24(3)：12-15.

王顺玉，明巧，贺祖义，等. 2006. 四川盆地天然气 C_4-C_7 烃类指纹变化特征研究. 天然气工业，26(11)：11-13.

王铁冠，钟宁宁，侯读杰，等. 1995. 细菌在板桥凹陷生烃机制中的作用. 中国科学(B 辑 化学 生命科学 地学)，25(8)：882-889，898.

王祥，张敏，黄光辉. 2008. 典型海相油和典型煤成油轻烃组成特征及地球化学意义. 天然气地球科学，19(1)：18-22.

王允诚，朱永铭. 1991. 川西拗陷上三叠统须家河组的天然气成藏模式和盖层封闭机理. 成都理工大学学报(自然科学版)，18(4)：92-105.

邬立言，顾信章. 1986. 热解技术在我国生油岩研究中的应用. 石油学报，7(2)：13-19.

吴俊. 1989. 关于煤层气体热力学理论和若干参数计算的研究. 煤炭学报，2：99-112.

吴小奇，黄士鹏，廖凤蓉，等. 2011. 四川盆地须家河组及侏罗系煤成气碳同位素组成. 石油勘探与开发，38(4)：418-427.

肖思和，周文，王允诚，等. 2004. 天然气有效储层下限确定方法. 成都理工大学学报(自然科学版)，31(6)：672-674.

肖伟，鲍征宁，黎华，等. 2003. 烃类物质微渗漏机制及垂向运移的数值模拟. 地质找矿论丛，18(1)：29-32.

肖贤明，刘德汉，傅家谟. 1996. 我国聚煤盆地煤系烃源岩生烃评价与成烃模式. 沉积学报，14(S)：10-17.

谢继容，李国辉，罗凤姿. 2009. 四川盆地上三叠统须家河组储集特征. 成都理工大学学报，36(1)：13-18.

徐昉昊，袁海锋，黄素，等. 2012. 川中地区须家河组致密砂岩气成藏机理. 成都理工大学学报，39(2)：158-163.

徐国盛，刘树根，李仲东. 2005. 四川盆地天然气成藏动力学. 北京：地质出版社.

徐永昌. 1998. 天然气中稀有气体地球化学. 北京，科学出版社.

徐永昌，刘文汇，沈平，等. 2003. 天然气地球化学的重要分支——稀有气体地球化学. 天然气地球科学，14(3)：157-166.

徐永昌，沈平，刘文汇，等. 1990. 一种新的天然气成因类型——生物—热催化过渡带气. 中国科学，20(9)：975-980.

徐永昌，王先彬，吴仁铭，等. 1979. 天然气中稀有气体同位素. 地球化学，4：271-282.

杨帆，孙准，赵爽. 2011. 川西坳陷回龙地区沙溪庙组成藏条件及主控因素分析. 石油实验地质，33(6)：569-573.

杨克明. 2006. 川西坳陷须家河组天然气成藏模式探讨. 石油与天然气地质，27(6)：786-793.

杨克明，叶军，吕正祥. 2004. 川西坳陷上三叠统须家河组天然气分布及成藏特征. 石油与天然气地质，25(5)：501-505.

杨晓萍，张宝民，陶士振. 2005. 四川盆地侏罗系沙溪庙组浊沸石特征及油气勘探意义. 石油勘探与开发，32(3)：37-40.

杨晓萍，邹才能，陶士振，等. 2005. 四川盆地上三叠统—侏罗系含油气系统特征及油气富集规律. 石油地质，2：15-22.

杨玉祥，李延钧，张文济，等. 2010. 四川盆地泸州西部须家河组天然气成藏期次. 天然气工业，30(1)：19-22.

叶军. 2003. 川西坳陷马鞍塘组—须二段天然气成矿系统烃源岩评价. 天然气工业，23(1)：21-25.

易士威，林世国. 2013. 四川盆地须家河组大气区形成条件. 天然气地球科学，24(1)：1-8.

尹长河，王廷栋，王顺玉. 2000. 威远震旦系天然气与油气生运聚. 地质地球化学，28(1)：78-82.

尹凤岭，刘纪常，李贵学，等. 1993. 储集体是致密碎屑岩气的重要储集型式. 石油实验地质，15(1)：11-19.

尹观，倪师军，高志友，等. 2008. 四川盆地卤水同位素组成及氘过量参数演化规律. 矿物岩石，28(2)：56-62.

尹伟，郑和荣，胡宗全，等. 2012. 鄂南镇泾地区延长组油气富集主控因素及勘探方向. 石油与天然气地质，33(2)：159-165.

曾治平. 2002. 中国沉积盆地非烃气 N$_2$ 成因类型分析. 天然气地球科学, 13(3-4): 29-33.

翟光明. 1989. 中国石油地质志(卷十). 北京: 石油工业出版社.

张春明, 赵红静, 肖乾华, 等. 2005. 稠油粘度预测新模型. 长江大学学报, 2(7): 216-218.

张殿伟, 刘文汇, 郑建京, 等. 2005. 氩同位素用于库车坳陷天然气主力气源岩判识. 地球化学, 34(4): 405-409.

张厚福. 1989. 石油地质学(第二版). 北京: 石油工业出版社.

张健, 李国辉, 谢继容, 等. 2006. 四川盆地上三叠统划分对比研究. 天然气工业, 26(1): 12-15.

张敏, 张俊. 1998. Mango 轻烃参数的开发与应用. 石油勘探与开发, 25(6): 26-28.

张士亚, 郜建军, 蒋泰然. 1998. 利用甲、乙烷碳同位素判别天然气类型的一种新方法. 北京: 地质出版社.

张水昌, 朱光有. 2007. 中国沉积盆地大中型气田分布与天然气成因. 中国科学(D 辑: 地球科学), 37(增刊 II): 1-11.

张彦霞, 李海华, 王保华, 等. 2012. 松辽盆地长岭断陷深层天然气输导体系研究. 石油实验地质, 34(6): 582-586.

张义杰, 曹剑, 胡文瑄. 2010. 准噶尔盆地油气成藏期次确定与成藏组合划分. 石油勘探与开发, 37(3): 257-262.

张志杰, 李伟, 杨家静, 等. 2009. 川中广安地区上三叠统须家河组岩相组合与沉积特征. 地学前缘, 16(1): 296-305.

张庄. 2006. 蜀南地区上三叠统须家河组沉积相与储层研究. 成都: 成都理工大学硕士学位论文.

张子枢. 1988. 气藏中氮的地质地球化学. 地质地球化学, 2: 51-56.

赵长毅. 1996. 显微组分荧光机理及其应用. 石油勘探与开发, 23(2): 8-10, 112.

赵孟军, 宋岩, 潘文庆, 等. 2004. 沉积盆地油气成藏期研究及成藏过程综合分析方法. 地球科学进展, 19(6): 939-946.

赵文智, 王红军, 徐春春, 等. 2010. 川中地区须家河组天然气藏大范围成藏机理与富集条件. 石油勘探与开发, 37(2): 146-157.

赵永刚, 陈景山, 蒋裕强, 等. 2006. 低孔低渗裂缝-孔隙型砂岩储层的分类评价——以川中公山庙油田沙一储层为例. 大庆石油地质与开发, 25(2): 1-4.

郑荣才, 戴朝成, 朱如凯, 等. 2009. 四川类前陆盆地须家河组层序-岩相古地理特征. 地质论评, 55(4): 484-495.

周文, 刘文碧, 程光瑛. 1994. 海拉尔盆地泥岩盖层演化过程及封盖机理探讨. 成都理工学院学报, 21(1): 62-70.

周文斌, 饶冰. 1997. 相山铀矿田水-岩氢、氧同位素交换的实验研究. 地质论评, 43(3): 322-327.

周文英, 王信. 1999. 川西孝泉、新场地区侏罗系气藏与泥岩压实作用的研究. 天然气工业, 增刊: 53-55.

朱光有, 张水昌, 梁英波, 等. 2006. 四川盆地天然气特征及气源. 地学前缘, 13(2): 234-248.

朱扬明, 张春明. 1999. Mango 轻烃参数在塔里木原油分类中的应用. 地球化学, 28(1): 26-33.

朱扬明, 王积宝, 郝芳, 等. 2008. 川东宣汉地区天然气地球化学特征及成因. 地质科学, 43(3): 518-532.

朱岳年, 史卜庆. 1998. 天然气中 N$_2$ 来源及其地球化学特征分析. 地质地球化学, 26(4): 50-57.

Aagaard P, Helgeson H C. 1983. Activity/composition relations among silicates and aqueous solutions: II. chemical and thermodynamic consequences ideal mixing of atoms on homological sites in montmorillonites, illites, and mixed-layer. Clays and Clay Minerals, 30(3): 207-217.

Ballentine C J, Burgess R, Marty B. 2002. Tracing fluid origin, transport and interaction in the crust. Reviews in Mineralogy and Geochemistry, 47(1): 539-614.

Barker C E, Goldstein R H. 1990. Fluid-inclusion technique for determining maximum temperature in calcite and its comparison to vitrinite reflectance geothermometer. Geology, 18(10): 1003-1006.

Behar F, Kressmann S, Rudkiewicz J L, et al. 1992. Experimental simulation in a confined system and kinetic modeling of kerogen and oil cracking. Organic Geochemistry, 19(1-3): 173-189.

Berger A, Susanne G, Peter K. 2009. Porosity-preserving chlorite cements in shallow-marine volcaniclastic sandstones: Evidence from Cretaceous sandstones of the Sawan gas field, Pakistan. American Association of Petroleum Geologists Bulletin, 93(5): 595-615.

Berger G, Lacharpagne J C, Velde B, et al. 1997. Kinetic constraints on illitization reaction and effects of organic diageneses in sandstones or shale sequences, Applied Geochemistry. Applied Chemistry, 12(1): 23-35.

Berner U. 1989. Entwicklung und Anwendung empirischer Modelle fur die Kohlenstoffisoto penvariationen in Mischungen

Thermogener Erdgase. Clausthal-Zellerfeld： Clausthal University of Technology PhD dissertation.

Berner U，Faber E. 1996. Empirical carbon isotope/maturity relationships for gases from algal kerogens and terrigenous organic matter，based on dry，open-system pyrolysis. Organic Geochemistry，24(10)： 947-955.

Berner U，Faber E，Scheeder G，et al. 1995. Primary cracking of algal and landplant kerogens： kinetic models of isotope variations in methane，ethane and propane. Chemical Geology，126(3-4)： 233-246.

Billault V，Beautort D，Baronnet A，et al. 2003. A nanopet rographnic and textural study of grain2coating chlorites in sandstone reservoirs. Clay Minerals，38： 315 - 328.

Birkle P，Rosillo Aragón J J，Portugal E，et al. 2002. Evolution and origin of deep reservoir water at the Activo Luna oil field，Gulf of Mexico，Mexico. AAPG Bulletin，86(3)： 457-484.

Chilingarian G V，Wolf K H，Allen D R. 1975. Compaction of Coarse-Grained Sediments. Amsterdam： Elsevier.

Edmunds W M. 1996. Bromine geochemistry of British groundwaters. Mineralogical Magazine，60： 275-280.

Faber E. 1987. Zur Isotopengeochemie gasformiger Kohlenwasser stoffe. Erdol Erdgas Kohle，103： 210-218.

Faber E，Gerling P，Dumke I. 1987. Gaseous hydrocarbon of unknown origin found while drilling. Organic Geochemistry，13(4-6)： 875-879.

Fisher Q J，Knipe R J，Worden R H. 2000. Microstructures of deformed and non-deformed sandstones from the North Sea： Implications for the origins of quartz cement in sandstones. In： Worden R H，Morad S(eds). Special publications of international association of sedimentologists. Blackwell，29： 129-146.

Graf D L. 1982. Chemical osmosis，reverse chemical osmosis，and the origin of subsurface brines. Geochimica et Cosmochimica Acta，46： 1431-1448.

Hunt A C，Cook A C. 1980. Influence of alginate on the reflectance of vitrinite from Joadja，NSW，and some other coals and oil shales containing alginate. Fuel，59： 711-714.

Katz A J，Thompsonah A H. 1985. Fractal sandstone pores implication for conductivity and formation. Physical Review Letters，54(3)： 1325-1328.

Kotarba M J，Nagao K. 2008. Composition and origin of natural gases accumulated in the Polish and Ukrainian parts of the Carpathian region： Gaseous hydrocarbons，noble gases，carbon dioxide and nitrogen. Chemical Geology，255(3-4)： 426-438.

Krooss B M，Littke R，Müller B，et al. 1995. Generation of nitrogen and methane from sedimentary organic matter： implications on the dynamics of natural gas accumulations. Chemical Geology，126(3-4)： 291-318.

Levorson A I. 1954. Geology of petroleum. Geological Journal，1(4)： 327.

Ma A L，Jin Z J，Li J J，et al. 2012. Geochemical characteristics and origin of hydrocarbons in the Well Shun-7 of western Shuntuoguole Block，Tarim Basin. Oil & Gas Geology，33(6)： 828-835.

Mango F D. 1987. An invariance in the isoheptanes of petroleum. Science，237： 514-517.

Mango F D. 1990. The origin of light cycloalkanes in petroleum. Geochimica et Cosmochimica Acta，54： 23-27.

Mccaffrey M A，Lazar B，Holland H D. 1987. The evaporation path of seawater and the coprecipitation of Br and K with halite. Journal of Sedimentary Petrology，57(5)： 928-937.

Meshri I D. 1986. On the reactivity of carbonic and organic acids and generation of secondary porosity. In： Gautier D L(ed). Roles of organic matter in sediment diagenesis. SEPM Special Publication，38： 123-128.

Ozima M，Podosek F A. 2002. Noble Gas Geochemistry. Cambridge： Cambridge University Press.

Pittman E D. 1992. Relationship of porosity and permeability to various parameters derived from mercury injection-capillary pressure curves for sandstone. American Association of Petroleum Geologists Bulletin，76(2)： 191-198.

Pittman E D，Lumsden D N. 1968. Relationship between chlorite coatings on quartz grains and porosity，Spiro Sand，Oklahoma. Journal of Sedimentary Petrology，38： 668-670.

Price L C，Barker C E. 1985. Suppression of vitrinite reflectance in amorphous rich kerogen： A major unrecognized problem. Journal of Petroleum Geology，8： 59-84.

Prinzhofer A A, Huc A Y. 1995. Genetic and post-genetic molecular and isotopic fractionations in natural gases. Chemical Geology, 126(3): 281-290.

Prinzhofer A, Vega M A G, Battani A, et al. 2000. Gas geochemistry of the Macuspana Basin (Mexico): thermogenic accumulations in sediments impregnated by bacterial gas. Marine and Petroleum Geology, 17(9): 1029-1040.

Purcell W R. 1949. Capillary pressures—their measurement using mercury and the calculation of permeability therefrom. Petroleum Transaction AIME, 186: 39-48.

Ronald K S, Pittman E D. 1990. Secondary porosity revisited: the chemistry of feldspar dissolution by carboxylic. Acids and Anions. AAPG Bulletin, 74: 1795-1808.

Rooney M A. 1995. Carbon isotopic ratios of light hydrocarbons as indicators of thermochemical sulfate reduction. In: Grimalt J O (ed). Organic Geochemistry: Applications to Energy, Climate, Environment and Human History. San Sewbastian: AIGOA.

Scalan R S, Smith J E. 1970. An improved measure of the odd-even predominance in the normal alkanes of rock extracts and petroleum. Geochimica et Cosmochimica Acta, 34(5): 601-610.

Schoell M. 1980. The hydrogen and carbon isotopic composition of methane from natural gases of various origins. Geochimica et Cosmochimica Acta, 44(5): 649-661.

Sheppard S M F. 1986. Charaeterization and isotopic variations in natural waters. In: Valley J W, Taylor H P Jr, O'Neil J R (eds). Stable Isotopes in High Temperature Geological Processes. Reviews in Mineralogy, 16: 165-183.

Stahl W J. 1977. Carbon and nitrogen isotopes in hydrocarbon research and exploration. Chemical Geology, 20: 121-149.

Stahl W J, Carekjy B D. 1975. Source-rock identification by isotope analyses of natural gases from fields in the Val Verde and Delaware basins, west Texas. Chemical Geology, 16(4): 257-267.

Surdam R C, Crossey L J. 1987. Integrated diagenetic modeling; a process-oriented approach for clastic systems. Annual Review of Earth and Planetary Sciences, 15: 141-170.

Surdam R C, Boese S W, Crossey L J. 1984. The chemistry of secondary porosity. AAPG Memoir, 37: 127-149.

Surdam R C, Crossey L J, Hagen E S, et al. 1989. Organic-inorganic interactions and sandstone diagenesis. AAPG Bulletin, 73: 1-32.

Swanson B F. 1981. A simple correlation between air permeabilities and stressed brine permeabilities with mercury capillary pressures. Journal of Petroleum Technology, 33(12): 2498-2504.

Thompson K F M. 1983. Classification and thermal history of petroleum based on light hydrocarbons. Geochimica et Cosmochimica Acta, 47(2): 303-3l6.

Tissot B P, Welte D H. 1978. Petroleum Formation and Occurence. Berlin: SpnngerVerlag.

Whiticar J M. 1994. Correlation of natural gases with their sources. In: Magoon B L G W (ed). The petroleum system from source to trap. AAPG Mmoir, 60: 261-283.

Wilkinson M, Milliken K L, Haszeldine R S. 2001. Systematic destruction of K-fekdspar in deeply buried rift and passive margin sandstones. Journal of the Geological Society, 158: 675-683.

Worden R, Morad S. 2003. Clayminerals in sandstones: Controls on formation, distribution and evolution. In: Worden R H, Morad S (eds). Clay cements in sand-stones: International Association of Sedimentologists Special Publication.

Xiao W, Bao Z Y, Li H, et al. 2003. Hydrogarbon mioroseepage mechanism and numerical simulation of vertical migration. Contributions to Geology and Mineral Resources Research, 18(1): 29-32.